JN133629

# 宇宙の果てまで離れていても、つながっている

## 量子の非局所性から「空間のない最新宇宙像」へ

ジョージ・マッサー
吉田三知世 訳

インターシフト

タリアとエリアナへ

SPOOKY ACTION AT A DISTANCE
The Phenomenon That Reimagines Space and Time
—and What It Means for Black Holes, the Big Bang, and Theories of Everything
by George Musser


Published by arrangement with Scientific American / Farrar, Straus and Giroux,
New York through Tuttle-Mori Agency, Inc., Tokyo.

# 宇宙の果てまで離れていても、つながっている

## 量子の非局所性から「空間のない最新宇宙像」へ

【目次】

はじめに　あらゆる謎の根源……6
世界は無秩序なのか／空間の崩壊

第1章　世界は局所性では解けない……23
魔法の量子コイン／量子論と相対性理論の矛盾／ブラックホールのパラドックス／宇宙の地平線問題／第3の非局所性／地下室のなかの粒子

第2章　実在の本質を求めて……72
非局所性を巡る大騒ぎ／「空間」の哲学／世界初の「万物の理論」／機械的宇宙観の欠陥／還元主義とホーリズム／魔術と機械論／重力戦争／穴だらけの境界／「当たり前」は変化する／「場」の導入／新たな問題

第3章 量子力学のジレンマ …… 127
アインシュタインの非局所性／予測できない宇宙の侵略者／
菜食主義の肉屋をやっている魔法使い／
非局所性を伴う不確定性、局所性を伴う確定性／物理学史上最も重要な対決／
非局所性に向き合わないコペンハーゲン解釈／ＥＰＲ論文、ボーアの反論

第4章 大論争 …… 159
対立の背景／非局所性を擁護する／非局所性に異議を唱える／
非局所性の代替え案（1）超決定論／代替え案（2）逆向き因果／
代替え案（3）並行宇宙／代替え案（4）実在論の否定／
ツァイリンガーとモードリンの対決／より先へ進むために／超量子／
代替え案を検討する／空間を捨て去る

第5章　まったく新たな空間と宇宙の姿……206
ループ量子重力理論と弦理論／場の量子論／粒子との別れ／
裏目に出た「場」／超量子もつれ／ゲージの交差／
新たな種類の非局所性／ワームホールは非局所的だ／時空全体への問い／
重力版のゲージ不変性／存在しないと同時に、いたるところに存在する／
空間の境界／にじんだ空間／ブラックホールに落ちたら／
ホログラフィー原理、ＡｄＳ／ＣＦＴ対応

第6章　時空を超えて……266
空間より深いもの／相互作用距離／因果関係のウェブ／無媒介の距離／
潜在的な複雑性／量子グラフィティ――ネットワークとしての空間／
行列模型／量子もつれが空間を生み出す／行列のなかの欠陥／
ビッグバンの新たなシナリオ／無の泡／時間の問題

結び　さらなる探求へ……320
S行列の挫折／星は昨日よりも近い／アンプリチューヘドロン／疑問によって駆り立てられる／身近にある最も風変わりなもの

「量子もつれ」についてのメモ　340

謝辞　346

＊注・参考文献は www.intershift.jp/uchu.html よりダウンロードいただけます。
＊文中、〔　〕は訳者による注記です。

# はじめに　あらゆる謎の根源

## 世界は無秩序なのか

私が初めて非局所性（ノンローカリティ）について知ったのは、大学院生だった１９９０年代前半のことだが、量子力学の教授に教わったのではなかった。教授は、そんなものは話すに値しないと思っていたようだ。近所の本屋で面白そうな本を物色していたときに、当時出版されたばかりの物理学者カファトスと科学史家ナドーとの共著による本、『意識を持つ宇宙（*The Conscious Universe*）』を手に取って見ていたところ、「非局所性に比べれば、それに先立つどんな発見も、私たちの日常の現実的感覚に、これほど多くの深刻な問題を突き付けたことはなかった」という文章が目に止まり、衝撃を受けたのだ。それは禁断の果実の味がした。

英語の日常語としての「ローカリティ」は、近所、町、もしくは、よその土地を、少し気取って指すときに使う「地域」に当たる言葉だ。だが、17世紀にさかのぼる元来の意味は、「場所」という概念そのものに関係している。それは、すべてのものには場所があるという意味なのだ。どんなときでも、ある物体を指さして、「それはここにあります」と言うことができる。できないのなら、その物体は本当は存在しないに違いない。先生に、君がやった宿題はどこかねと尋ねられて、どこにもありませんと答えるなら、あなたは何か言い訳をしなければならない。

私たちが経験する世界は、局所性（ローカリティ）のあらゆる特性を備えている。私たちは場所について、そして、場所と場所との関係について、はっきりとした感覚を持っている。愛する人との別離はつらく感じられ、働きかけたい相手が遠く離れているときは無力に感じる。ところが今、量子力学をはじめとする物理学の各分野では、場所も距離も、より深いレベルでは存在しないかもしれないという説が提案されているのだ。物理学の実験では、2つの粒子の運命を結びつけて、一対の魔法のコインのように振る舞わせることができる――投げれば当然、それぞれ表か裏を上にして落ちるのだが、なんとびっくり、常に2枚が同じ面を上にして落ちる、そんな魔法のコインのように。それらの粒子は、あいだに横たわる空間を伝わる力など一切存在しないにもかかわらず、協調して振る舞う。これらの2個の粒子は、それぞれ宇宙の反対側に飛んで行って離れ離れになったとしても、やはり一致した振る舞いをする。つまり、これらの粒子は局所性を破っている。要するに、空間を超越しているのだ。

どうやら自然は、奇妙であると同時に微妙なバランスを保っているらしい。たいていの場面では、自然は局所性に従っている――なにしろ、自然には局所性に従ってもらわないと、私たちは存在できないのだから――が、その一方で、自然はその基盤においては非局所的なのだという、かすかな証拠があちこちで見え始めている。本書では、この緊張した状況を詳しく紹介していきたい。非局所性は、それを研究する者にとっては、物理学のあらゆる謎の根源であり、今日物理学者が直面するさまざまな謎――量子論的粒子の奇妙さのみならず、ブラックホールの運命、宇宙の起源、そして自然の本質的統一までも——の核心に関わるものなのである。

アルベルト・アインシュタインにとって局所性は、「そもそも我々人間が科学を行えるのはなぜだろう？　世界はなぜ、我々が理解できるようなものなのだろう？」という、はるかに広大な哲学的難問の一部だった。１９３６年の有名な論考のなかで彼は、宇宙について最も理解しがたいことは、それが理解可能だということだと述べた。だが、一読しただけでは、この主張こそ理解しがたいと思えてしまう。宇宙は、明々白々に合理的なものではない。宇宙は奇天烈で気まぐれで、注意を逸らせるものや恣意性、不条理や不運に満ちあふれている。起こることの大半が、理性に反する(恋愛や自動車の運転が関わっているときは特に)。だが、背景はこのような不可解な出来事に塗りつぶされてはいるが、そこには、頼もしい規則性で燦然と輝やく、世界の法則が浮かび上がっている。太陽は東から昇る。手を離したものは下に落ちる。雨がやんだら虹が出る。これを、無秩序なこの世のありがたい例外ではなく、根底に存在する秩序の兆候だと信じて、人々は物理学に取り組もうとするのだ。

アインシュタインが言わんとしていたのは、そんなことを期待する権利は物理学者にはないということだった。世界は秩序正しい必要などまったくなかった。法則に従う必要などなかった。状況が違えば、世界は根底まで無秩序だったかもしれないのだ。ある友人がアインシュタインに手紙で、世界の理解可能性についてあのような発言をした真意を問いただしたところ、彼はこのように返答した。「世界はいかなる方法によっても精神には把握できないカオス的なものだと予期すべきことは、自明だ」

世界の理解可能性は、人間には決して理解できない「奇跡」だと言ったアインシュタインだったが、彼自身はそれを理解する試みを止めることはなかった。学者人生を通して、彼は声を大にして、「宇宙の何がそれを理解可能にしているか」を巡って発言し続けたのであり、そんな彼の考え方が現代物理学の進む方向を決めたのだった。たとえば彼は、自然の奥にある構造は極めて対称的で、世界は異なる角度から見ても同じに見えることに気づいた。物理学者たちが発見した多種多様な素粒子は、わけのわからない雑多なものの集合としか見えなかったが、対称性はそこに秩序をもたらす。ある意味、あらゆる種類の素粒子は、お互いの鏡像になっている。しかし、世界が持っている特性のうち、世界を理解する希望を人間に与えてくれる最も重要なものとして、アインシュタインが常に立ち返ったのが局所性だった。

局所性は、人によって異なる意味で使われる微妙な概念だ。アインシュタインにとって、局所性には2つの側面があった。ひとつ目は、彼が「分離可能性」と呼んだもので、任意の2つの物体、または、ひとつの物体の2つの部分は、少なくとも原理的には分離でき、分離したそれぞれを独立したものと見なすことができるという意味だ。ダイニングテーブルの椅子は、1脚ずつ部屋の異なる一角に置くことができる。それによって椅子が存在しなくなったり、大きさ、形、座り心地など、どんな特徴も失ったりしない。ダイニングテーブルのセット一式の性質が、それを構成している椅子から派生している。つまり、1脚の椅子に1人の人間が座れるなら、4脚からなるセットには4人の人間が座れるわけだ。全体は部分の和である。アインシュタインが特定した2つ目の側面は、「局所作用」と呼ばれている。物体と物体は互いに接触するか、あるいは、あいだに存在する隔たりを埋めるために何かの媒介を使うか、いずれかの手段による以外、互いに作用しあうことはできないという意味だ。誰かから遠く離れているとき、その距離を越えてその人に触れるか、話しかけるか、あるいは殴るかなど、何らかのかたちで直接接触するか、さもなければ、代わりにそうしてくれる誰かまたは何かを送るかしない限り、相手には一切働きかけられないことは、私たちもよく知っているとおりだ。現代の技術でさえ、単に新しい媒介物を使っているだけで、この原則を免れてはいない。電話は、音波を電気信号か電波に変換し、電線か空中を移動させて、受け手側で再び音に変換する。この経路のあらゆる段階で、何かが何かと直接接触しなければならないのだ。電線にごく細い亀裂があっただけでも、空気のない月面で叫ぶのと同じで、メッセージはまったく伝わらない。要するに、分離可能性が物体が何であるかを決め、局所作用がその振る舞いを決めるのである。

アインシュタインはこれらを基本原理として、相対性理論のなかに捉えた。相対性理論は特に、光よりも速く動くことのできる物体は存在しないとしている。このような究極の制限速度がなければ、物体は無限に速く動くことができ、距離の意味はなくなってしまうだろう。自然のあらゆる力は、かつて物理学者たちが考えていたように、一度の跳躍で空間を飛び越えるのではなく、空間のなかを一生懸命進まねばならないのだ。このように相対性理論は、離れ離れに存在する物体どうしが、どの程度離れているかという尺度を提供し、それぞれの物体が明確に区別できることを保証する。

相対性理論も、そのほかの物理法則も、あなたの受け止め方によって、宇宙に課せられた深奥ののように、楽しみに水を差して台無しにするものだったりする。人間が腕を上下に振って飛ぶことができたら、どんなに素晴らしいでしょうね――でも、残念ですが、そんなことはできません。エネルギーを生み出せば、世界の諸問題を解決できますよね――ああ、物理学はそれも禁じているんですよ。人間には、ある形のエネルギーを別の形に変えることしかできないんです。おまけに、局所性という厳格な絶対命令が、超光速宇宙船や超能力の夢を破ってしまう。ただ祈るだけで、あるいは、肘掛け椅子に座ったまま、的確なコメントを叫ぶだけで、自分が応援するチームを競技場で優位に立たせられたらなあ――そんなスポーツファンの永遠の望みを、局所性は打ち砕く。

だが、局所性は私たちにとってありがたいものなのだ。私たちの自意識、つまり、自分の思考や感情は自分のものだという自信の基盤となっている。「人は誰も孤島ではない」と言った詩人のジョン・ダンには申し訳ないが、人間は1人ひとりが孤島なのだ。私たちは互いに、海のような空間で断絶されており、そのことに感謝しなければならない。局所性がなかったなら、世界は魔法界のようなものになるだろう。だが、ディズニーランドのような楽しい魔法界ではない。スポーツファンは、リビングに居ながらにして試合を左右しようと願うかもしれないが、何を願うか気をつけねばならないだろう。というのも、敵チームのサポーターも同じ能力を持っているはずだからだ。全国の数百万人のカウチポテト〔ソファに座ってテレビばかり見ている人〕が、自分が応援する側を有利にしようと精神を集中させて、試合そのものを無意味にしてしまうだろう――競技場における才能の競い合いではなく、ファンの意志の勝負になってしまうのだから。スポーツの試合にとどまらず、世界のすべてが、私たちに敵対的なものになってしまう。局所性のない世界では、体の外部の物体が、皮膚を通過することなく体の内部に侵入できるので、体は内部条件をコントロールする能力を失ってしまうだろう。あなたは環境と混ざりあってしまう。そしてそれは、死の定義にほかならない。

## 空間の崩壊

自然を理解するための重要な必要条件のひとつとして局所性に注目することにより、アインシュタインは、２０００年にわたって哲学と科学で継承されてきた考え方を結晶化させた。アリストテレスやデモクリトスなどの古代ギリシアの思想家たちに合理的な説明を可能にしたのは、局所性だった。物体と物体が影響を及ぼしあえるのが直接接触するときだけなら、どんな出来事でも、「これがあれにぶつかって、ぶつけられた〝あれ〟が別のものに衝突し、衝突されたものがまた別のものにぶつかって弾き飛ばされた」などのように、逐一詳述できる。どの結果も、空間と時間のなかで途切れることのない一本の鎖でつながった一連の出来事によって、ある原因に結びついている。どこかの点に向かってあなたが手を振って、「あそこで奇跡が起こる」と、むにゃむにゃ小声で言わねばならないことなどない。ギリシアの哲学者たちが拒否したのは、奇跡というよりも――彼らは無神論者ではなかった――、むしろむにゃむにゃ小声でごまかすことだった。神が行使する力でさえも、明白で説明可能な法則に従っていなければならないと彼らは感じたのだ。局所性は、哲学者や科学者が追究するような説明にとってのみならず、彼らが使う方法にとっても不可欠だった。局所性のおかげで、物体をひとつずつ分離し、一度にひとつずつ把握し、世界の描像をこつこつと少しずつ構築していくことができ、一度にすべてを理解するなどという不可能な仕事に直面せずに済むわけである。

晩年に近づいた1948年、アインシュタインは短い論考のなかで、局所性の重要性を次のように総括した。「物理学の諸概念は、実在する外的世界……すなわち、それを観察している主体からは独立した、〝実在〟を主張するものに関する概念だ。これらのものは、〝空間の異なる部分にある〟限りにおいて、互いに独立な存在を主張する。このような相互に独立した存在、つまり、空間的に離れた物体という仮定――日常的な思考のなかに起源を持つ仮定――がなければ、私たちが慣れ親しんでいる物理学の思考は不可能だろう。また、このような明確な分離がなければ、物理法則が定式化でき、検証できる理由も理解できない」

局所性の重要性がこれほど広範囲に及んでいるのは、それが空間の本質だからだ。ここで言う「空間」は、宇宙飛行士や小惑星が存在する「宇宙空間」のみならず、私たちと周囲の物体とのあいだにある空間、私たちの体やほかのすべてのものが占有している空間、私たちがバットを振り、巻き尺を伸ばす空間をも意味している。望遠鏡を惑星に向けようが隣家に向けようが、あなたは空間を横切って覗き込んでいるのだ。私がある風景を美しいと感じるわけは、果てしなく広がっている空間がもたらす、くらくらするような感覚、つまり、谷の向こう側にある小さな点々が、実際にそこにあり、もし腕の長さが十分ありさえすれば触れることができるのだと気づいたときに起きる、一種の眩暈にある。

画家たちが大昔から知っていたとおり、空間は何も存在しないただの「無」ではなく、それ自体が実在である。画面に描かれた物体と物体のあいだに存在するものは、物体そのものと同じく重要だ。物理学者にとって、空間は物理的実在の背景である。人間の物理的自己が持つほとんどすべての性質も、やはり空間的なものだ。私たちはどこかの場所を占有している。私たちには形がある。私たちは動く。多数の細胞とさまざまな体液が空間のなかで精妙な振り付けで踊っているのが私たちの体だ。空間を横切る経路に沿ってビュッと飛ぶ神経の電気信号が私たちの思考を形作っている。私たちが、ほかのあらゆるものと行うすべての相互作用は、空間を通して起こる。生き物は物質的実在であり、その物質的実在とは、空間のある体積を占有することによって個としてのアイデンティティを獲得する、宇宙の一部以外の何ものでもない。

物理学は、物質的実在、すなわち物体が空間のなかをどのように動くかを調べることに起源を持っており、距離、大きさ、形、位置、速さ、向きなど、物理学が扱うほぼすべての量は、空間によって定義されている。世界には、一見空間とは無関係に思える性質もいろいろあるが、実はそれらも空間に関係している。たとえば色は、光の波の大きさに対応している。物質の性質で、今のところ空間による説明がまったく知られていないものは、電荷など、ごくわずかしか存在せず、これらの性質にしても、空間内での運動を逸らせるからこそ、自らを露呈する。私たちがある物体を見るとき、その物体に関するすべては、突き詰めれば空間的で、構成する粒子の配置に起因している。これらの粒子が最小の構成要素だ。機能は形の結果として生じる。空間的ではない概念も、物理学者の頭のなかでは空間的になる。たとえば、時間はグラフの横軸になるし、自然法則は抽象的な可能性の空間のなかで働く。アインシュタインに大きな影響を及ぼした、あの偉大な哲学者イマヌエル・カントも、空間なしには世界を思い描くことはできないと考えていた。

局所性の最大の擁護者が、それを壊滅させた張本人だったとは、何という運命の皮肉だろう。アインシュタインは、世間には相対性理論で最もよく知られているが、じつのところ、彼がノーベル賞を受賞したのは、原子や原子以下の微小な粒子の振る舞いを記述する量子力学の創設者のひとりとしてだった。量子力学のはっきりした影響が最も強く現れるのは、微小な尺度においてなのだが、物理学者たちは、量子力学は**すべての**ものの振る舞いを説明すると考えている。この理論は、原子や素粒子は、私たちが日常目にしている物体をただ小さくしただけのものではあり得ないという、アインシュタインや彼と同時代の物理学者たちの洞察から生まれた。もしも原子や素粒子が、アイザック・ニュートンらが構築した古典的な物理法則に従って振る舞っていたなら、世界は自滅していただろう。原子は崩壊し、素粒子は爆発し、電球は危険な放射線であなたを焼き殺していただろう。私たちがまだ生きているということは、物質は何らかの新しい法則に支配されているに違いないということだ。アインシュタインは新奇なものを歓迎した。彼は晩年、古典物理学の延命工作をしていると（不当に）批判されたが、実際には、彼は常にほかのすべての人に先んじて、量子的世界の摩訶不思議な特徴を正しく理解していたのだ。

これらの特徴のひとつが、非局所性だった。量子力学は、２個の粒子が切っても切れない関係になり得ると予測する。結びつける方法が存在しないのだから、完全に独立しているはずなのに、片方に触れたら、もう片方にも触れたことになるというのだ。まるで、距離など何の意味も持たないかのように。分断して征服するという科学の手法は、これらの粒子のおかげで使えなくなる。これらの粒子は、個々の粒子を見ていたのでは気づかないいくつかの性質を共有しており、それらの性質は両者を一緒に測定しなければ捉えられない。この世界には、このような一見超常的な関係が蜘蛛の巣のように張り巡らされている。あなたの体のなかの原子は、あなたがこれまでに愛したすべての人と結びついている——ロマンチックと思われるかもしれないが、道を歩いていて軽くぶつかったすべての見知らぬ人とも結びついているのだと気づけば、ぞっとするはずだ。

宇宙の反対側にある2個の粒子が本当に結びついているなんて、あり得ないじゃないか？　そんなことはばかげていると、アインシュタインには思えた。科学以前の、何でも魔術で説明する時代への後退だと。そんな「不気味な遠隔作用」を意味する理論など、何かを見落としているに違いないと彼は考えた。そこで、世界は実際には局所的なのだが、非局所的だという印象を与えているだけなのだと考え、2個の粒子が一致して振る舞うことを可能にしている隠れたメカニズムを暴露するために、一段と深い理論を構築しようとした。しかし、どんなに努力してもそんな理論は見つけられず、アインシュタインは、何かを見落としているのは自分のほうかもしれないと思うようになった。隠れたメカニズムなど、おそらく存在しないのだ。局所性の原理は——そして、私たちの空間という概念も——、無効なのかもしれない。アインシュタインは、死の数カ月前、もしも空間が崩壊するとしたら、それは私たちの世界観にどんな意味を持つのかと、熟考した。「そのとき、私が築いた空中楼閣のすべてが、重力理論も含めて、何も残さずに消え去るだろう。だが、この時代のほかの物理学もすべて、無に帰すだろう」

本当に不気味だったのは、彼と同時代のほとんどの物理学者がすこぶる楽天的だったことだ。彼らには、非局所性など大したことではなかった。彼らが事もなげだった理由は複雑で、今なお歴史家たちの議論が続いているが、おそらく実用主義(プラグマティズム)のためというのが最も寛大な説明だろう。アインシュタインを苦しめたさまざまな疑問は、量子論を実際に応用するには何ら関係ないと思われたのだ。ようやく１９６０年代になって初めて、新世代の物理学者と哲学者が、アインシュタインの苦悩を真剣に受け止めるようになった。彼らが行った実験が、非局所性は理論上の興味深い問題ではなく、厳然たる事実だと示していたからだ。だが、それでもなお、彼らの仲間の大半は、それについてほとんど考えようともしなかった――私が大学院生時代に、たまたま手に取った本でこの問題を知ることになったのも、こんな状況だったからだ。

しかし、この20年にわたり、彼らの態度が注目すべき進化を遂げるのを私は目撃した。非局所性は、物理学の主流に猛烈な勢いで流れ込み、アインシュタインが発見した現象をはるかに通り越して、彼方に到達したのだ。科学関係のライターや編集者としての仕事のなかで私は、幅広い分野の科学者と話をする機会に恵まれてきた――素粒子からブラックホール、そして宇宙の壮大な構造まで、ありとあらゆるものを研究する人々と。私は彼らから「ええ、それはとても奇妙で、自分で見たのでなければ信じなかったでしょうが、どうやら世界は、非局所的であるに違いないようです」という意味の言葉を何度も聞いた。相手を知らないことも珍しくないのに、同じ結論に到達しているこれらの研究者たちは、まるで宇宙の反対側にある2個の結びついた粒子のようだった。

アインシュタインが非局所性は魔術めいていると思っていたのなら、最近の研究は超常現象に信頼性を与えるのだろうか？　そう考えている人もいる。この20〜30年ほどのあいだ、少なからぬ科学者が、粒子どうしの非局所的な結びつきが、人間に超能力をもたらすと推測している。たとえば、あなたの脳内の粒子が、あなたの友人の脳内の粒子と量子的にもつれていたなら、2人はテレパシーでコミュニケーションできるかもしれないというのだ。その一方で、超常現象を示唆することを理由に、非局所性に関する研究のすべてはナンセンスだと否定する物理学者も大勢いる。実際には、非局所性は超常現象とは何の関わりもない。これまでに検証に耐えた超能力の証拠などまったくないし、物理学で議論されている非局所的現象はどれも、あまりに微細で、心と心を融合させたり、遠くで行われている野球の試合に影響を及ぼしたりすることはあり得ないのだ。

これにがっかりしてしまう人もいるが、それは違う。世界のほんとうの不思議さは、それが不思議でないことにあるのだから。先に私が述べた理由から、局所性は私たちが存在する前提条件である。非局所性はすべて、安全にしまい込み、特定の条件においてのみ出現するようにしておかねばならない。さもなければ、この宇宙は生物に敵対的なところになってしまう。とはいえ非局所性が私たちに与えてくれるものは、どんな超常現象よりもはるかに素晴らしい。なにしろそれは、物理的実在の本質を見ることができる貴重な窓なのだから。まるで空間など存在しないかのように、影響が空間を飛び越えることができるのなら、空間は本当は存在しないのだという結論に自然にたどり着く。コロンビア大学の弦理論研究者ブライアン・グリーンは、2003年に出版した『宇宙を織りなすもの』（草思社）のなかで、非局所的な結びつきは「空間は、かつて私たちが考えていたようなものではまったくないということを示している」と述べた。ならば、空間とは何なのだろう？非局所性を研究すれば、手掛かりが得られるかもしれない。今日多くの物理学者が、空間と時間はもはや死に体だと考えている。つまり、それらは自然の根本的な要素ではなく、原始の宇宙に存在した何らかの非空間的な条件が生み出したものに過ぎないというわけである。空間は、縁がほつれ、あちこち擦り切れて穴が開いた絨毯のようなものだ。ほつれた部分を調べると、絨毯がどのように織られているかがわかるように、非局所的な現象を研究することにより、空間がいかにして、非空間的な要素から組み立てられているかを垣間見ることができるのだ。

「非局所性の発見と証明こそが、20世紀物理学の唯一最大の発見だと、以前からずっと、そして今でも、私は考えています」と、ニューヨーク大学の教授で、世界をリードする科学哲学者のひとり、ティム・モードリンは言う。彼は１９９０年代後半に発表した論文のなかで、非局所性の意義を次のように総括している。「世界は単に、局所化されて離散的に存在し、空間と時間だけによって外的に関係しあっている物体の集合ではない。何かいっそう深いもの、いっそう不可思議なものが、世界を織り合わせている。物理学が展開していくなかで、私たちはようやく、それは何なのかとじっくり考え始めたばかりなのだ」

一方で、まさに非常に多くのものが危機にさらされているからこそ、非局所性が現実であるはずはないと私に語る科学者もいる。つまり、非局所性を示す現象のいくつかは、間違った解釈をされているだけだとやがて判明するだろうから、すべての非局所性事象をひとまとめに論じるのは適切ではないというのだ。空間に基づく論理的思考を使って大きな成功を収めてきた物理学者たちが、それを易々とあきらめるはずがない。懐疑論者のひとり、ブリティッシュ・コロンビア大学の物理学教授ビル・ウンルーは、アインシュタインの考えに非常に近い感情を抱いている。「何を知るためにも、宇宙に関するすべてを知らなければならないとしたら、非局所性を真剣に受け止めなければならないとしたら、つまり、ここで起こることが恒星の振る舞いに依存するなら、物理学は事実上不可能になります。世界は分割可能だからこそ、物理学は成り立っているのです。私たちの未来を知るために、本当に恒星を観察しなければならないとしたら、どうやってこの先、物理学を続けられるのか私にはわかりません」

それ自体の魅力はさておき、非局所性は科学的論争の理想的な事例でもある。モードリンとウンルーなどの意見の不一致は、純粋に知的なものだ。隠れた思惑を疑わせるような、経済的利益などない。エクソンモービル社のロビイストなどが廊下をうろついていることもない。論敵どうし、個人的な敵意などまったくなさそうで、多くが友人どうしだ。数学はすこぶる単純だし、実験結果には議論の余地がない。それなのに、何世代にもわたる議論がなおも続いている。今日の学者たちが、1920年代から30年代にかけてアインシュタインやその論敵たちが行った議論を繰り返している。いったいどうしてだろう？　そして、専門家たちが合意に到達できない状況で、私たち素人はどうすればいいのだろう？

このところ最も注目されている科学的論争について考えてみてほしい。気候変動である。気候科学者の大半は、人間の活動が地球の温暖化を進めていると考えているが、一部の抵抗者たちはまだ同意していない——おかげで、新聞を読んだりウェブページを見て回ったりした挙句、気候変動にまつわる議論はよくわからないと感じる人もいるだろう。ほとんどの人は、大気の大循環モデルや、長波放射測定〔波長の長い赤外線放射の測定。この場合、地表からの熱放射の測定〕の専門家になる時間などない。だが、専門家がなおも議論を続けようが、近い将来、論争を実際的な意味において解決することは可能なのだと、私たちは納得するだろう。気候変動の場合、市民は既に自分たちがしなければならないことを知っている。気候災害が起こる可能性が十分にある今、そのリスクを管理するのが賢明なのは明白だ。自宅の火災保険に入るのに、燃焼理論で博士号を取る必要はないのと同じである。これと同様に、非局所性の場合も、最も頑固な懐疑論者も、何かとてつもなく奇妙なことが起こっていることは認めている。それは、私たちが心の奥底に抱いている空間と時間の認識を超えることを迫っているが、宇宙がいかにして生まれ、自然界がどのように組み合わさって完全な統一をなしとげているかを知りたければ、絶対に理解しなければならないことなのだ。

　社会にまつわる話も、科学の脇を流れる時代背景のようなものではなく、直接科学に関わっている。なぜなら、さまざまなアイデアがぶつかり合い、完全に明白なものなど何もない流動的な研究の現場では、科学の外部の人間が、科学の方法と考えているもの――事実、論理、方程式、実験の理解を通して前進すること――では、議論を終結させるには不十分だからだ。科学者たちは、直感、隠喩的な結びつき、彼らの基本原則の妥当性についての判断といった領域に踏み込まねばならない。非局所性について研究することに決めた私は、自然のなかでの気楽な散歩と見えるようなことを始めたのだが、すぐに、自分が風変わりな熱帯雨林のなかでいろいろなものに絡まれていることに気づいた。そこでは、一面に木の葉が光り輝き、迷路のような横道があちこちに伸び、体を支える手すりになりそうなものは、よく見ればヒアリがたかっていた。科学のなかで、最も古くて深い概念のひとつに疑問を呈することとの反逆性にわくわくしている科学者たちもいれば、それが常軌を逸していることに身震いする者たちもいる。局所性が否定されるのなら、アインシュタインが恐れたように、私たちの宇宙は結局理解できないのだろうか？　それとも、物理学者たちは、世界を論理的に説明する何かほかの方法を発見できるのだろうか？

# 第1章 世界は局所性では解けない

## 魔法の量子コイン

コルゲート大学にあるエンリケ・ガルベスの研究室は、車2台用の車庫ぐらいの広さで、たいていの家の車庫と同じく、いろいろなものがひしめいている。壁に沿って作業台が並び、そこに工具箱や、多少の整備が必要な電子機器類が載っている。入ってすぐの左手には、最も使用頻度が高い装置、コーヒーポットがある。部屋の中央を、一対の光学台（オプティカルベンチ）が占めている——工業用強度のある鋼鉄製の台で、どちらも大きさはダイニングテーブルくらい。上面は穴が縦横に並んだ板で覆われており、それぞれの穴に、鏡、プリズム、レンズ、フィルターが取り付けられるようになっている。「子どもにかえって、メカノ社のエレクターセットで遊んでいるようなものですよ」とガルベスは言う。コメディアン出身の上院議員だったアル・フランケンにそっくりの、人当たりのよいペルー出身の学者だ。

量子もつれ〔量子エンタングルメントとも言う〕とはどのようなものかを世界に示す仕事を引き受け

た人、それがガルベスだ。量子もつれは、近代の物理学者たちが観察した数種類の非局所性、とりわけ、アインシュタインが不気味と感じた非局所性によって最もよく知られている。「もつれ」という言葉には、恋愛のもつれに近い意味合いがある。特別で、厄介事をもたらす可能性もある関係というわけだ。互いにもつれた2個の粒子は、2個の毛糸玉のように文字通りもつれているわけではなく、空間を超越する奇妙な結びつきを持っている。この効果は、光線を発生させ、屈折させ、そして測定を行えば、観察できる。ただし、普通の懐中電灯の光線ではなく、もつれた光子からなる光線を使わなければならない。1970年代にバークレーとハーバードで、この種の実験が最初に行われたときは、高温に熱したオーブン、積み重ねたガラス板、そして、カタカタと手でキーを打っていくテレタイプ端末という、マッド・サイエンスじみた装置が使われた。一方、現代のガルベスは、ブルーレイディスク用の青紫色レーザーと光ファイバーを利用して、教室の机の上に載るまでに装置を小型化している。

私が会った実験物理学者のほとんどが、機械ものをいじりまわすのが大好きで、宇宙のさまざまな謎などの、すごいテーマに刺激を受けて実験に取り組んでいる。シンガポール国立大学量子技術センターのある実験物理学者から聞いた話では、そこにやってくる新入生は、あるテストに合格しなければならないそうだ。そこには、物理学の設問などまったくない。その代わりに、家にあった家電製品をどれかばらばらに分解し、そのあと自力で元通りに組み立てた武勇伝を披露するのだ。家族に見つかる前に元に戻せたならなおいい。洗濯機でやる学生が多いようだ。ガルベス自身は、少年時代に熱中したのは化学だという。それも、爆発に関連する化学だ。ペルーの首都リマの中産階級の家庭で育った彼は、友達と一緒に火薬を作ろうとしたことがあった。彼らに作れたのはせいぜい発煙弾だったが、かえって幸いだったろう。「爆発するものよりも、ずっと面白かったですよ。あまり健康にはよくなかったでしょうけど」とガルベス。

ガルベスが、非局所性の正しさを提唱することが自分の天職だと気づいたのは、ほとんど偶然だったという。大多数の物理学者と同様に、彼もこの現象について考えたことはほとんどなかったが、1990年代後半、同僚が大ニュースを知らせに研究室にやってきたとき、事態は一変した。オーストリアの物理学者アントン・ツァイリンガーとその同僚らが、量子もつれを利用して、粒子をある場所から別の場所へとテレポートしたというのだ。**テレポート**だって?!『スタートレック』ファンなら興奮しないわけがない。ツァイリンガーのチームがテレポートしたのは、宇宙船の着陸船部分ではなくて、単独の光子だったが、それでもそのカッコよさは発煙弾に匹敵した。それに、彼らの実験手順は実に単純明快だった。たとえば、あなたは1個の光子を実験室の左側から右側へテレポートしたいとしよう。あなたはまず、一対のもつれた光子を作り、1個ずつ、部屋の左右に置く。これでテレポートを担うものが準備できたわけだ。次に、テレポートしたい光子を、左側の光子と相互作用させる。もつれた2個の粒子には特別な結びつきがあるので、第3の光子との相互作用は、ただちに右側の光子に感知されて、第3の光子が右側で再構成される(ほんとうにこれをテレポーテーションと呼んでいいのかと、文句を言う人もいる。アイデンティティを盗むようなものと感じるわけだ。実験者は、左の粒子から、それが第3の光子と相互作用したことで得た属性を奪い、それを右の粒子に与える。だが、粒子は、その属性の和に過ぎないので、その後は右の粒子に第3の光子が相互作用しているのと同じことになるわけだ）。

ガルベスと同僚のひとりは、必要な道具は既に持っていたので、まもなく彼らの研究室でも、粒子を端から端へとテレポートできるようになった。「私たちは、テレポーテーションそのものが面白くて、それを究明しようとしていました」とガルベス。別の同僚からは、文系の学生向きの授業でも行える量子もつれの実験を考案しようという話を持ちかけられた。その結果できた学生実験は、テレポーテーションそのものは行わないが、それを実現するプロセスで最も重要な最初のステップ、すなわち、もつれた光子を作り出し、目指す位置に送るという作業をする。現在の装置は単純に見えるが、それはチームが2年間汗水たらして工夫を重ねた結果だ。ガルベスは、物理学教育の推進を目的とするＡＬＰｈＡ（Advanced Laboratory Physics Association：高度実験物理学協会）のために、夏季ワークショップを実施し、この実験を授業で実施する方法を学校の教師たちに教えるようになった。また、自分で手作りしたい人が自宅の地下室で装置を組み立てられるように、手順書をオンラインで公開している。ＡＬＰｈＡの元会長ディヴィッド・ヴァン・バークは、声を大にしてこう述べる。「量子もつれが研究大学だけのものだった時代はもう終わりました。それは大衆のものになりつつあるのです」

私がガルベスの研究室を訪れた日、彼の光学台の1台が量子もつれ実験に当てられていた。目的は、量子もつれを実際に起こすだけではなく、何がそれを起こしているかも探ることだ。私が見たところでは、光子をコインに見立てた、ハイテク版ループ・ゴールドバーグ・コイン投げ装置（アメリカの漫画家ループ・ゴールドバーグが好んで描いた、本来単純なはずのことをわざわざ複雑に行う、手の込んだ装置を「ループ・ゴールドバーグ・マシン」と呼ぶ）といった印象である。あるフィルターを通過するか否かを、光子の「表」、「裏」に対応させる。装置は、細工のないコインと同じく、通過する確率が50パーセントになるように調整されている。このようなコインのペアを作り、両者を同時に投げ、どちら向きに落ちるかを確認し、新しいペアを作り、両者を投げ、という操作を繰り返すことを基本プランとする。同じことを数千回繰り返し、結果の統計を取る。わかりきった結果を出すのに、わざわざ手の込んだことをやっているように思えるが、この実験で扱うのは量子コインだということを思い出せば、当然そうではないとわかるはずだ。粒子をコインと見なすのが比喩なのは明らかだが、あまりに字義通りに解釈しない限り、それは完全に妥当である。物理学者というものは、現象を比喩で理解するのだから。

　さて、装置をスタートさせるために、ガルベスは紫外レーザーを発射し、そのレーザー光線が正しい向きに進むように、一連の光学要素を通過させる。光線は、ホウ酸バリウムの小さな結晶に入射する。この結晶は、１９８０年代後半に中国の科学者たちが発見したもので、紫外光線を２本の赤色光線に分割する。この分割は、下方変換（ダウンコンバージョン）というプロセスで、粒子ごとに起こる。つまり、もしもあなたが対象物を途方もなく大きく拡大できて、光線を光子の流れとして観察できたとしたら、紫外光子が結晶にぶつかったあと、２個のまったく同じ赤色光子にエネルギーを分け与えるのが見えるわけだ（巻末の『「量子もつれ」についてのメモ』を参照のこと）。というわけで、２枚のコインの出来上がりだ。結晶のすぐ手前に、波長板と呼ばれる光学素子が配置されており、ガルベスはこれを使って結晶から出てくる光線を調整する。彼が波長板をどう設定するかによって、赤色光子がもつれているかどうかが決まる。

2本の赤色光線は、分かれてしまったあとは相互作用しない。ガルベスはそれぞれの光線を、別々の偏光フィルター――写真を撮るときに、ぎらつきを抑えるためにレンズに取り付けるフィルターと同様のもの――に向けて進ませる。フィルターを通過できるかどうかは、光子の偏光方向に応じて決まる（偏光とは電場・磁場が特定の方向にのみ振動する光のこと）。ガルベスはフィルターの側面についているダイヤルを回して、どの光子が通過できるかを決めることができる。今回の実験では、どちらのフィルターも、光子の半分をランダムに選んで通過させる同じ角度に設定された。こうして、コイン投げを真似たわけだ。

フィルターを通過できた光子は、検出器に向かい、そこで電気パルスに変換される。この検出器こそ、この実験システム全体のなかで、「壊した人には弁償してもらいます」という重要な部分だ。光子を1個ずつ検出できる高感度なもので、1台4000ドル（約45万円）という高価な装置だが、強い光が当たるとすぐに壊れてしまう。部屋の照明を切っても、わずかな光でも検出器が作動してしまうので、表示されている数字が激しく上下する。それを見ながら私は、暗いと言われる部屋がどれだけ明るいものか、認識を新たにした。携帯電話もノートパソコンも完全に電源を切らなければならない。LEDが1個点いているだけでも、実験が台無しになりかねない。「少し前までは、研究室内で光るものすべてに黒いテープを貼っていたんです」とガルベス。「そういう明かりが、いかにたくさんあるか、驚きますよ」。そう言いながら彼は、黒いベルベットの布を装置全体にかぶせ、さらに、台の周囲に張られた分厚いカーテンを閉じた。

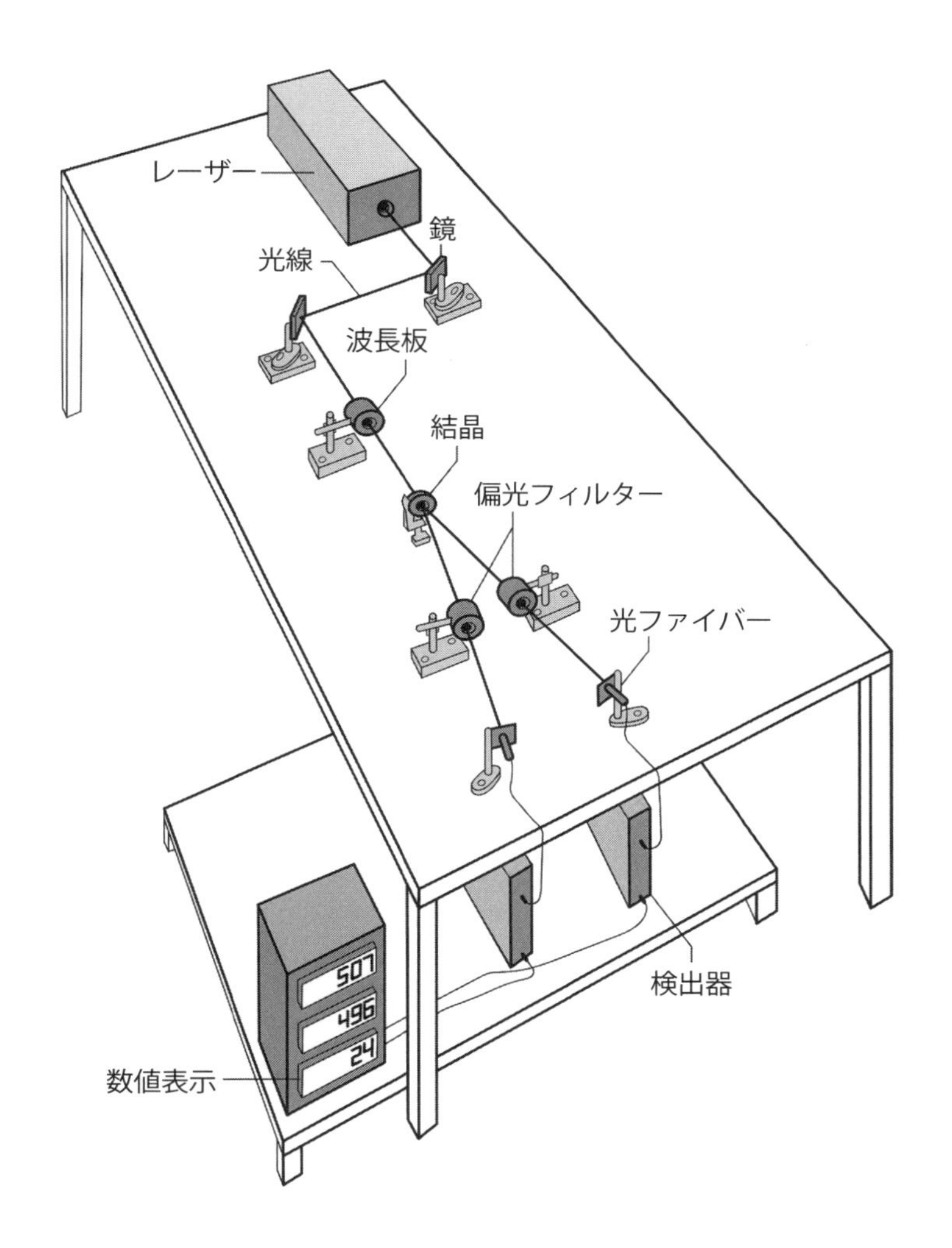


図 1-1 量子もつれ実験の装置
（イラスト：ジェン・クリステンセン）

| 【普通の２枚のコイン】 | | 【量子もつれした２枚のコイン】 | |
|---|---|---|---|
| 左のコイン | 右のコイン | 左のコイン | 右のコイン |
| 表 | 裏 | 表 | 表 |
| 裏 | 裏 | 裏 | 裏 |
| 表 | 表 | 表 | 表 |
| 裏 | 裏 | 裏 | 裏 |
| 裏 | 表 | 裏 | 裏 |
| 裏 | 表 | 裏 | 裏 |
| 表 | 裏 | 表 | 表 |
| 表 | 表 | 表 | 表 |

図 1–2 コイン投げ実験の結果の例。普通のコインを２枚同時に投げると、平均して、２回に１回は２枚が同じ面を上にして落ちる。しかし、量子的にもつれるように適切に準備したペアの「コイン」は、“常に”同じ面を上にして落ちる。

最後に検出器が、実験装置に影響を及ぼさないカーテンの外側に安全に置かれたメーターにワイヤーで接続された。メーターには3つの数値が表示される。２つは、左右それぞれの偏光フィルターを通過できた光子の数だ。ガルベスがレーザーのスイッチを入れると、これらの数値はストップウォッチのミリ秒表示のように目まぐるしく変化する。３つ目の数値表示は、ペアになっている2個の光子が両方ともそれぞれのフィルターを通過した、「一致」の件数を示す。コインの比喩で言えば、一致とは、コインが2枚とも同じ面を上にして落ちる場合に当たる。これらの一致こそ、ガルベスが量子的非局所性を覗き見る窓なのだ。

私に一通り装置を説明してくれたガルベスは、いよいよ測定に取り掛かる。まず、すべてが正しく機能していることを確認するため、もつれていない光子を発生させるように波長板を設定して、細工のない普通のコインを投げる場合をシミュレートする。

メーターの一致の数値は、毎秒約25だ。比較のために申し上げると、すべてのペアの光子が2個ともフィルターを通過した場合、一致は毎秒１００となる。したがって、可能な最大値の約4分の1の一致率というわけだ。これはまさに、確率の法則から期待される数値である。２枚のコインを投げるとき、それぞれのコインが表を向く確率は2分の1なので、両方が表になる確率は4分の1である。

続いてガルベスは、もつれた光子を発生させるべく、波長板を調整する。一致率は毎秒約50に跳ね上がる。地下の研究室で数値表示が25から50に変わったくらい、大したことではないと思われるかもしれない。だが、それが物理学なのだ。私たちを取り囲んでいる世界の、表面の下を覗き見るには努力が必要で、しかも、手掛かりは気づきにくい微妙なものばかりだ。しかし、微妙だったら大してドラマチックではないというわけではない。数年にわたって準備を続け、この瞬間を待っていたが、それがすべて報われたのである。その50という表示を見たとき、私はその意味に気づき、身震いした。光子たちが、２枚の魔法のコインのように振る舞っていたのだ。ガルベスはこのようなペアを何千組と投げるのだが、必ず2枚とも同じ面を上にして落ちる。両方とも表か、両方とも裏か、どちらかだ。このようなことは、ただのまぐれでは起こらない。

もしも私の友人が、パーティーでこの手品をやったなら――２枚のコインを投げ、正しいコインの場合の2倍の頻度で両方が表向きに落ちたなら――、それはいかさまだと私は考えるだろう。友人は手品用品店に行って、両面が同じコインを2枚買って、投げたときの結果を前もって決めてしまったのだろう、と。ガルベスの研究室で目撃したものを、同じような細工で説明できるだろうか？　そのような細工がないことを確かめるためにガルベスは、１９６０年代にアイルランド出身の素粒子物理学者ジョン・スチュワート・ベルが提案したのと同じ方法を使う。フィルターのひとつを90度回転させるのだ。それは、右手ではなくて左手でコインを投げるようにするのと同じように、粒子が通過する確率には一切影響しない。結果がほんとうに前もって決まっているなら、何も変わるはずがない。しかし、この一見何の影響もなさそうな変化が、実際に光子たちに影響を及ぼす。一致の頻度を示す数値はゼロ近くに落ちてしまう――一方の光子が通過したなら、もう一方の光子は絶対に通過しないのだ。言い換えれば、魔法のコインは、常に同じ面を上に落ちる状態から、常に違う面を上に落ちる状態に切り替わってしまったのである。いたずら者が、ここまで手品を成功させるためには、さらなる策略が必要だ。ガルベスは、手法や装置をいっそう洗練させることにより、あり得るごまかしをすべて排除している。

私は光学台に近寄り、装置をもう一度見つめた。２つのフィルターは、私の手幅ほどの距離で離れている。ツァイリンガーらの実験では、この距離が１００マイル（約１６０キロメートル）にまで引き伸ばされたし、量子技術センターの研究者たちは、この実験を宇宙空間を使って行おうとしている。小さな粒子にとって、それは宇宙の反対側まで離れたのと同じだろう。光子たちはその距離を超えて、振る舞いを一致させる。接触してなどいないし、知られているどんな力によっても結びついていないのに、ひとつのものとして振る舞う。ガルベスが実験机の左側のフィルターのダイヤルを回し、その後光子が1個そのフィルターを通過したとすると、光子はフィルターと同じ向きに偏光される。それにもつれている相手の光子も足並みをそろえて変化する。つまり、こちらの粒子も同じ向きに偏光され、自分の経路に設置されたフィルターを通過する際、それに応じた振る舞いをするわけだ。このように、いかなる影響も、左右の光子のあいだの距離を越えて伝わることは不可能にもかかわらず、左の光子に起こることが、右の光子に影響を及ぼす。このような影響は、実際、左から右へと瞬時に伝わらなければならない。言い換えれば、無限の速さで伝わらねばならないわけで、だとすると、明らかに光速を超えており、相対性理論とあからさまに矛盾している。非局所性がもたらした多くの謎のひとつである。いろいろな物理学者たちが、それこそ、これまでの生涯で見た、真の魔法に最も近いものだとコメントしている。ガルベスは、「学生たちはこれが大好きなんですよ。いい学生は、〝これをぜひ自分で解明したいです〟と言いますね」と語る。

## 量子論と相対性理論の矛盾

非局所性は、カーニバルの見世物――見物して歓声を上げ、ああ面白かったねで終わってしまい、それ以上の意味はないもの――に過ぎないのだろうか？　それとも、物理学の舞台で主役を務めるものなのだろうか？　20世紀の大部分を通して物理学者たちは、それを見世物扱いし、学生時代の私もそれに倣っていた。私がこの謎の深さを思い知ったのは、何年ものちに、ティム・モードリンの『量子非局所性と相対性理論（*Quantum Nonlocality and Relativity*）』という本をじっくり読んだからだった。

ジョージ・ナカシマ〔アメリカの日系家具デザイナー、建築家〕の家具がしつらえられたリビングルームに腰かけたモードリンは、自分が量子的非局所性のことを知った瞬間を決して忘れないだろうと言う。１９７９年秋のある日、イェール大学で物理学を専攻する学生だった彼は、『サイエンティフィック・アメリカン』誌の最新号を開いた。フンコロガシがテーマの特集記事を飛ばすと、初期の量子もつれ実験についての記事が目に止まった。魔法にかかったかのように振る舞う粒子たちに、モードリンはショックを受けた。「その記事を読んだ日のことは忘れられません」と彼は語る。「私のルームメイトだって覚えていますよ。私は部屋のなかをぐるぐる、ぐるぐる歩き回っていたんですから。世界は私が考えていたようなものではなかった。そのことにひどく困惑し、どうにも落ち着かなかったのです」

私の場合と同じく、彼の大学の物理の教授がみな、この現象についてそれまで一度も話したことがなかったという事実も、彼を困惑させた。教授たちが非局所性をどう考えているのか訊いてみようとしても、無視されてしまった。モードリンは一度、授業中に挙手して、「現状では矛盾にしか見えないような事柄を完全に説明できる、より深い理論が登場して、量子論に取って代わることはないでしょうか」と尋ねたことがあるそうだ。教授は、そんなことはあり得ないと頭から否定し、再び黒板にギリシア文字を書きはじめた。「教授は、なぜそんなことがあり得ないのか、一切説明しませんでした」とモードリン。「彼は答えぬまま、質問を片付けてしまったのです」

モードリンや私が陥ったショック状態がいかほどのものか、おわかりいただくには、１９２０年代から３０年代にかけてアインシュタインが、量子力学のもうひとりの創設者であるデンマークの物理学者ニールス・ボーアと交わした議論まで戻らねばならない。非局所性が自分の相対性理論と矛盾しそうなことを気にかけていたアインシュタインは、それは私たちが自然の本質的な側面を知らないために起こしている錯覚のようなものだと主張した。ボーアはというと……ボーアが何を主張しているのか、はっきり理解できる者は誰もいなかった。ともかく、彼の論法は「もつれ」という言葉に新たな意味をもたらし、彼が書いた何通もの手紙は、非局所性を提唱しているとも、逆にそれに異議を唱えているとも解釈されてきた。かろうじて理解できる限りでは、ボーアは舞台裏にどんな奇妙さが潜んでいようが、実験で現れているものを量子力学が予測できる限り、何ら問題はないと断言していた。

アメリカの大統領候補どうしの討論を見たことのある人なら誰でも知っているように、勝ち負けの判断は、論者が言ったこととはほとんど関係ないことが多い。大半の物理学者は、いいかげん量子力学を実際の問題に適用したかったので、ともかくボーアとアインシュタインの議論はもう終わりにしてほしかった。ボーアは議論の終結を約束したので、彼らはボーアの下に結集し、アインシュタインを過去の人として見限ってしまった。のちにある物理学者は、「アインシュタインが代わりに魚釣りに出かけていたとしても、彼の名声は、より高まってはいなかったとしても、傷つくことはなかっただろう」と記した。

続く数十年間、物理学者たちは、ありとあらゆる計算に量子論を便利に使って重宝していた。そうして、トランジスタやレーザーをはじめ、現代社会を支える数多くの技術が開発された。そのため、量子論の深い意味は不問にしておこうと集団的意思決定をしたことの正当性が示されたかに思われた。このような、量子論の概念的基礎を問う疑問が呈されると、物理学者たちはいつも、それを「哲学的」な問題だと呼んだものだが、決して褒めるためではなく、そんな疑問は持ち出す価値すらないと否定するためだった。イギリスの物理学者ポール・ディラックは、「悩まされるのは、満足がいくように自然を記述したいと願う哲学者だけだ」と記した。

実際にそのことに悩まされたモードリンは、物理学ではなく、哲学の大学院に行くことにした。「私は何事でも、根底にたどり着きたいのです」とモードリン。「哲学者はそれが仕事なわけでしょう」。哲学者は、研究対象とする事柄のみならず、研究の方法の点でも際立っている。哲学者は、数学や実験のテクニックではなく、論理的思考の訓練を受けている。ほとんどすべての議論について、どこに欠陥があるか指摘することができたモードリンは、哲学者のあいだで「無敵先生」と呼ばれた。大学院生時代から、教授になって間もないころまでずっと、頭の片隅に非局所性がくすぶっていたとモードリンは言う。しかし、彼が知る他の人はみな、そんなことには興味がないようで、おまけに、哲学者たちも、ある意味物理学者たちと同様に、局所性の原則にとらわれていた。ほかのさまざまなことに妨げられ続けて、モードリンはそれ以上非局所性について考えることができなかった――しかし、１９９０年、ジョン・スチュワート・ベルが死去し、状況は一変した。

ベルは、アインシュタインとボーアの議論を物理のコミュニティ全体で再検討してもらうために、誰よりも尽力した。彼がボーアの勝利を疑い始めたのは、大学生だった１９５０年代前半のことだった。だがそのときは、そんな懸念を広言しても、自分の経歴にとっていいことは何もないとあきらめた。その後素粒子を研究し、大型ハドロン衝突型加速器の原型も含め、素粒子加速器を何台も設計して名をあげることができた60年代になり、ベルはようやく、青年時代に抱いた疑問に立ち返っても安全だと感じた。そして彼は、非局所性はもはや議論のみの対象ではなく、実験室で扱うこともできると示したのである。だが、アインシュタイン同様、彼も同僚たちを納得させようとして苦しんだ。彼がこのテーマで書いた最初の論文は、発表後4年ものあいだ、ほかの論文に引用されることはまったくなかったし、教科書に登場したのも、やっと1985年になってからだった。注目されるようになってからも、ベルの研究は誤解されがちだった。たとえば、彼の死亡記事のひとつに付いていた見出し、「アンシュタインの間違いを証明した男」は、非局所性はかつての論争を超越しているというベルの主張をまったく理解せずに付けられている。アインシュタインは、やがて非局所性は見かけ上のものに過ぎないと証明されるだろうと考えていた点で間違っていたかもしれないが、非局所性を完全に無視したボーアも間違っていたのである。

アインシュタインと同様にベルも、非局所性が相対性理論と矛盾することが非常に気になった。だが、物理学者は、実験によるすべての検証に耐えている量子論を放棄することはできない。しかし、相対性理論が間違っていることも、同じくあり得ない。ベルは1984年の講演を、「現代物理学の2本の柱のあいだには、最も深いレベルでの矛盾が明らかに存在しています」と結んだ。それ以外の点では彼に好意的な人々でさえ、そのような矛盾は認めなかった。アインシュタインは、相対性理論を構築する際、私たちはどのようにして情報を収集するかを考えた。光や音などの信号は、世界のなかに存在する何らかの物体を通過して、私たちの感覚器官にまで伝わらなければならない。もしもこれらの信号が瞬時に伝わるなら、矛盾が生じてしまう。その結果パラドックスがもたらされる。物事が、起こると同時に起こらない、という事態になってしまう。宇宙を動かしている機構が動かなくなってしまう。だが、じつのところ量子的魔法のコインには、そのような問題を起こす危険はまったくない。もつれた2個の粒子は、信号を送ることは本質的に不可能なのだ。それらの粒子は、表か裏か、どちらかを上にして落ちる――だが、どちらになるか、あなたが指示することはできない。メッセージを送る目的で、いや、実際、どんな目的であれ、それらの粒子をコントロールすることは絶対にできないのだ。つまり、これらを使って矛盾した状況を生み出すことは、決してできないのである。こうして危険は回避される。

別の言い方をするなら、こうなるだろう。もしも量子もつれが魔法なら、それは一振りすれば望むことを何でも起こしてくれる魔法の杖の魔法ではなく、自ずと起こり、注意深く見ていない限り、決して気づかないような魔法なのだ。極めて微かな魔法で、世界魔術コンテストでトロフィーを獲得できるようなものではない。ともかく、ほとんどの人が、量子力学と相対性理論は「平和に共存」していると考えて、安心したのだ。

ベルを記念して、量子物理学をテーマにしたシンポジウムを企画したラトガース大学の哲学者たちが、モードリンに講演を依頼した。モードリンは、学生時代に中断した思考を再び始動させて、アインシュタインとベルが発見したことの周辺に他の者たちが後で作り上げた物語を崩しにかかった。広く受け入れられている量子論と相対論の理論的調和という解釈を、モードリンはちょっと調和的すぎると感じていた。「信号を送ることはできませんよ、と指摘するだけでは、量子論と相対論に根本的な対立などないと示すには、どうにも不十分だと私には思えました」と彼は言う。1対のもつれた粒子が、互いに信号を送ることはできないとしても、量子論はなおも、一方の粒子に起こることは、他方の粒子にも瞬時に影響すると主張する。このため量子論では、片方の粒子にとっての午後7時30分が、もう一方の粒子にとっても午後7時30分であることを確実にするようなマスタークロックのようなものが、宇宙になくてはならなくなる。ところが、相対性理論は、そのようなものを一切否定する。それが「相対性」理論と呼ばれるのは、時間の経過が相対的だからだ。ある人が見て同時に起こることは、ほかの人が見れば順次に起こるのだ。

モードリンの本は、この講演を元に書かれたもので、ちょうど量子もつれへの関心が急激に高まった時期に出版された。量子もつれが、彼らが考えていたほど役に立たないものではないと気づいた実験家たちは、暗号作成やコンピュータにそれを利用しようとしていた。たとえば、オックスフォード大学の物理学者で、量子技術センターの所長であるアルトゥール・エカートは、1991年に、もつれた粒子を使えば、政府の最も厳しい監視プログラムでも盗聴できない安全な通信経路が作成できると証明した。量子もつれの重要性を示す手掛かりを得た物理学者たちは、どこを注目しても、ほとんど確実に、そこに量子もつれを見つけた。量子もつれは、生物の内部でも起こる。たとえば光合成では、分子が光のエネルギーを化学エネルギーに変換し、地球に生物が存続できるようにしてくれているが、この変換効率は意外に高い。この効率の高さが、量子もつれで説明できるのだ。

21世紀が始まるまでに、非局所性と量子もつれを巡るすべての問題の根源となったアインシュタインの論文は、物理学史上最も広く引用された文献のひとつとなった。同じころ、物理学者と哲学者のあいだの古い壁は崩れつつあった。先駆的な実験物理学者ツァイリンガーは、モードリンとは意見が食い違うことも多いが、20年前には想像もできなかった形で、この2人は意見を交換している。「哲学と物理学の結びつきは、真の進歩を遂げるためには極めて重要なのです」と、ツァイリンガーは語る。

量子的非局所性は、ラスベガスのディナーショーのような、ただの気晴らしの娯楽ではないことは明らかだ。それは、世界の本質的な側面である。しかし、物理学者も哲学者も、この魔法の背後に何があるのか、まだ理解していない。もしかすると、彼らが探している手掛かりは、ほかの科学分野にあるのだろうか？　世界に存在している、ほかの種類の非局所性から、私たちは何を学べるだろう？

## ブラックホールのパラドックス

20世紀を通して、言及に値する非局所性事象と言えば、もつれた2個の粒子の奇妙な共時性しかなかった。しかし、やがて物理学者たちは、非局所性の現れではないかと疑うべき、不気味な現象がほかにも存在することに気づき始めた。ブラックホールの研究者たちは、宇宙のバキュームクリーナーのようなこの天体の内部にある物質は、ある場所から別の場所へと、あいだに存在する距離を通過することなしに、跳躍するのではないかと考えている。これなどは、アインシュタインが懸念していた以上に、不可解な非局所性と言えるだろう。

ブラックホールは、もうずいぶん長いあいだ、「宇宙のなかで一番奇妙なものは何ですか？」と訊かれたら、物理学者が真っ先に挙げるものであり続けている。ラメシュ・ナラヤンは、活動中のブラックホールを何度も観察している。ガルベスと同じく、ナラヤンも、科学に熱中するようになったのは年齢が進んでからで、しかも、それはほとんど偶然に始まったという。少年時代、天文学にはまったく興味がなかった。子どものころブラックホールに夢中になった記憶がないという宇宙物理学者に出会うことはめったにないが、彼はそんな貴重なひとりだ。彼が熱中したのは結晶だった。しかし、社会人になって初めて、インド南部のバンガロールにある名高いラマン研究所で得た仕事で、宇宙のさまざまな謎を究明しようと取り組む人々と付き合うようになり、まもなく自分もはまってしまった。彼は、宇宙のガス流の専門家となった。これらのガス流を支配する原理は単純だ。「下降したものは、上昇しなければならない」というものである。恒星の表面に衝突したガス流は、必ずその恒星を温める。すると恒星は、温まったことで生じた余分なエネルギーを、通常は赤外線または可視光線として、宇宙へと放出する。「入ってきたエネルギーはすべて、外に出て行かなければなりません」と、現在はハーバード大学の教授となっているナラヤンは説明する。しかし、1990年代前半、私たちの太陽系もその一員である天の川銀河の中心部に、このルールの奇妙な例外が存在することに天文学者たちは気づいたのだ。

銀河の中心は、肉眼でも簡単に見ることができる。夜空を見に外出できる次の機会に、射手座を見つけてほしい。私の住んでいるところでは、夏から初秋にかけて、射手座は南の地平線近くにあるので、特に見つけやすくなる。弓を射るケンタウロスのように見えることになっているが、大多数の天文学者は、巨大なティーポットの形だと考えている。このポットの口が、天の川の中心を指している。天の川の中心と言っても、私たちには、はっきり見わけが付かないぐちゃぐちゃとしたた光の塊にしか見えないが、1940年代、望遠鏡による観察により、沸き立つ大釜のようにガスが渦巻いていることが明らかになった。銀河のまさに真ん中では、いて座A*（エースター）と呼ばれる部分にガス流が集まっている。この領域は、奇妙なほど薄暗い。外に放出されるエネルギーが、流入するガスが運び込むエネルギーの、1パーセントにも満たない。「目の前で、エネルギーが銀河の中心に流れ込んで、そして、パッと消えてしまうのが見えるのです」とナラヤン。

ブラックホールとはそういうものだ。ブラックホールの重力は極めて強力で、そこへ落ちたものは決して外へは戻ってこない。画家たちは、宇宙の巨大な漏斗としてブラックホールの想像図を描くことが多いが、外から見るブラックホールは、むしろ惑星のように――巨大で、怪しげなほど暗い惑星に――見える。その周辺を取り巻く軌道に沿って、物質が周回できる可能性があり、普通は実際にそうなっている。しかし、ブラックホールの表面だと思ったものに触れようとしても、手はそこを通り過ぎてしまうだけだろう。それは、空っぽの空間なのだ。表面と思われたもの、すなわち「事象の地平面」は、そこから先は後戻りできなくなるところと理論的に考えられており、内側に落ちるガスその他の物質は、光速を超えない限り、進路を反転することはできない。いて座A*の事象の地平面は、直径約2500万キロメートルの球である。それを越えて内部に入った物質は、そのまま中心へと進むしかない。一方通行の袋小路に入ってしまい、不安な、そしておそらく不幸な運命に向かって突進していく自動車のように。「これは、ブラックホールの特異な特徴のひとつです」と、ナラヤン。「ブラックホールには表面がありませんが、だからこそ、ほかの天体とはまったく違うのです。ガスは、それが持っているすべてのエネルギーもろとも、そっくりそのまま呑み込まれてしまいます」

　では、呑み込まれた物質はどうなるのだろう？　それが難問なのだ。残念なことに、物理学者たちが持っている2つの主要な理論——重力理論と量子論——は、呑み込まれた物質の運命について、正反対の結論を導き出す。ごく簡単に述べると、重力理論は、ブラックホールに落ちれば、元に戻ることはできないとするのに対し、量子論は、元に戻らないことなど何もないとする。前者は、物質は外に出ることはできず、永遠にブラックホールに吸収されたままだとする。後者は、物質は外に出て、宇宙の活動に参加し続けるはずだとする。これはいったい、どういうことだ？　この大きな矛盾は、現代物理学の根本原理とされるものがどこか間違っているはずだという、真っ赤な警告ランプだ。

　ナラヤンが行っているような観察では、この問題を解決することはできない。ブラックホールの矛盾を解決するには、物理学の統一理論、すなわち量子論と重力理論をまとめあげた、量子重力理論が必要だ。そして、そのような理論を追求している人々の多くが、非局所性こそが、その第一候補になるだろうと考えている。物質が光より速く移動したり、内側から外側へと、あいだに存在する空間を通ることなく跳躍できるなら、ブラックホールの陰険な拘束もすり抜けられるだろう。

　この考え方を先頭に立って推進しているのが、スティーブ・ギディングスだ。彼は、カリフォルニア大学サンタバーバラ校の教授ながら、カーゴショーツにフリースジャケット、ウエストから裾を出しっぱなしのチェックのシャツという服装で、山岳トレッキング・ガイドと錯覚しそうだ。だが、それは真実からそう遠くない。彼は『サイエンティフィック・アメリカン』誌にも、『クライミング』誌にも登場している。ギディングスは、ロッククライミング、雪山登山、スキーの滑降とクロスカントリー、登山、そしてカヤックに熟達している。彼は科学とアウトドアという、2つの分野への情熱を、相補うものと見なす。「これらは、自然に親密に交わることの、2つの側面だと感じるのです」と彼は言う。少年時代、キャンプ旅行に出かけるといつも、物理学の本を読んでいた。大学に入ると、全米科学財団の助成金を得て、重力を研究する傍ら、週末にはバックカントリー・スキー〔自然のままの山野でのスキー〕を楽しんだ。卒業した直後の夏、ギディングスはカヤックを自作し、コロラド川をカヌーを漕いで進み、グランドキャニオンの谷間を川下りした。続いて、ヒッチハイクをし、その後数回旅することになるデナリ国立公園を初めて訪れた。彼は、カリブーの親子が目の前を横切ったときのことをよく覚えている。奇妙なことに、カリブー親子はギディングスの存在などまったく意に介していないようだった。「ふと振り返ってみて、彼らがなぜ私など気にしなかったかわかりました」とギディングスは言う。「彼らは、大きなハイイログマから逃げていたのです。そのとき、クマは私を追いかけることに決めた、というわけです」。警備員が教えてくれた、公園に入る際の注意を思い出したギディングスは、しっかり地面を踏みしめ、クマに向かって叫び声をあげ、クマがあきらめて、もっと捕まえやすい獲物を探そうと離れていくまで叫び続けた。

その後彼は、ニュージャージー州へと移った。ニュージャージーにもたくさん魅力があるが、山や谷はなかった。ギディングスには、もはや生きている実感が失われてしまった。毎日毎晩、平日も週末も、試験のためにがり勉するばかりだった。プリンストン大学大学院の物理学課程は、彼のカヤックを転覆させようと躍起になっているかのようだった。「学生を励ますことはあまりありませんでした」と彼は言う。「学生たちを、ひどくおどおどさせるような雰囲気だったのです」。ギディングスは、大学院をやめてしまうことも考えたが、結局自分の立場を固守することに決めた。彼が試験に合格した１９８４年、理論物理学の分野に興奮の灯がいくつもともった。世界中の研究者が、それまで取り組んでいたことを放り出して、自然界のすべてを説明する統一理論として提案された弦理論に着手していた。

弦理論という名称は、素粒子の正体は、ごく小さな輪ゴムやギターの弦のようであるという、その考え方に由来する。私たちが異なる種類の素粒子と認識するものは、じつのところ、これらの弦が異なるやり方で振動しているだけなのだ。１９６０年代の後半、弦理論は勢いがなく、ぱっとしなかったが、やがて、これを提唱するごくわずかな物理学者たちが、大多数の物理学者たちに弦理論の内部整合性を納得させた。「私がやるべきことは、これだと思いました――私もこの波に呑み込まれたのです」と、ギディングスは回想する。弦理論の第一人者エドワート・ウィッテンが彼に、ある極めて重要な方程式を解きなさいという課題を与えた。数カ月にわたり、さまざまな数学的手法を次々と試して苦労を続けた結果、彼はそれを解くことに成功した。それと同じころ、新たなカヤック仲間に出会うこともでき、ニュージャージー州を「ガーデン・ステート」と呼ぶ愛称は、あながち不相応でもないなと、彼は思った。「これはうまくやっていけそうだと感じるようになりました」とギディングス。

統一理論を追求する主な理由のひとつが、ブラックホールのパラドックスを解決することで、

1990年にギディングスは、このパラドックスにたどり着いた道筋を、ケンブリッジ大学の有名な理論物理学者スティーブン・ホーキングが70年代に説明したとおりに、一歩ずつたどり直すことにした。ホーキングが出発点として選んだのは、崩壊は自然界の法則だという考え方だ。この世界に存在するものはほとんどすべて、最終的には死滅する。ブラックホールも例外ではない――そもそも形成されるのなら、例外になる理由がない。崩壊は形成の裏返しだ。「がらくたをランダムに集めてブラックホールが作れるなら、ブラックホールを崩壊させて、ランダムながらくたに戻すことができるはずです」と、ギディングスは言う。

ホーキングの解析によれば、崩壊と言っても、ブラックホールのはらわたが外に漏れだすわけではない。ブラックホールの内部のものが、外に出てくるなんてことがあるだろうか？　事象の地平面から外へ逃れるには、光より速く外へ向かわねばならない。そうではなくて、ブラックホールが外から内側に向かって崩れるのだ。地平面が、電場、磁場、その他の力場を不安定化させるため、これらの場は、粒子をまき散らして捨てていく。錆が細かくはがれて飛び散るようなものだ。たとえば、私たちの太陽と質量が等しいブラックホールは、毎秒約1個ずつのペースで粒子を捨てるが、これでは、ナラヤンのような宇宙物理学者が測定器で検出するには、あまりに弱々しい。しかし、数兆年かければ、ブラックホールを、粒子がでたらめに寄り集まっているだけの形も定まらない煙のようなものに貶めるに十分だ。内部へと落ちていく物質の構造も、それが持っていた情報も、そのアイデンティティの最後の名残も、すべては失われている。言い換えれば、ブラックホールは、内部に落ちたものが再び外に出ることは決してないという意味で不可逆なだけでないということだ。仮にこの意味だけだったとしたら、神のような視点に立てば、ブラックホールを覗き込み、物質がいかにしてそこにやってきたかを順序だてて把握できる可能性がある。しかしブラックホールは、神でさえ原形を回復できないほど徹底的に物質を消し去るという点でも不可逆なのである。

ホーキング自身が指摘したように、彼が行った計算を実際にやってみるのはとても難しい。彼は、外に逃れる粒子にブラックホールが及ぼす影響をたどることはできたが、外に逃れる粒子がブラックホールに及ぼす影響をたどることはできなかった――もしかしたら、この双方向の影響が、外部と内部のあいだにある裏口を開いて、内部に落ちていく物質が再び現れるようにしてくれるのかもしれないのだが。もしもそうなれば、ブラックホールに落ちても、やはり元に戻ることができるわけで、パラドックスは消えてなくなる。そんなわけでギディングスと数名の同僚らが、弦理論に基づいて新たに解析を行い、ホーキングの計算で見落とされた、脱出用ハッチや隠れ場所を探した。だが、そんなものはまったく見つからなかった。ホーキングはやはり正しかったのだ。「これらの単純なモデルは、そもそもホーキングが提唱した図式の正当性を結局証明することになります」とギディングスは言う。

つまり、パラドックスから抜け出すのは（ブラックホールから抜け出すのはもちろんのこと）、一筋縄ではいかないのだ。議論に使われている何らかの仮定が間違っているに違いないのだが、仮定は実際2つしかない。可逆性と局所性である。最初ホーキングは、前者が間違っていると考えた。彼は量子論が間違っており、ブラックホールに落ちることは不可逆だと主張した。しかし、量子力学は、「全部を受け入れるか、全部を捨て去るか」という一体構造になっているようで、どこかで間違っているなら、いたるところでだめになる。ホーキングが考えたような形で破綻しているなら、同様の破綻が、ブラックホールではない通常の状況でも観察されるはずだが、そんなものは見られない。結局ホーキングは、ブラックホールは可逆的でなければならないことに同意した。だとすると、局所性が間違っているはずである。「私は、情報がいかにして外に逃げるのかという問題に取り組み続けています――どう考えても、情報は非局所的でなければならないように思うのです」とギディングス。

ほかにも数名、ほぼ同じ結論に至った者があった。しかし、物理学者のコミュニティ全体の雰囲気は、そんな考え方には懐疑的だった。ブラックホールの非局所性は、素粒子実験の非局所性以上に受け入れにくかった。量子もつれは精妙な現象で、ほかのどんな物理法則とも、あからさまに矛盾することはなかったが、「事象の地平面を横切る、光よりも速い運動」のほうは、これほど露骨に物理学の根幹に矛盾するものはほかにない。それは、アインシュタインの制限速度を堂々と破っている。州警察官の目の前で、車を時速90マイル（時速約144キロ）で飛ばすようなものだ。ギディングスは、廊下を歩こうとするときも、コーヒーを飲もうとするときも、非局所性を考慮しようという彼に異議を唱える同僚に捕まらないわけにいかなかった。結局彼は、このテーマを10年近くのあいだ放棄することになった。「自分がひどい変わり者のように思えました」とギディングス。「追求をやめてしまったのです。懐疑論者たちにあっけなく降参してしまいました」。だが、彼はほんの少し時代の先を行っていたに過ぎなかったのだ。

## 宇宙の地平線問題

第2のタイプの非局所性が存在するという可能性だけでも、非常に重要だ。なぜならそれは、アインシュタインが特定した現象は、巨大なモザイク画を作っているたくさんのタイルの1枚でしかないと示唆しているからだ。だからといって、非局所性がほんとうに働いている、あるいは、この2つのタイプの非局所性は結びついていると証明されるわけではないが、心理的には重要だ。科学でも、人間の生活全般におけるのと同様、人々が注目するのは最初の例より次に出てきた例だ。第3の例が登場すれば、それはもう趨勢となる。

これから私がお話する、次のタイプの非局所性は、量子もつれやブラックホールのようには確立していないが、もしも真実なら、もっとドラマチックである。それは、あまりに明白だと感じられ、観察事実とも思えないようなことから出てくる話だ。外に出て夜空を見ると、そこは暗い。これが驚くべき事実だなどという気は、とてもしないだろう。しかし、夜が暗いことは、ビッグバン理論の基盤のひとつになっている。なぜならそれは、宇宙は年齢も大きさも有限だということを意味するからだ。もしも宇宙が無限に大きく古いなら、私たちはあらゆる方向でどこまでも宇宙を見ることができ、その視線は、必ず恒星と交差することになる。恒星たちは、隙間のない光の壁を形成するだろう。成熟した深い森のなかで暮らしていれば、どの方向を見ても必ず木が見えるようなものだ。そのようなわけで、次にあなたが夜空を見るとき、恒星は木で、暗いところは、木のあいだの隙間と考えてみてほしい。すると、森（夜空）はごく小さいので、あなたにはその端まで見えているか、ごく若いので、まだ完全に満たされていないかのどちらかだと実感していただけるだろう。

夜空は暗いだけでなく、どちらを向いてもほとんど同じに見える。１９９６年に私が参加した会議では、天文学者たちが、私がこれまでに見た最も素晴らしいかたちで、この均一性を示すポスターを掲げた。彼らは、ハッブル宇宙望遠鏡を、北斗七星のそばにある、空が暗い部分に向け、10日間そこに焦点を当てて光を集め、これまでに形成された最も繊細な画像を作り上げた。これがハッブル・ディープ・フィールドだ。３年後、同じことをほぼ正反対に当たる南天の部分で行った。これらの２つの画像は、ハッブル望遠鏡で撮影されたほかの多数の画像のような、華々しい芸術的なものではないが、控え目な美を備えている。これらの地味な画像は、私たちが見ることのできる、宇宙の最も外側の領域付近にある物体を示しており、そのような領域は非常に暗いので、ハッブル望遠鏡も、１分にようやく1個飛んでくる光子を捕らえて、こつこつ積算したわけである。画像に見られる何千個もの赤みを帯びた小さな斑点はすべて銀河で、宇宙で最初に形成されたものも含まれている。北と南の画像は、統計的に同じに見えるのだが、じつはこれは、１９６９年にメリーランド大学の教授チャールズ・ミズナーが最初に気づいたパラドックスを、改めて私たちに突き付けているのだ。

ホーキングの10歳年上のミズナーも、１９６０年代から７０年代にかけて、ブラックホールや宇宙全般に関する研究に革命をもたらした物理学者のひとりだ。物理を学ぶ学生のほとんどがそうであるように、私が彼の名前を初めて知ったのは、重力理論の教科書の定番『重力理論：古典力学から相対性理論まで、時空の幾何学から宇宙の構造へ』（丸善出版）の共著者をまとめて表す略称として広く使われている「ＭＴＷ〔ミズナー、ソーン、ホイーラー〕」のＭとしてだった。この本は、随所に出てくる寸劇と熟考も優れており、数少ない、本当に読むのが面白い科学の教科書のひとつだ。
ミズナーが少年時代に熱中したのは、ガルベスと同じく、物理学ではなく、化学だった。ある日、化学実験セットで遊んでいたミズナーは、服を薬品で焼き、穴を開けてしまい、母親に叱られた。彼は、そのあと自分がどうしたかまで含めて、当時のことをよく覚えている。彼は、そのことも実験にしてしまったのだ。さまざまな布地に酸をたらして、どんな反応が起こるかを観察したのである。彼の母は、息子の探究心に100パーセント満足したわけではなかっただろうが、家族ぐるみでつきあいのあった知人がこの話を聞き、彼を採用し、コンクリートをより効率的に硬化させる方法を探す仕事を任せた。この仕事で、彼は水の蒸発を遅らせるためのシーラーを開発した。

大学に入ったミズナーは、化学を専攻したが、突然、化学の楽しみが完全に消えてしまった。「研究室はひどいところでした」と彼は回想する。「学生は、料理本のような指示にただ従うこと以外、許されなかった」。そこで彼は、物理学に転向し、プリンストン大学の大学院に進学した。ちょうど、あの伝説的な教授、ジョン・ホイーラー（『重力理論』の共著者「W」）が、重力研究に再び命を吹き込んでいるところだった。物理学の教授たちは、アインシュタインの重力理論への敬意は失くしていないと広言していたが、わざわざ実際にそれを研究する者はほとんどなく、今本当に進展目まぐるしいのは量子力学だと考えていた。ホイーラーは重力を、自然界の力のなかで最も創造性に富んだものだと認識していた。ジーオン、時空の泡、ワームホール、ブラックホール――これらはすべて重力にまつわる概念で、どれもホイーラーの造語だが、あなたがその意味を知らなくても、彼は人間の頭に落ちるリンゴ以上のことを話していたのだと十分理解できるだろう。「彼は幾何学的、物理学的直感に恵まれていました。それに、方程式のなかには、人々が考えていた以上のことがあるかもしれないぞと、わくわくしていました」とミズナーは語る。「そして、彼は正しかったのです」

夜空がどの方向でも均一なんて、当たり前で何の不思議もないと思われていたが、1960年代に宇宙観測の分野で2つの大発見が行われると、大きな謎として浮上してきた。まず、クエーサーが発見された。クエーサーとは、一見恒星のように見えるが、恒星としては誰も見たことがないような色をした光の点だ。やがて、クエーサーがこれほど華々しい色をしているのは、宇宙が膨張しており、そのため光の波が、スパンデックスのシャツに描かれたロゴのように引き伸ばされて、青から赤に偏移しているからだと天文学者らは気づきはじめた。クエーサーの光は、非常に大きく赤に偏移しているので、数十億年の旅の末に地球に届いたことは間違いなく、当時、人類がそれまでに観察した最も古いものだった。1966年にミズナーは、ケンブリッジ大学で1年間特別研究員を務めた。そこでは天文学者たちが、球形をした黒板にクエーサーの位置をチョークで記入しており、その印象はまだミズナーの心に残っているという。ミズナーは、片側にチョークの印が集中し、反対側にはあまりないことに気づいた。まるで、太古の宇宙が傾いていたかのように。やがて、その歪みは偶然だったことが明らかになったが、これをきっかけに彼は、空はなぜあらゆる方向に均一に見えなければならない（あるいは、均一に見えてはならない）のかと、思い巡らせるようになった。そして、第2の発見がなされ、この疑問はいっそう差し迫ったものとなった。ついに、宇宙マイクロ波背景放射が発見されたのである。

この放射に初めて気づいたのは、電波天文学者たちだ。電波受信機に、かすかだが常に入ってくる雑音があった。アンテナに付いていたハトの糞をこそぎ落しても、雑音は消えなかった。アンテナをどの方向に向けようが、この雑音は存在した。空に満ちており、雑音がないところなどどこにもなかった。科学者たちはまもなく、この雑音は、青から赤、赤外、そしてスペクトルのマイクロ波領域へと引き伸ばされた光の形をしていることに気づいた。クエーサーの光よりもさらに劇的な偏移であり、その源もクエーサー以上に古いわけで、現時点で、138億年前のものと推測されている。宇宙マイクロ波背景放射は、138億年前の宇宙のスナップ写真を提供してくれるのだが、それはまるで、吹雪のなかの白い牛だ——ほぼ純粋な水素ガスの、ほとんど何の特徴もない、原初のスープである。このガスは、その後生じた銀河やクエーサーよりも、はるかに均一に広がっていた。

同じに見えるものは、同じひとつの原因から生じたと考えたくなる。ある日、あなたの友だち2人が、まったく同じ服装でやってきたとする。あなたは、ただの偶然さ、と片付けてしまうかもしれない。しかし、ほかにも同じコーディネートの格好をしている人が大勢いたとすると、何らかの結びつきがあるはずだと、あなたも考えるだろう。どこかの集まりのドレスコード、大量の一斉メール、近くのGAP〔米国最大の衣料品小売店のひとつ〕のセールなど。服装など何通りもあるのに、そんなに大勢の人が自由に選んでまったく同じになるなどあり得ない。これと同じように、初期宇宙の物質がどのように分布していたかには、実に多様な可能性があるはずなのに、いたるところで同じ密度、同じ温度だったなんて、あり得ない——絶対にあり得ない。だが、そうだったのだ。

いったい何をもってすれば、この均一性が説明できるだろう？　重力は、物質どうしを近づけるように働くので、均一化するどころか、逆により不均一にしてしまうだろう。宇宙論研究者たちはほかのプロセスも検討しているが、極めて根本的な問題に直面している。天空の、私たちの視覚が届く最も遠方の、地球をはさんだ対極に位置する2つの銀河、もしくは、原初のガスの2つのかたまりは、あまりに遠く離れているので、宇宙のなかで起こるどんなプロセスによっても、均一化することは不可能だ。なにしろ、私たちの視覚が届く最も遠方とは、そういう意味なのだから。それら2つの銀河からの光は、数十億年の旅の末にようやく今地球に届いたばかりなのだ。反対側にある相手の銀河にはまだ到達していない。

宇宙論研究者たちはこの状況を、地球の地平線にたとえて、「宇宙の地平線問題」と呼んでいる。ここでは、船と水平線を使って解説するが、地平線でも同じである。さて、あなたが大海原の真ん中で、救命ボートの上に立っているとしよう。地球の表面が湾曲しているせいで、あなたに見えるのは、約3マイル（4・8キロメートル）離れたところまでだ。船が2隻近づいているとする。1隻は北から、もう1隻は南から。あなたにはまず、2隻の船のマストの先端が見え、船が近づくにつれ、水平線の上に徐々に船体が現れてくる。船の立場からすると、乗組員たちには、まずあなたの頭の頂上が見え、それから体のほかの部分が徐々に見えてくる。しかし、あなたの頭が最初に見えた時点では、船の乗組員には、もう1隻の船は見えない――あなたが水平線に現れたとき、もう1隻の船は、まだ水平線の向こう側なのだ。私たちは、この大海原の漂流者のようなもので、地球を中心に対角線上に反対側にある2つの銀河は、2隻の船の乗組員のようなものだ。私たちが見ている2つの銀河は、互いに相手を見たことはまだなく、ましてやその外見を均一にしたかもしれ

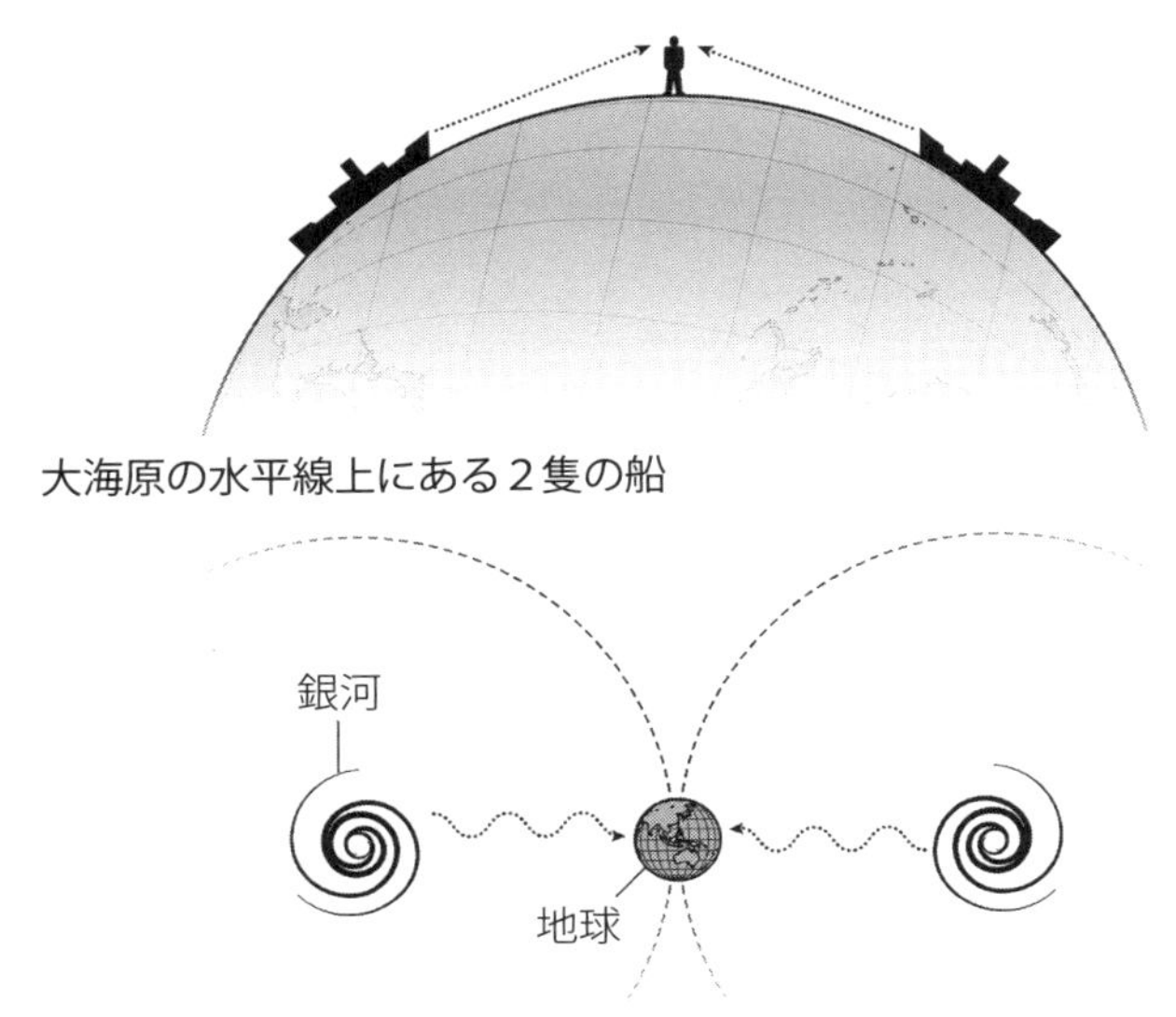


図 1–3 宇宙の地平線問題。私たちは、大海原の水平線上にある２隻の船を、船どうしはまだ互いに見ることができないうちから、見ることができる（上図）。同様に私たちは、地球から見た宇宙の地平線上にある２つの銀河を、銀河どうしはまだ互いに見ることができないのに、見ることができる（下図）。接触したことがまだないのに、なぜこれらの銀河はそっくりに見えるのだろう？
（イラスト：ジェン・クリステンセン）

ないエネルギーや物質を交換する時間などなかったのだ。ならば、宇宙背景放射は、均一な輝きではなく、ぼろ布をつぎはぎしたパッチワークでなければならないはずだ。「空がなぜ、ものすごくまだらではないのか、説明するのはとても難しい……」とミズナーは言う。「観察結果は、互いにコミュニケーションを取る物理的な可能性などまったくなかったものが、コーディネートされていると示していたのです」

このような状況は、前にもなかっただろうか。宇宙の、遠く離れた2つの部分が、光速という速度の限界をあからさまに破って、特性をコーディネートしているのだ。これは、小さな粒子ではなく、銀河全体どうしの話であること以外、ガルベスが彼の研究室で観察したものと、不気味なほどよく似ている。1970年、ロシアの理論物理学者ヤーコフ・ゼルドビッチは、一種の量子的非局所性によって、宇宙の均一性を説明できるかもしれないと、大胆な提案をした。だが、大方の宇宙論研究者たちは、そこまで議論を進めるのには尻込みしてしまった。ほとんどの者が、この謎は、アインシュタインの重力理論の欠陥によるもので、その答えを明らかにするには、物理学の統一理論を待たねばならないのだと考えた。言い換えれば、「アインシュタイン方程式が、それほど大きな時間尺度でも信頼できるとは、誰も考えていなかったということです」と、ミズナーは語る。

1970年代後半、ロシアとアメリカの物理学者たちが、局所性もアインシュタインの理論も捨てることなく、地平線問題を解決する方法をひとつ思いついた。私たちの空の反対側にある2つの銀河はじつのところ、かつてこの空に先行して存在したもののなかでは、ごく近くにあり、やがて宇宙が最初の成長を始めて、急激に膨張した際に引き離された、というのだ。だとすると、何らかのプロセスが、この2つの銀河の外見がそっくりになるように働いた可能性もある。生まれたときに離れ離れになり、相手の存在すら知らずに別々に育った双子たちのように、2個の銀河は、かつては寄り添っていたものの、別々に成長し、今初めて、再会しようとしているのである。

この説明が成り立つためには、2つの銀河が今日なお互いに接触できないように、宇宙の急激な膨張が、両者を光速を超える速さで引き離したのでなければならない。普通、「光速を超えた速さ」という言葉は物理学者にとって、爪を黒板に立ててキーキー鳴らされるほど耳障りだ。しかし、宇宙の成長では、空間内での物質の移動はまったくないので、通常なら課せられる移動速度の制約が回避される。物質が移動するのではなく、銀河のあいだに新たな空間が形成されるのだ。動物や植物が、新しい細胞を形成して成長するように。銀河が実際に空間内を動いているわけではないので、銀河には速度制限がかからないことになる。「2つの銀河を見ると、どちらもじっとしているのですが、両者のあいだの距離が変化しているのです」と、ミズナーは説明する。「これを相対速度と解釈するなら、初期宇宙では、2つの物質片の相対速度は、光の速度をはるかに超えていました。だから、両者互いに相手を見ることはできなかったわけです」。移動ではなく成長によって制限速度を破ってしまう状況は、これ以外にもあり得る。あなたが大きなダンスパーティーに出席していると、コンガライン〔キューバのカーニバルの音楽、コンガに合わせて大勢で踊るラインダンス〕ができ始めたとしよう。毎秒数十人がラインに加わるとすると、誰も大したスピードで移動していなくても、ラインの両端は時速55マイル〔時速約88キロメートル〕で離れていくことになる。

銀河のあいだの距離は、宇宙が通常のペースで膨張しているときでも、光速を超える速さで伸びる場合があり得る。しかし、そのような状況では、膨張率は次第に落ちていき、やがて銀河どうし互いに接触する〔情報を交換するという意味で〕ようになる。急激な膨張が必要なのは、銀河どうしが、同時に同じところで生まれ、その後、接触を失うのでなければならないからだ。

この初期宇宙の急激な膨張はインフレーションと呼ばれているが、大半の宇宙論研究者たちがこれを極めてエレガントで説得力があると捉え、公認された事実として扱っている。2014年、観測天文学者たちのグループが、宇宙マイクロ波背景放射のなかに、インフレーションの証拠となるパターンを発見したと発表した。すなわち、急激な膨張を駆動したメカニズムによって生じた、さざ波のパターンが特定されたというのだ。メディアなどに登場する解説者たちは、例の但し書き、「もしも本当なら」を忘れずにつけながらも、明らかにその結果を本物と受け止めたようだ。なにしろ彼らは、それを長いあいだ待ちわびていたのだから。だが数カ月後、その発見は勢いを失った。インフレーション説の提唱者からさえ出ていた、いくつかの疑問が再び持ち上がったのだ。最大の懸念は、インフレーション理論は、インフレーションがもたらすはずのものを、そもそもの前提条件としているという点だ。つまり、そもそも宇宙がインフレーションを始めるには、宇宙はすでに異様に均一でなければならないのだ。このことを受けて、一部の物理学者たちは、インフレーションに代わるものを模索している。そのひとつが、単なる見かけの非局所性ではなく、本物の非局所性なのである。

## 第3の非局所性

インフレーションに懐疑的なひとりが、フォティーニ・マルコープロだ。私が初めて彼女に会ったのは、ホイーラーの名を冠して開催された会議でのことで、そのとき彼女は、将来有望な物理学者を選ぶコンテストで、ほかの物理学者と共に1位を獲得した。私が強い印象を受けたことに、彼女は、人間は宇宙の一部であり、外側から観察しているのではないことを、物理理論のなかに正しく組み込まなければならないと考えていた。「私が特に興味を引かれるのは、あなたは、自分が理解しようとしている宇宙の内側にいるということ。そして、それなのに、あなたは宇宙を理解できるということなのです」と彼女は言う。「研究しようとしているシステムの内部に自分がいることと、その一方で、自分は内部になんかいないよというふりができることとのあいだに、興味深い相互作用があって、じつのところ、科学とはそういうものなんですよ」。すべての科学分野で、この内部者の視点と外部者の視点との緊張関係が感じられるが、それが最も強いのが、外側というものがまったくないシステムを研究する宇宙論なのだ。

マルコープロは、幼いころから広大な視野から見ることに魅力を感じていたという。「子どものころ、誰もいないときに教会に行き、空っぽの信者席に座って、天井を見上げるのが好きでした」と彼女は回想する。「ギリシア正教の教会には、たいてい天井画があって、プラネタリウムみたいなんですよ。天井に宇宙論が描かれているわけです。理由はわかりませんが、私はいつもそれを見て、とても強く引き付けられました。人間が、自分たち自身が属している大きな全体を見ようと努力しているんだ、と考えると、ちょっと素晴らしいなと」。この子ども時代に経験した感動と、彼女の物理学者という職業とを直線でつなぐことはたやすいだろうが、マルコープロは、そんな安易な説明を拒否する。彼女は芸術も——彼女の両親は2人とも彫刻家だ——、考古学も、建築も、大好きだった。大学に願書を出すとき、専攻の希望として何を挙げればいいか、まったくわからなかった。高校の校長先生に理論物理学を勧められ、彼女は理論物理学と記入した。大学に入ると、ある友人が量子力学の連続講義を絶賛しているのを聞き、しかもたまたま会場が彼女の帰り道にあったことから、彼女も立ち寄ることにした。「私は、アインシュタインについての本など1冊も読んでいませんでしたが、アインシュタインがやめたところから自分が引き継いで続ける決心をしたのです」と彼女は語る。「私は、人生のさまざまな岐路で、理論物理学こそ最も面白い選択だろうと、繰り返し決断してきたわけなのです」

彼女は、自分の研究テーマを決めたのも遅かった。そして選んだのが、量子論と重力理論を統一して、重力の量子理論を作るというテーマだ。学部学生時代と、大学院の1年目を通して、彼女は素粒子物理学を研究した。しかし、取り組んだ課題には満足できなかった。「物理学者になるための教育を受けていると、とても妙な感じがします――量子論のほんとうに根本的なところは教わらないのです」と彼女は回想する。同級生や教授たちは、統一など夢想にすぎないと片付けており、彼女も最初はそうしていた。しかし、しばらくすると彼女は、夢想したっていいじゃない、と思うようになった。宇宙の謎を解く答えは、物理学者には手の届かないところにあるのかもしれないが、少なくとも、量子重力研究者たちは、答えにたどり着きつつあった。「面白い質問、たとえば、〝なぜそうなんですか?〟というような質問をすると……、いつも、それは本当は訊いちゃいけないんだ、という感じがしました」とマルコープロ。「こういう面白い問いに正面から取り組んでいたのが、量子重力をやっている人たちだったのです」。ついに、その魅力は抵抗できないほど強くなった。ギディングスが弦理論によって物理学を統一しようと努力を続けているのに対して、マルコープロは、それとは違うアプローチで重力と量子論の調和を目指す物理学者のコミュニティのなかに居場所を見つけた。弦理論研究者らとは違って、こちらのグループは、物理学のすべて――とほうもなく多様な素粒子と力のすべて――を厳密に融合しようとするのではなく、重力に集中的に取り組んでいる。

マルコープロは、提案されているさまざまな重力の量子理論が、局所性の原理に従っているかどうかを調べ、そのほとんどが従っていないことを示した研究で名を上げた。一般通念では、そのような異常性は、原子1個よりも小さな尺度に閉じ込められていると判明するはずだと考えるのだが、マルコープロは、これほど根本的で重大なものが、それほど狭い範囲に閉じ込められ得るのか、疑問に感じている。「私は、量子重力に取り組んだ最初から、量子化された重力の証拠は、とても大きなものなんじゃないかという予感を抱いていました。なぜって、これほど根本的なものを変えることになるのですから」。マルコープロは、遠く離れた銀河どうしのシンクロニシティーも、その証拠ではないかと感じている。宇宙の統一性は、第3の非局所性が、大きく表れたものなのかもしれない。弦理論研究者のなかにも、同じように考えている者たちがいる。「非局所性が私たちに正面から迫っているのが、地平線問題なのです」と、彼女は語る。

## 地下室のなかの粒子

ここまでご紹介してきた非局所性の例では、空間が物と物を離れさせる、物と物のあいだに入って両者を隔てるという、その最も基本的な機能を果たしていない。もつれた粒子どうしは、空間を通して信号を交換せずに、行動を調和させる。物質はブラックホールに落ちたあと、空間の奈落の底から這いあがって外に出る。光さえつなぐことができない大きな距離を隔てた銀河どうしが、そっくりな外見をしている。これらの現象は、少なくとも見かけ上は非局所性を示している。しかし、第4の、そして本書で挙げる最後の例では、逆に、見かけ上は局所性を示しているのに、突き詰めてみると、じつは非局所性かもしれないものをご紹介しよう。

物理学者は普通、世界は粒子でできていると考える。電子、陽子、その他ありとあらゆる、物理学に登場する素粒子たちだ。粒子は、局所性を体現していると言える。物質の小さなひとかけらであるこれらの粒子は、ある特定の位置に存在する。粒子は、互いにぶつかるか、仲介する粒子を放出して、互いのあいだを行き来させるか、いずれかの方法で作用しあう。量子もつれは、粒子どうしを非局所的な方法で調和させるが、この基本的な構図を変えることはない。しかし、じつは、局所化された粒子、すなわち、特定の場所に存在している粒子という概念そのものがお粗末で、はっきり言えば、自己矛盾しているのだ。

粒子は、現実離れした抽象的な概念だと誤解されないように申し上げておくが、粒子は皆さん自身にも驚くほど簡単に見ることができる。ある晩私は、プラスチックの大きめのコップ、アルミ箔でできたカップケーキの型、消毒用アルコールのビン、そしてコンピュータのキーボードからゴミを吹き飛ばすためのスプレー缶を手に、自宅の地下室に行った。ガルベスが見学させてくれた実験の簡潔さに刺激を受け、また、『冒険野郎マクガイバー』〔アメリカのアクションドラマ。主人公マクガイバーは、科学知識を駆使し、有り合わせのものを使って危機を乗り越える〕を毎回のように見てすっかりその世界にはまった私は、これらの普通の家庭用品を使って、粒子検出器を作ることにしたのだ。掃除用スプレーは、1、2秒以上噴霧させれば、とても冷たくなる——逆さに向けたコップのなかに閉じ込められたアルコールの霧のなかを帯電した粒子が飛ぶと、その経路に沿って霧が結露し、小さな飛行機雲のような痕跡ができるのに十分な低温が達成される。

私は、有り合わせのもので作ったこの装置と2、3週間格闘し、何通りもの構造を試したが失敗の連続だった。しかし、いくつかのアイデアを組み合わせ、ついに、これ以上簡潔にはならないだろう装置を作り上げた。科学とはこういうものだ。欲求不満が何時間も続くなか、ときおり歓喜の瞬間が訪れる。私の小さな装置がついに成功したとき、短い細長い線が何本も現れ、どこかの原子から外にふらりと出てきた素粒子が、家のなかを飛び回っているのを示している様子を、私はじっと見守った。私の妻は、私が洗濯機までは分解しなかったので、ただもう胸をなでおろしていた。

私がパーティー用の大きめのコップで作った装置は、大型ハドロン衝突型加速器(LHC)の巨大な粒子検出器のミニチュア版だ。私は、完成も間近に迫った2007年の夏、LHCを訪問した。エレベーターで40階下に行き、大聖堂にふさわしいような、巨大な地下チェンバーに入った。その内部には、さまざまな機器がひしめきあっていた。私が驚いたのは、装置の大きさではなく、ものすごい数のデータ送信ケーブルだ。合計すれば1800マイル(約2880キロメートル)ほどにもなろうかというケーブルが、チェンバー内を通っている。大河に流れ込む100万本の支流のようだ。ケーブルの中心には、指2本がようやく入るほどの細い金属チューブが通っている。LHCが稼働しているあいだ、陽子の流れが、サイクリングレースの先頭集団のように、このチューブをどっと通り抜ける。一部の陽子は衝突し、地下チェンバー全体にがれきをまき散らす。

1940年代後半以降、物理学者たちは、その発明者でノーベル物理学賞受賞者のリチャード・ファインマンにちなみ、ファインマン・ダイアグラムと呼ばれる線図を使って、粒子の衝突を可視化してきた。ファインマンのこの手法は非常に便利で、非常に正確だった。だが同時に、苛酷なまでに難しかった。見かけは単純だが、それを解く人は、数学の塹壕戦で身動きできないのに強がって平静を装っている、というのが本当のところだ。この種の計算の専門家、カリフォルニア大学ロサンゼルス校の物理学教授のズヴィ・バーンは、ファインマンの手法のエレガントさに魅了されて大学院に進んだが、すぐに現実に目覚めた。「素粒子物理学の授業で、最初に出された宿題のことは、よく覚えています」とバーンは言う。「みんなが実際に、このファインマン・ダイアグラムの計算を少しも間違えずにできることに、私はただただ驚きました。プロがやる標準的なものに比べれば、大して複雑ではありませんでしたが、20ページもの代数の計算と格闘したあげく、私はプロがどうやって間違えずにやりとげるのか、まるでわかりませんでした」

この計算が、計算者をみじめな気分にさせるのには、理由が2つある。第1に、粒子の衝突には、生じ得る結果に膨大な多様性がある。たとえば、2個のグルーオン粒子——LHCを周回する陽子を構成する粒子——が衝突するとき、2〜無限個のグルーオンが生じて飛び出す可能性がある。第2に、これらの起こり得る結果の一つひとつに、経過し得る中間ステップがじつにさまざま存在する。たとえば、衝突する2個のグルーオンは、220通りの異なる方法で4個のグルーオンを発生させる可能性があるが、これも、粒子たちが途中で取り得る膨大な数の迂回路を無視した数値に過ぎない。このため、2個のグルーオン粒子の衝突で2個のグルーオンが生じる過程を記述する式には、数万の代数項が含まれることになる。しかもこれは、ごく簡単な例だ。8個のグルーオンが発生する過程を考える人たちは気の毒だ。というのも、彼らは1000万もの可能な中間ステップを考慮しなければならないからだ。コンピュータでさえ、すぐ限界に達してしまう。

簡単だろうと思って素粒子物理学に進む人はいない。逆に、多くの学生が、まさに難しいからという理由でこの分野に引かれるのだ。しかし、それだけの努力をするなら、それを意味あるものにする何かが発見できるはずだと期待するだろうだが、そんなことは起こらない。この計算に含まれる数万の項は、結局たったの4項になってしまう。それ以外の項は、互いに打ち消し合うのだ。第2718項は、調べてみると、第3142項と同じだが、前にマイナスの記号が付いているので、この2項は消さなければならない。まったく、倒錯的とも思えるプロセスで、放課後に居残りさせられて作文を書いているのとあまり変わらない。計算の難しさと答えの単純さがこれほど不釣り合いなのは、物理学者たちが何かを見落としているという証拠のようだ。いつもの容疑者たちを全員捕らえておきながら、そこにピストルを手に立っている真犯人に気づかない警部のように。

バーンの同級生たちは、この地獄からの宿題のことはすぐに忘れてしまったが、バーンはどうしてもそのショックから立ち直ることができなかった。彼は、この種の計算を行う、もっといい方法があるはずだと考え、それを探すことに専念した。だがそれは、物理学を生業にしようとするなら、あまり賢明な選択とは言えない。ほとんどの物理学者は、このような計算は、役には立つがつまらない、職人がやる仕事だと考えていた。将来の雇用主になってくれそうな人は、バーンの話に耳を貸そうともしなかった。彼がこのテーマで書いた最初の論文は、投稿した雑誌から「あまり面白くない」と言われ、却下されてしまった。ブレークスルーが訪れたのは、彼がプリンストンの高等研究所で講演をしたときのことだ。物理学をやめる寸前だったギディングスを思いとどまらせた、有名な弦理論研究者ウィッテンが、話し終えたバーンのところにやってきて褒めてくれたのだ。ウィッテンに認められたおかげで、バーンはついに職にありつけた。バーンは、この経験が彼を、青年時代に抱いていたロマンチックな科学観から解放してくれたのだと言う。「科学は、私が思っていたようなやり方では行われていませんでした。私はひらめきましたよ、科学では、運命に味方してもらわなければならないのです」

彼と同僚らの努力によって、物理学者はもはや1万を超える代数項を書き出さなくても、最初から、最終的に残る4項だけを得られるようになった。しかし、古い手法ではあれほど努力と結果が不釣り合いな一方、新しい手法ではこれほどうまくいくのはなぜだろう？ もうひとりの理論物理学者、プリンストン高等研究所のニマ・アルカニ＝ハメドは、非局所性のせいだと言う。理論物理学者には個性的な人が多いことはよく知られているが、アルカニ＝ハメドは自然児だ。彼は1972年にヒューストンで生まれた。数年後、高名なイランの地球物理学者だった父親が、家族を連れてテヘランに戻った。国王が打倒されたあと、新しい国造りに協力するためである。しかし、一家の理想は急速にしぼんでしまった。彼らは、アヤトラと呼ばれる有力な宗教指導者たちを、よせばいいのに重ねて批判したために追われる身となり、逮捕されればおそらく確実に命を失うであろう状況に陥った。これを避けるため潜伏し、やがて馬に乗ってトルコとの国境を越えて逃れたのだった。

これこれの発見には「興奮したよ」と言う物理学者は多いだろうが、その時の彼らの話し方はというと、まるで棒読みのようで、興奮しているときにこんな様子なら、退屈しているときはどれだけひどいだろうと思わずにはいられない。ところが、アルカニ＝ハメドは、ごく単純なことでも、まるでたった今「失われた聖櫃」を開けたかのような勢いで語る。以前、彼は「１、２、３」という数列は、「３、１、２」または「２、３、１」に書き換えることができることを示して、私を驚嘆させ、物理学の多くは、つきつめれば可能な配列を注意深く数え上げることに帰するのだと、実感させてくれた。ある会議で、内輪の者どうしが互いに矢継ぎ早に自説を主張しあう状況に陥ってしまったので、コーヒーブレイクに入ったとき——ちなみに、彼がいるときは、必ずコーヒーが大量に消費されるようだ——のことを私は覚えている。意見を交わしているうちに、答えをまくしたてていた。「私ドで、彼はほかのみんなが質問を理解しようと苦労しているうちに、答えをまくしたてていた。「私はこれもやったし、あれも試したけど、だめだったんだ。でも——ああ、ちょっと待って、それはきっとこのせいだったんだ——じゃあ、そうだな、こうすればいいのかな……」という具合に。

「物理学についてこれほど興奮したことは今までありません」——私が、新しい計算法のことを初めて尋ねたとき、彼は勢いよく、こう話し始めた。「何かほんとうに目覚ましいものがここで起こっていて、それはやがて、時空と量子力学について、私たちがどう考えるかを変えてしまうだろうと、私は思います……まさに今、それはものすごいペースで展開していて、全世界で15人ほどの人間が日夜取り組んでいるのです」。彼らの努力は、２０１３年に完成された、ファインマン・ダイアグラムに代わる包括的な計算法に結実した。

アルカニ＝ハメドは、ファインマン・ダイアグラムの問題は、それがあからさまに局所的なことにあると考えている。ファインマンの手法では、粒子は時空の特定の位置で相互作用しているように表現される。それらのダイアグラムは、心強いばかりに、私が地下室で作ったパーティー用コップ製のものも含め、粒子検出器に粒子が残した痕跡とそっくりだ。実際、だからこそ物理学者たちはファインマンの手法に引き付けられたのだ。ところが、泥沼のような計算が必要なおかげで、ファインマン・ダイアグラムの評判は落ちてしまう。計算が膨大になる直接の原因が、局所性だ。「理論では局所的でなければならないことになっているために、数万個の項で苦しむはめに陥ったのです」と、アルカニ＝ハメドは言う。空間のすべての点が互いに厳密に独立だと仮定したことで、ファインマンの手法は、自然の複雑さを過大評価してしまう。「仮想」粒子や「ゴースト」場など、ダイアグラムに登場するものの多くが、現実には存在しない。これらの招かざる客がデザートの時間まで居座らないように、理論家たちは特別なルールを課さなければならない。

アルカニ＝ハメド、バーン、そして彼らの同僚たちは、局所性を出発点とするのではなく、粒子がある対称性の原理を満たすという仮定から始めて、はるかに単純な式を導き出した。それでも粒子は、やはり局所性の原理に従う。唯一の違いは、彼らの新しい理論は、局所性を前提にするのではなく、より深い考察から導き出すことだ。このアプローチは、大きな野心に謙虚さを帯びさせる。これらの理論家たちは、新しい偉大な素粒子理論を構築しようと目指したわけではなく、既存の理論を簡素化しようとしただけだ。彼らが得た方程式は、何か風変わりなものを予測するわけではないが、私たちが既に知っていることを、もっと楽に記述させてくれる。

歴史的に見て、このような再構築は昔から非常に重要である。このことは、物理学の理論について、驚くべき事実を浮き彫りにする。物理理論は、固定的な構造ではなく、一種言葉では尽くせない存在で、それを表現するために物理学者が使うどんな一組の式をも超越している。背景や登場人物をさまざまに変えて、別の形で何通りにも語ることができるのに、はっきりと同じ話だとわかる物語のように。あるいは、新しいアレンジを加え、それまで誰も味わったことのない趣をもたらしたり、逆に、本質的でない装飾を排除したりできる音楽作品のように。最も劇的な例はおそらく、ニコラス・コペルニクスが、地球ではなく太陽を宇宙の中心に据えたことだろう。当時、彼のモデルは、古い地球中心のモデルを少しだけ数学的に変更したものに過ぎず、天文学者たちは、暦や惑星表をより容易に作る簡略化された方法として採用した。しかし、この新しい宇宙像は、古いモデルでは意味がなかった疑問をもたらした。支えを失くしたものが落ちるのはなぜだろう？　惑星の軌道は円形でなければならないのか、それとも楕円でもいいのか、どちらだろう？　宇宙はどこまでも広がっているのだろうか？などなど。コペルニクスの仕事は、革命的ではなかったかもしれないが、革命を促したのだ。

　このように、怠け心は大いに役に立つ。楽して仕事を終わらせたいと工夫する人々こそ、イノベーションの原動力なのだ。アルカニ＝ハメドは、膠着状態に陥っている、物理学の統一理論を実現する活動に、新しい形で表現された素粒子理論が再び弾みをつけてくれるよう願っている。世界は局所性を中心に回っているという仮定を捨てさえすれば、すべては然るべき形に収まっていきそうだ。

　局所性に取って代わるべき原理は何だろう？　世界が局所化された粒子でできていないというのが本当なら、何でできているのだろう？　それはまだ誰も知らない。しかし、今、物理学者たちには進むべき道がある。アインシュタインは、非局所性は当時の物理学の崩壊を意味するのではないかと危惧したが、アルカニ＝ハメドは、それは新生を意味すると考える。「子どもだったら、これこそ理論物理学の活動だよって、嬉しく思うでしょう」と、子どもであることをやめたことは一度もない男は語る。

ここまで、非局所性がいたるところで顔を出すのを見てきた。量子の領域の実験や、ブラックホールのパラドックス、宇宙の大規模構造などで。粒子どうしが衝突する巨大な渦巻きのなかで。どれに取り組むのであれ、物理学者たちは未知の世界に足を踏み入れる——物体が光を追い越し、原因と結果が入れ替わり、距離が意味を失い、２つの物体が実際にはひとつであり得る。宇宙は不気味なところになる。

これらの非局所性の変種は、まったく違う場面で登場するのに、驚くほど共通性があり、もしかすると、これらを研究している物理学者たちは、同じ象の違う部分を手探りしているのかもしれないという気がしてくる。たとえばアルカニ＝ハメドは、彼の理論の非局所性には、量子もつれも含まれているのではないかと考えている。「これらのことを正しく理解すれば、それを出発点に、時空だけでなく、量子力学までも対象にできる、新しい説明が作り出せるかもしれません」と、彼は語る。「ひょっとすると、この新しい描像のなかに、量子もつれとは何かを捉えた新たなイメージが含まれているのかもしれません」。逆方向の動きもある。ギディングスらは、量子もつれは、空間を一体に保っている糊なのかもしれないと考えている。それどころか、もつれた結びつきは、ブラックホールの内側と外側をつなぐ、一種の秘密のトンネルかもしれないというのだ。このあとに続く各章で、これらの刺激的なアイデアを詳しく見ていこう。

ごく普通の生活を送っている人が聞いたら、とても正気とは思えないようなことを日常的に考えて、精神構造がそれに完全に適合してしまうのは、物理学者の職業病だ。この職業は、実は見かけより単純ではあるが、同時に、人間の日常の経験からはかけ離れた、世界のうわべの姿の奥底にあるものを見ることを目的としている。だが、面白いのは、物理学者と哲学者が、このような謎に直面したのは、これが初めてではないということだ。多くの意味で、局所性の歴史は、物理学そのものの歴史なのである。

# 第2章 実在の本質を求めて

## 非局所性を巡る大騒ぎ

非局所性に、なぜそんなに大騒ぎしているのだろう? なぜ科学者たちは、醜い事実によって息の根を止められたフロギストン(18世紀に支持された、燃焼とは物質からフロギストンという元素が抜ける過程だという説)や、渦原子(ケルビン卿とも呼ばれるウィリアム・トムソンが提唱した、原子は宇宙空間を満たすエーテルの渦であるという説)などの、ほかの美しい仮説と同じゴミ箱のなかに局所性を捨てられないのだろう? なぜ非局所性は、「物理学の合理性の終焉」「科学の可能性そのものと相容れない」「たわごと」などと、大げさにけなされるのだろう? 局所性違反は、アイデアを練るときにいつも決まって現れる厄介者であるのみならず、仕事のあとにビールを飲みながら笑い飛ばして済ますことができない深刻な問題でもある。そのわけを理解するには、物理学の歴史をじっくり振り返らねばならない。というのも非局所性は、私たちが物理学の本質だと仮定しているものを脅かすからだ。

物理学はほかの科学分野とは違っている。地質学者、生物学者、天文学者に、あなたが研究対象としているものは何ですかと尋ねたなら、彼らは、岩、スルスル動くもの、夜空にきらめくものなどを指し示すことができる。しかし、物理学者は、自分の周りのすべてのものを指して回る。彼らは特定のものを研究しているわけではない。彼らは、粒子の衝突を調べていることも、生体タンパク質のオリガミ構造や、金融市場の変動を調べていることも、同じぐらいあり得る。物理学の分野は、研究対象よりもむしろ、研究目標によって定義されている。何に注目するのであれ、物理学者は、複雑さのなかに単純さを、多様性のなかに統一を探し求めている。学者の世界で兄弟に当たる哲学者と同様、物理学者は、宇宙は人間の力で理解できる範囲内にあり、その多様性と複雑さの下側を見れば、理解可能なルールが見つかるという確信によって動かされている。

そして、この点も哲学者と同じだが、これらのルール――ひいては、物理学そのもの――がいったい何なのかについて、物理学者は歴史に助言を求める。彼らは、すべての科学者のなかで最も前向きで、技術の進歩のはるか先を行っており、彼らが技術の進む方向を決めているのだと評価されている。確かに、あなたが持っている道具のほとんどすべてについて、それが存在するのは自分たちの手柄だと物理学者が主張するのも当然だ。しかし私は、物理学者は前向きであるのと同じくらい後ろも見ていると思う。彼らはしばしば、何世紀も前に起こった展開に言及するし、また、彼らがある著名な先人の伝記を読んでいるところだと聞くことも珍しくない。今自分がいる場所にいかにしてたどり着いたのかを知らなければ、前進できないと考えているのだ。

そして実際、物理学者があらゆることに当てはめる、単純さと理解可能性という基準は、長年にわたり驚くほど変わっていない。知的活動者としての彼らの祖先、古代ギリシア人は、宇宙を巨大なビリヤードのようなものとして描こうとした。ボール——世界の構成要素——が飛び回り、ぶつかり合い、跳ね返りながら、無限の連鎖反応を続けていくものとして。これらの相互作用は、厳密に局所的だ。ボールとボールは、接触するまで、互いに影響を及ぼしあうことはない。一つひとつは単純でも、ボールの数も、衝突の件数も途方もなく多いので、そこから世界のあらゆる多様性と複雑性が生まれる。この描像は、実在の本質を幾分か捉えている——これを最初に思いついた人々には、そう期待できる筋合いもなかったのだが。その後の幾千年かを通して、細部はまったく変わってしまったが、この描像の基本的な点は維持された。とりわけ、局所性は。

もちろん、古代ギリシア人でさえ、この原理に反証があることはよく承知していた。量子論的粒子やブラックホールのことはまだ知らなかったが、非局所的な作用のように見えるほかの効果、とりわけ、現代では重力によるものと解釈されている諸現象のことは知っていた。だが彼らは、これらの反証を重視しなかった。たいていの者が、非局所性の例のように見える現象は、そのような誤った印象を与えているだけで、やがて賢明な人が現れて、局所的に作用する過程によって説明してくれるだろうと考えていた。局所性を放棄することは、物理学を放棄するに等しかったのだ。

しかし、不可解なことに、アイザック・ニュートンはまさにそうした。これらの重力による現象を説明するために、彼は物理学を——少なくとも、当時の定義による物理学を——放棄した。この行為によって彼は、科学革命、すなわち、そこから今日私たちが知っている科学が出現した、17世紀の知性の動乱における最も偉大な人物として記憶されている。そして、ニュートンの重力理論が最初に引き起こした反応は、今日、非局所性に対して発せられる困惑の声と驚くほどよく似ている。

ヨーロッパで最も名高い科学研究機関のひとつ、オランダのライデン天文台に所属する科学史家フランス・ヴァン・ルンテレンは、ニュートンの万有引力の法則を初めて学んだときの居心地の悪さをよく覚えている。高校の先生は、リンゴが落ち、惑星が太陽から離れて飛んでいったりしないのは、宇宙に存在するすべてのものが、ほかのすべてのものに対して引力を及ぼしているからだと説明した。ニュートンが考えたように、この引力は遠く離れたところまで一瞬で伝わる。地球の上で指を1本上げたら、宇宙に存在する、遠く離れたすべての惑星が、瞬時に震える（ほんの少しだが）。重力は地球からリンゴへ、そして指から惑星へ、あいだにある空間を通るのではなく、跳んでいく。

十代の少年だったルンテレンには、これが薄気味悪くて仕方なかった。「感覚を持たない物質の塊――たとえば、一塊の岩など――が、とりわけ、そのあいだにある空間が真空の場合に、どうして宇宙の彼方にある他の物質に影響を及ぼせるのか、私には理解できませんでした」と彼は言う。だが当時の彼は、わからないのは自分が悪いのだと考えた。「私はしょっちゅう、物事の核心をつかみ損ねていましたからね」と、彼は打ち明ける。重力のこの奇妙な性質が非局所性と呼ばれていると知ったのは、彼が大人になってからのことだった。

そのころヴァン・ルンテレンは、歴史は好きではなかった。数学と物理に専念するために、歴史の授業を取るのはやめてしまった。ところが、大学に入ると、物理学の講義はまったくの期待外れだった。方程式ばかりが次々出てきて、そこに使われているxやyなどの変数が実際何を意味するのか、一言の説明もなかった。「先生たちは、黒板の一番左上に微分方程式をひとつ書き、それを右下に向かって自分で解いていき、断面積などの測定できる量を導き出すのですが、そのあいだ、物理について面白いことは何も言わないのです」と、彼は回想する。彼は講義をさぼるようになり、代わりにフランスやロシアの小説を読み、いかがわしいアルバイトをやり、ヒッチハイクしてイスタンブールに行った。コースから逸れて、興味の赴くまま物理学について調べているうちに、アインシュタインを非常に悩ませた、奇妙な量子的現象があることを知った。大学生活に対する情熱を取り戻した彼は、歴史に引き付けられた。彼にとってそれは、物理の教授たちが無視した重大な疑問を追求する手段となったのだ。哲学者ティム・モードリンと同じく、ヴァン・ルンテレンも、物理学を好きになるために一度物理学から離れなければならなかった。

博士研究のテーマをいろいろ探し回った結果、彼は十代のころ、不思議でならなかった、ニュートンの万有引力の非局所性に立ち返ることにした。改めて取り組むと、少年だった自分が不思議に思ったのも無理もなかったのだと実感した。無批判にそれを受け入れた人々こそ、核心を見失っていたのだ。ニュートン本人のみならず、彼の同時代の科学者たちも、非局所性に悩まされた。それは、今で言うトンデモ科学のように感じられたわけである。あるフランスの数学者は、「我々は、かつての暗愚に戻ってしまったのだ」と嘆いた。ヴァン・ルンテレンは、「高校の先生が、ニュートンの同時代の優れた学者たちの多くも万有引力は受け入れがたい、それどころか、理解しがたいとさえ思っていた、と言い添えてくれていたらよかったのですが」と言う。そんなわけで彼は、過去の学者たちが、ニュートンの提唱した遠隔作用という概念を、なんとかうまく解釈して片付けてしまおうと、いかに全力を尽くしたかをテーマに博士論文を書いた。

結局のところ、学者たちは別に暗愚に陥ったわけではなく、ただ回れ右をしただけだった。ニュートンの万有引力と共に成長した世代は、その法則を完全に自然なものと受け止めた。数千年にわたり、自然哲学者たちは非局所性に尻込みしていた。18世紀になると、逆にそれを受け入れるようになった。要するに、彼らは、局所性を拒否するまでのあいだは、それを支持していた。そして学者たちが、ニュートンの非局所性になじんでくると、すぐに次の回れ右が起こり、新しい世代の学者たちは、世界は局所的でなければならない——ただもう、局所的でなければならない——という考え方に戻った。こうして、私たちは窮地に追い込まれたのである。

## 「空間」の哲学

このような紆余曲折の歴史が始まったのは、西洋思想史で最も有名な応酬のひとつで、タイムマシンがあったなら、そこまで時をさかのぼって目撃したい出来事だ。プラトンが語るところでは、紀元前451年か450年、当時の一流の哲学者パルメニデスと、彼の最も有名な弟子ゼノンが、イタリア南部にある本拠地エレアから、アテネに赴いた。2人は、アテネの城壁のすぐ外側に暮らす有力な政治家の家に滞在した。ある日、そのころまだ若手だったアテネの哲学者ソクラテスがそこに立ち寄った。

哲学という概念そのものが（ギリシアでも、また、もうひとつの哲学誕生の地、中国でも）、まだ誕生してから2、3世代しか経っていなかった。それは、自然のなかで何が起こっているのかを探る革命的な新手法だった。日常生活で、私たちが「なぜ?」と尋ねるとき、それは普通、ある人物が何かをやった背後の理由を知りたいからだ。伝統的な神話は、この考え方を自然界に当てはめていた。なぜ地震が起こったのだろう? それは、ポセイドンが、誰かが彼の神殿を冒涜したことに腹を立てたからだ、という具合だ。このような説明では、局所性と非局所性を区別することはほとんどない。神々は時に非局所的に振る舞い(指をパチンと鳴らして、何かを起こす)、時に局所的に振る舞う(使者を送って命令を実行させる)。神話に関する限り、その違いは些細なことでしかない。

哲学者は、このような超自然的存在が持つ性質ですべて説明してしまうことには納得できなかった。仮にポセイドンの存在を認めるにしても、彼はどうやって地震を起こせるのだろう? 彼の能力は、どんなルールに支配されているのだろう? 哲学者たちにとっては、動機などどうでもよく、知りたいのは、いかにして起こったかというからくりだった。局所性と非局所性の区別が、新たな重要性を持つようになった。自然哲学者の説明は、局所性に基づいていることが多い。私たちの経験では、何かを動かしたいとき、自分の意志の力でそうすることはできない。そこまで行って押すか、代わりに誰かにそうしてもらうしかない。私たちが名前を知る最初の哲学者タレスは、地震が起こるのは、陸がその下にある海の上に、不安定な小船のように浮いており、ときどきぐらぐら揺れているからだと述べた。原因が結果と直接接触しているというわけだ。

しかし、パルメニデスは、局所性には違和感を覚えた。日常の経験を頼りにしていいのかどうか、また、世界を分割して、部分ごとに理解できるかどうか、彼には確信が持てなかった。ゼノンは、アテネのソクラテスに対して、局所性には問題があるというこの命題を守るため、運動、変化、個別性などの局所的な概念は論理的な矛盾をもたらすと論じた。彼が挙げた矛盾の9つが記録に残っている。ほかにも何十とあったのだろうが、時の経過によって失われてしまったようだ。最も深く、影響も大きかったのが、分割可能性に関するものだ。ある物体が半分に分割でき、さらに、4分の1、8分の1と、際限なく分割できるなら、その物体はつまるところ、大きさを持たない幾何学的な点の集まりになってしまうだろう。では次に、その物体を点から組み立て直すとすると、大きさのないものをいくら集めても何物にもならないので、困ったことになってしまう。このことからゼノンは、実在は分割できないと結論した。

ソクラテスは、話全体が自分には少し難しすぎてわからないとこぼした。ある後世のギリシア哲学者は、ゼノンの議論は、「最も自明なことを否定している」と記した。だが、だからこそゼノンの議論は厄介なのだ。それ自体より小さな部分によって構成されているものなど何もないという主張はばかばかしく聞こえるが、論拠はゆるぎないようである。アテネのその家に、パルメニデスとゼノンは哲学史に残る重大な局面をもたらした。その後何十年にもわたり、人々はギリシアの国土を半分横切る長旅をして、その後も続いた論争が初めて行われたときのことを当事者から聞くために、そこを訪れたのである。

現代の数学者たちは、連続的な物体を無限に小さな部分へと分割していくと、何かが失われるという点で、ゼノンは基本的に正しかったと考えている。連続体の内部の幾何学的な点の数は、数えきれない――文字通り、数えきれない。そして、数えることができないのなら、これらの点を集めて元の物体にすることもできない。全体は部分の和であるという、私たちのいつもの直感は、ここでは正しくない。連続体には固有の尺度などない。点の集合の大きさは、個々の点の大きさで決まるのではなく、それとは無関係に決まるに違いない。「ゼノンの逆説は、ひとつ、このように解釈できます――連続体から物理的尺度を得ることはできないと」。インペリアル・カレッジ・ロンドンの理論物理学者フェイ・ダウカーはこのように言う。

物理学者たちは連続体と和解したようだが、いまだに多くの人が、この概念が腑に落ちないままだ。偉大な物理学者リチャード・ファインマンさえも、次のように記している。「私たちが現在受け入れている諸法則によれば、いかに小さな空間の領域であれ、また、いかに小さな時間の範囲であれ、そのなかで何が起こっているかを明らかにするには、コンピュータに無限個の論理演算をさせなければならないことに、私は常に悩まされている。そんな小さな空間のなかでそれほどたくさんのことが、どうして起こり得るのだろう？　空間または時間の小さな一片がどんな振る舞いをするかを明らかにするために、なぜ無限個の論理が必要なのだろう？」

このような懸念から、ギリシア哲学者の多くが、物質は無限に小さく分割することはできず、有限の大きさの離散的な構成要素が組み合わさってできているという説を提唱した。これらの古代の原子論者たちは、はるか未来の科学を先取りしていた。彼らが書いたもので、今なお残っているものを読むと、まるで詩の形で書かれた大学1年生用の教科書のようだ。うるさ型は、古代人の考えた原子は、現代の原子の概念とはまったく違うと鼻であしらうかもしれないが、デモクリトスらが紀元前5世紀に発展させた包括的な自然観は、現代の物理学者たちの認識に驚くほど近い。自然のなかで起こることはすべて、小さな構成要素の形、運動、配置から派生すると、古代の原子論者たちは主張した。私たちが感じるすべての感覚――味、色、香――は、その物体から放出されて、私たちの体にぶつかってくる原子の流れによってもたらされるのだと考えた。物体の姿は、文字通りあなたの目を突き、苦い味は、あなたの舌を刺すのだと。

空間という概念は、原子論者たちが作り出したものだ。古代の原子論者は、物質には、そのなかで存在し、動きまわる、何らかの場が必要だと論じた最初の哲学者である。デモクリトスの後継者のひとり、ルクレティウスは次のように記した。「場所、あるいは空間、すなわち、我々が〝虚空〟と呼ぶものがまったく存在しなければ、粒子は、そのなかで存在したり動いたりできるところがまったくなくなってしまうだろう」と。空間は、原子の位置、速度、大きさ、そして形を決める。あらゆる方向に無限に広がり、無数の異なる世界がそこに含まれる。このような当時は急進的だった宇宙観が、その後、原子論者の最終的な勝利を決定的にしたのである。

原子がスポーツ選手で、空間が競技場だったとすると、局所性はルールブックだった。現代の物理学者と同じく古代の原子論者も、局所性の2つの側面を区別していた。まず、空間は原子と原子を分離し、それぞれにアイデンティティを与える。これが分離可能性の原理で、アインシュタインはこれを物理学にとって本質的なものと考え、量子力学はこの原理に違反しているようだと感じた。第2に、空間は原子どうしが互いにどのように影響しあうかを決定する。古代原子論者たちは、原子は互いに直接接触することによってのみ相互作用するとした。原子たちは、ぶつかり合うまでは空間内を直線に沿ってなめらかに運動し、互いの存在には気づかない。これこそ、アインシュタインが相対性理論のなかで形式化した近接作用の原理の、古代版である。この原理のおかげで私たちは、どんな出来事でも、それ以前の出来事の結果として説明できるのだ。

古代原子論者たちは、局所性についてまともな議論をしたことはなかった。経験科学の概念がまだなかったので、彼らがそれを実験によって確認されるべき仮説として取り上げることはなかった。彼らにむしろ、局所性は自明の真理と考えた。なぜなら、離れたところに存在する物体どうしが互いに作用を及ぼしあえば、出来事の因果的連鎖を破ることになるからだ。そうなれば、宇宙は理解不能になってしまう。

## 世界初の「万物の理論」

原子論は、世界初の「万物の理論」だった。いくつか盲点はあったものの、日常生活、天気、あるいは天空の現象で、原子論者が説明できないものはほとんどなかった。彼らは、機械論的自然観、時計仕掛けの宇宙という考え方を、近代に先駆けて打ち立てたのだ。「量子力学（quantum mechanics）」などの現代物理学の用語は、この伝統を受け継いでいる（「力学」を意味する英語の mechanics は、「機械学」を意味するギリシア語の「メーカニカ」を元にしている）。確かに、デモクリトス自身は機械という観点からは考えなかった。現象を機械にたとえるようになったのは、何百年も経って、機械が普及してきてからだ。哲学者や科学者が「メカニズム」について語るとき彼らは、何かの目的のために作り出された装置のことを指しているのではなく、ただ単に、いくつもの部分がかみあって連動するシステムを指しているだけである。原子の行動が、原子の目的を決めるのであり、逆ではない。個々の原子は命を持たず、意志の力も魂もない。1個の原子が動くとすれば、それは、別の原子がその原因を与えたからに過ぎない。このように、目的や意味が欠如しているため、デモクリトスの同時代の人々の大半はその自然観に背を向けた。プラトンは、デモクリトスの本を焼いてしまいたかった。今日なお、物理学は、冷たく、抽象的で、非人間的だと感じる人が——物理学者も含め——多い。

そうなのかもしれない。しかし、物理学が私たちを解放してくれるのも確かだ。原子論は人間の経験を超越した。それまでは、すべてが神話を根拠に説明され、地震の原因も神の感情だとされていた——ひとつの複雑な現象を、別の複雑な現象のせいだとしたのだ。これが本当に説明と言えるだろうか？　責任転嫁をしているだけではないか。真の説明とは、説明の対象物を単純な要素に分解し、それらの要素がどのように作用しあってその対象物を作り出すかを示すことではないか。ゼウスが自制できないせいで街が滅びたり、国じゅうが飢饉にみまわれたりする、テレビの連続ドラマのようなギリシア神話に誰が戻りたいものか。文芸評論家のスティーヴン・グリーンブラットが、ピューリッツアー賞を受賞した本『一四一七年、その一冊がすべてを変えた』（柏書房）で述べたとおり、デモクリトスの後継者らは、人間が自分たちにとっての意味を生み出し、今日のために生きる、完全に無神論的な哲学を作り上げた。ルクレティウスは、このように記した。「自然は、厳しい監督がいなくなると、瞬時に自由になる。そして自然は、神が何の役割も果たさないように、すべてを自ら行う」

古代世界の最も有名な哲学者は、原子論者とその批判者との中を取るような自然観を提唱した。アリストテレスが見るところ、世界は生命でざわめいており、また、生命には目的があるのだから、生命のない物体もまた、目的を指向していると考えるのは理に適っている。リンゴが地球の中心に向かって落下するのは、自然の壮大な仕組みのなかで、それがリンゴの属する場所だからだ。その運動は自然に生じ、外因は一切必要としない。アリストテレスはまた、恒星や惑星は、リンゴや矢とは異なる法則に支配されているという考え方を復活させた。さらに、物体は、それ以上分割できないパーツからできているという、原子論者たちの主張を拒絶した。ゼノンのパラドックスが時空の連続性を疑問に付しているにもかかわらず、アリストテレスは物質は連続的だと考え、現代数学を先取りする高度な連続体理論を構築した。物体の性質を原子の配置に帰することなど不可能だとしたのである。

アリストテレスは、何もない空虚な空間が大嫌いだった。彼の世界観では、物体はまるでジグソーパズルのように、空っぽの隙間など一切なしに組み合わさっており、ある物体の位置は、物質からは独立して存在する何らかの抽象的な枠組みによってではなく、近隣にある他の物体に関連付けて定義された。「空っぽの」空間でさえ、既に物がぎっしりと詰まっているのだから、光が、明るい物体から人間の目に向かって空間を横切ってやってくる多数の原子の流れであるわけなどなかった。アリストテレスは、光とは、ある媒体を通して伝わる刺激だと考えた。明るい光は、そのすぐ周りを取り巻く媒体にエネルギーを与え、その結果生じた変形が波となって、水の乱れがさざ波となって池を伝わっていくように、空間を伝わっていく。粒子はひとつも動いていない。そうではなくて、媒体の小部分のそれぞれが、刺激を次の小部分へと伝えるのだ。伝言ゲームをする子どもたちのように。アリストテレスと同じ時代の中国人たちも、世界を連続的な媒体と考え、これを気と呼んだ。

じつのところ、アリストテレスの考え方のほうが原子論よりも、観察事実によく合致していた。とはいえアリストテレスが、彼の理論が正しいかどうかの判定材料になるような具体的な予測を立てることはなかった。デモクリトスと同様、彼が最も気にかけていたのは、宇宙を理解可能にすることだった。

アリストテレスの理論は、有機的な特徴をいろいろと備えている一方で、局所性も含め、原子論の基本的な特徴の多くを採用していた。たとえば、自然は、接触することによってのみ相互作用するさまざまな物体からなる系だとしていた。ある物体がその自然な進行方向からずれるには、何かがそれを押さねばならなかった。アリストテレスはこう記している。「私たちが常に観察しているとおり、物体の位置の変化を直接引き起こすものは、動かされる物体に接触しているか、あるいは、それにつながっていなければならない」。さらに、これも原子論者たちと同様、アリストテレスは、心を砕いて空間の理論を構築した。彼にとっては、位置を持っていることとは、存在の定義そのものと言ってもいい。それがないものは存在しない。「存在しないものは、非存在（無）である。たとえば、山羊鹿〔ヤギとシカの両方の特徴を併せ持つ伝説上の動物で、アリストテレスが、知り得ても存在しないもののたとえに使った〕やスフィンクスはどこにいるのか？」と、彼は記した。

局所性は「普遍的に」正しいと記しておきながら、アリストテレスは、それに対する反証をいくつか挙げた。これらの例外的事象について、初めて述べたのはタレスだ。タレスは、地球に存在するさまざまな奇妙な石のひとつで、鉄の塊を引き付ける磁鉄鉱について見解を述べた。ギリシア北部のマグネシア地方には磁鉄鉱の大きな鉱床があり、私たちが今日使っているマグネット（磁石）という言葉の語源となっている。タレスはまた、布で何度もこすると、髪の毛を引き付けるという琥珀の性質にも驚嘆している。琥珀を意味するギリシア語「エレクトロン（elektron）」が、「電子」を意味する英語「エレクトロン（electron）」の語源である。中国の学者たちも、ほぼ同じころこれらの現象を発見したが、西洋人たちよりも早く、磁力を実用化した。

磁鉄鉱や琥珀が、いったいどうして接触していない物体に影響を及ぼせるのか、ギリシアの人々はいぶかった。なお悪いことに、それは相手を引っ張るという影響だった。接触作用では、物体どうしが及ぼす影響は、互いにぶつかって、ビリヤードの球のように反発する以外にない。物体は押し合うのであり、引き合うのではない。押す力がいかにして引く力になるかを説明するために、哲学者たちは独創力を最大限駆使しなければならなかった。原子論者たちは、これらの物質が放出したガスが周囲の空気を押しのけ、そこに密度が低い領域ができ、今度は逆に空気がそちらに向かって急激に流れ込み、その際、鉄や髪の毛を巻き上げて共に運んでいくのだとした。アリストテレスはこの問題に、古くから行われてきた、無視するという方法で対処した。

難問は、磁気と静電気だけではなかった。物体の落下、海の満ち干、そして惑星の軌道など、今日私たちが重力によって起こっていると認識している一連の現象も難問だった。アリストテレスは、これらはまったく無関係な現象だと考えた。彼に言わせれば、落下とは物体の単なる習性であり、潮汐は、太陽の熱によって発生した風が引き起こしたものであり、惑星は、回転する巨大な水晶球に乗っているのだった。一方、原子論者たちは、これらの現象を結びつけて考え、太陽系の構造によって生じたものだと考えた。彼らの考えでは、粒子の流れが宇宙全体で起こって渦巻いており、川の渦に落ち葉が集まるのと同じように、惑星たちも宇宙の渦のなかに集まっているのだった。粒子の回転流に追いつけない物体があれば、周囲の粒子たちに内側へと押されていく。「落下する」とは、渦の中心へと一気に運ばれることだ。要するに、彼らの理解するところの重力は、のちに科学者たちが考えるようになった引き付ける力ではなく、直接押す力、上からの突きであった。

## 機械的宇宙観の欠陥

アリストテレスの理論には大きな影響力があった。現存するアリストテレスの著作は、英訳で6000ページにもなる。ギリシアの影響を受けたローマ帝国や、イスラム世界の学者たちは、アリストテレスの研究を足場に自らの研究を進めたが、その大部分は、中世の初期にヨーロッパの知的生活がほぼいたるところで崩壊するなかで失われたり、忘れ去られたりした。局所性の概念が次に大きく進歩するのは、2000年後のことだ。12世紀になると、印刷技術がまだない当時、重要な本を手で書き写したヨーロッパの筆写者たちは、アラビア語からのラテン語訳を通してアリストテレスを再発見しはじめた。そこに記されていた知識は、彼らのものよりはるかに優れていたため、地球よりも高度な文明を持った異星人が地球に置いていった百科事典のように感じただろう。

筆写者たちは、これらの6000ページを書き写したり翻訳したりし、その後数世紀にわたり、その内容を分析し、批評し、キリスト教の信仰と調和させた――スコラ哲学と呼ばれる取り組みである。アリストテレスが関心を抱いたすべてのものに彼らも興味を引かれた。アリストテレスは空間を重要だと考えていたので、彼らも空間は重要だと考えた。アリストテレスが局所性の原理を支持し続けたので、彼らも局所性の原理を支持し続けた。彼らは、神でさえも局所性から逃れることはできないと推論した。ただし、神の場合、それによる実際的な効果は生じないのだった。なぜなら、神はあらゆるところに存在するので、それはおのずと、神はすべてのものと直接接触していることを意味したからだ。「いかに強力な主体であっても、その作用は、媒体を通さない限り、離れたところで働くことはない」と、最大のスコラ哲学者トマス・アクィナスは記した。「しかし、神の偉大な力は、すべてのものに即座に作用する。したがって、神から離れているものなど存在しない」

しかし、多くの学者たちがアリストテレスの理論を研究するようになるにつれ、彼らは次第に失望を感じ始め、それまでは西洋で忘れ去られていたアリストテレスの思想を復活させようと努力していたのに対し、今度は彼の思想を改良しようとし始めた。アリストテレスが磁性や電気についてまったく説明していないのは、無視できない弱点だった。16世紀後半、イギリスの医師ウィリアム・ギルバート（のちにエリザベス1世の侍医を務めた）は、磁鉄鉱が、何かの物体で隔てられた状態でも、鉄の地金を引き付けることを示した。その状態では、磁鉄鉱が周囲に放出しているとされる蒸気や、相手とのあいだを埋めているとされる媒体は遮られてしまうにもかかわらず、である。磁石は、離れたところから作用を及ぼしていると結論せざるを得ないようだ。ギルバートは、これを自然現象として説明することがなかなかできず、超自然的な説明へと逃げた。つまり、磁石は「生物のようなもので」、「交接」の行為によって鉄を引き付けるのだと。

多くの学者が、アリストテレスの宇宙観も疑わしいと感じるようになった。宇宙の大きさに限りがあって、回転する巨大な水晶球がその外側を囲んでいるなんて、そんなわけがあるだろうか？そんな球があったとしても、その回転を定義できるような参照点は、その外側に存在しないことになる。16世紀前半、ニコラス・コペルニクスは、この矛盾にインスピレーションを受けて、太陽系の中心に、地球ではなく太陽を据えた。彼がこのように宇宙観を急転させたことで、アリストテレスの体系全体が崩壊しはじめた。アリストテレスは、物体が落下するのは、それが宇宙の中心へと向かう方向だからだと説明した。太陽中心の宇宙観では、これはもはや真実ではあり得ない。こうしてコペルニクスは、重力を説明する新しい方法を求める気運をもたらした。そして、宇宙の中心が物体の運動を決定することはもはやなくなったので、宇宙にはそもそも中心などないのかもしれなかった。宇宙は無限だという可能性もある――これは、原子論の重要な教義のひとつだ。ルクレティウスの著作も再発見されたので、多くの学者たちが正しい考え方に至るようになった。すなわち、宇宙の構造は、原子の存在の証拠なのである。そして、哲学者と物理学者が、大きなものを見て小さなものを理解するのは、これが最後ではない。

原子論が完全に開花したのは、17世紀中ごろ、ルネ・デカルトにおいてだった。今日デカルトは、「われ思う、ゆえにわれあり」という命題と、方眼紙に採用されているデカルト座標で知られている。だがこれらは、ある大きな計画の2つの要素に過ぎなかった。それは、アリストテレスを超えるという計画である。デカルトはある友人に、このように書き送った。「私は、自然の現象をすべて、すなわち、物理的世界のすべての現象を説明することに決めた」と。そして彼は、それに成功した。彼の理論は、それまでの2000年間で初めて登場した、アリストテレスの理論と同等に総合的だと主張できる万物の理論だった。デカルトは、コペルニクスの宇宙論を機械論哲学のなかに完全に組み込んだ。そして、彼の思想は科学革命のマニフェストとなった。

おそらく自説の独自性を主張するためだろう、デカルトは自分の理論と古典的原子論との違いを強調した。しかし、両者は明らかに連続している。自然は、空間のなかで相互作用する粒子たちからなっている。アリストテレスは、物体には、宇宙のなかで自分が本来属する場所を探し求める、不可思議な本質的特性や傾向があると推測したが、そんなものなどない。物体は、純粋に幾何学的な形である。それには、大きさと形があるが、色、表面の質感、質量はない。いくつかの数字(デカルト座標)によって、その位置を特定すれば、その物体について知るべきことはすべてわかったことになる。これ以上単純なことはない。

デカルトは、自然を理解可能にすることを目指した――自然の仕組みを完全に透明化し、見通せるようにするのだ。局所性はこの目的には不可欠だった。物体どうしは厳密に局所的に作用し合った。2つの物体は、衝突するまでは、それぞれ直線上を自由に運動し、衝突して初めて進行方向を変える。デモクリトスやアリストテレスと同様デカルトも、この原理に対して確固たる証拠を提供しなかった。「これらのことは自明であり、証明など必要ない」とデカルトは記した。実生活において物を動かすにはそれに触れなければならないことから、デカルトは、接触作用が宇宙のなかのほかのすべてのものも司っていると推測したのだ。ところが、じつはそうではなかった。デカルトは局所性原理を徹底的に適用したので、図らずもその欠陥も示してしまったのである。

たとえば、デカルトは、古典的原子論で与えられていた、重力は上からの突きだという説明を採用した。彼の理論では、宇宙の渦の回転運動によって、粒子が渦の内側に向かって押されており、その中心に惑星が位置しているのだった。なぜ物質が凝集して惑星になるかという説明としては、彼の描像もかなり正しかった。太陽系の全体的な形については、ほぼ正しく説明しており、近代的な惑星形成理論にインスピレーションを与えた。だが、彼の理論は細部で誤っていた。数ある欠点のなかでもとりわけ、物体は地球の幾何学的な中心ではなく、渦巻きの運動が消失する回転軸に向かって落ちるはずだとしていたのは問題だった。もしそうなら、北極付近で落とされたリンゴは、真下ではなく、横に向かって「落ちる」はずだ。磁性と静電気については、デカルトは両者を小さなねじやフックの形をした粒子が原因だとした。この説に長所があるとすれば、想像力の点で高く評価されるということぐらいだろう。

機械論的宇宙観は、基本的にはよくできていて、少しねじを締めなおせばいいだけだったのだろうか？　それとも、完全に捨て去らなければならなかったのだろうか？　じつのところこれは、ある理論の反証がみつかるたびに、科学者が取り組まねばならない難問だ。論理的に考える人は合意しないかもしれないが、答えはあとにならなければわからないか、あるいは、往々にしてそうであるように、あとになってからもわからない。この場合、問われているのはひとつの理論だけではなかった。機械論と、その中心的な仮定である局所性を否定することは、科学そのものを否定することだった。その破綻を認めるなら、自然は人間の論理的な理解を越えているということだろうか？ある意味、驚くべきことだが、その答えは「イエス」だった。機械論を修正するために、科学革命の担い手たちは科学そのものの境界線を越えて、魔術の領域に入らねばならなかったのだ。

## 還元主義とホーリズム

　学校で学んだ科学に関することで、誰もが覚えていることがあるとすれば、科学が魔術の正反対だということだろう。古代ギリシア以来、哲学者と科学者は、ホメオパシー、ホロスコープ、ブードゥーなど、とんでもない迷信から人々を解放する仕事を担ってきた。だがしかし、歴史に残る偉大な科学者の多くが、魔術を行おうとして多くの時間を費やしたという事実は、どう説明すればいいだろう？　ニュートンは、庭の納屋のなかに錬金術の実験室をしつらえた。そこに彼が集めた文献は、世界最大級の錬金術関連蔵書となった。

　きちんと調査したわけではないが、私の知っている科学者の多くが、人生の一時期、超常現象に熱中している。私自身、大学時代に、幽体離脱体験について書かれた本を手あたり次第読んだ時期があったし、その後、ほかならぬリチャード・ファインマンが、やはり超常現象に夢中になったことがあったと知った。名前は言えないが、ある有名な研究機関に、博士課程修了者と大学院生たちが組織した、異星人による誘拐についての研究グループがあって私も参加した。何人もの誘拐経験者たちがキャンパスを訪れ、体験を語った。まあ、強いて言えば、私たちは信じさせてほしかったのだが、結局のところ、大半の者は信じることができずに終わった。

つまるところ、完璧な人間などいない――というのが、この種の興味を説明するときに科学者たちが使う常套句だ。だが、20世紀の中ごろ、科学史家たちは、魔術的な考え方があまりに広く見られ、若気の至りや、科学者人生終盤の迷妄などとして終わりにすることはできないと気づいた。近代科学は、機械論と同じ程度に魔術の産物でもあると言った者までいた。魔術と機械論。これらは、研究者たちに、いやなことを手早く片付け、奇妙なことに耽りたくさせる2つの衝動である。

私たちの多くが、魔術というと、魔法の杖や意地悪な魔法薬教師を思い浮かべるが、じつのところ魔術は、ひとつの神秘主義的な信仰体系なのだ。西洋文化において最も影響力のある神秘主義――新プラトン主義、ヘルメス主義、グノーシス主義――は、紀元2、3世紀に、理知的にすぎ、心がこもっていないと感じる者が多かった正統的なギリシア‐ローマ的宗教への反発として出現した。これらの神秘主義は、初期キリスト教や、ユダヤの伝統的神秘主義のカバラと交流し、パルメニデスの一元論的自然観や、プラトンの反機械論的立場へと立ち返った。これらの神秘主義思想は、今日なお影響力を保っている。

神秘主義を信じる者たちは、宇宙はつまるところ単純で理解可能だという、機械論的自然哲学の中心的教義に反発した。彼らにとって宇宙は、命を持たないパーツで作られた時計仕掛けではなく、私たちが論理的に理解する能力を超えた、有機的な統一体だった。私たちが観察している現実の下に、隠れた、すなわち、オカルト的な層が横たわっており、それは単純でもなければ理解可能でもない。物体には、この深い層につながる摩訶不思議な性質と能力があり、それらは、チャーム（お守り・魔除け）や魔法薬を作ることによって利用できる。ルネッサンス期のヨーロッパの魔術に関する代表的な手引書のひとつで、コルネリウス・アグリッパ〔16世紀ドイツの魔術師、人文主義者、神学者〕は、このように説明した。「それらは、オカルト的性質と呼ばれている。なぜなら、それらのものの原因は隠されており、人間の知性は、いかなる方法をもってしても、そこに届くことも、それらを理解することもできないからだ」と（アグリッパの名前は、ハリー・ポッターのファンの皆さんには馴染み深いはずだ。ハリー・ポッターのカエルチョコレートについているおまけのカードに登場している）。

非局所性は、これらの神秘主義的信仰の重要な一部だった。あやとりの紐のように絡み合った結びつきで、一見関係なさそうなものどうしがつながっている。小さなものが、大きなものに影響を及ぼす。ここにあるものが、向こうにあるものに作用する。これらの非局所的な影響は、まるで人間の感情のように働く。宇宙の各部分が、文字通り互いに好きだったり、嫌いだったりして、すべてに広がる、共感と反感のネットワークを形成する。神秘主義的な信仰を初めて研究した人類学者のひとり、ジェームズ・フレイザーは、1911年に2つの基本原理を記している。「第1に、似たものが似たものを生み出す。言い換えれば、結果は、それを生じさせた原因に似る。そして第2に、一度互いに接触したことのあるものどうしは、その物理的な接触が切断されたあとも、遠く離れていても互いに影響を及ぼし合う」。そんな影響は、まさに超自然現象そのものと思えるが、たとえばアグリッパなどは、それらをまったく自然なものと見た――物理的世界の根底にある統一性を、私たちがほんの束の間覗き見た姿だと。その証拠として、彼をはじめとするルネッサンスの神秘主義信奉者は、機械論を支持する哲学者を悩ませた、磁性や潮汐などの現象、そして、錬金術、占星術、数霊術など、当時のほとんどすべての人（主流の哲学者たちも含めて）が信じていたさまざまな神秘主義的な考え方に言及している。

魔術的な思想は、現代の科学者には夢想のように聞こえるが、率直に言って、デモクリトスやデカルトなど、機械論者たちが提唱したモデルの多くもやはり夢想的だ。どちらの場合も、長い目で見て重要なのは、全体的な思想の枠組みだった。機械論的モデルは、自然の合理性を強調し、神秘主義的モデルは、自然の神秘性を強調する。機械論的モデルは還元主義的で、一方、神秘主義的モデルはホリスティック（全体を部分に還元することはできないという考え方。「ホーリズム（全体論）」の形容詞型）だ。歴史的に言って、西洋文化は、この相補的な2つの立場のあいだを何度も行ったり来たりしている。魔術的な視点は、禁じられたものに感じるスリルで人々を引き付けるが、人々が、いったい自分は麻薬でも吸っていたのかと訝り始めるや否や、魅力を失う。しかし、合理主義者たちが増長して、自分たちは世界から神秘主義を追放できると宣言しだすと、再び勢力を盛り返す。そんなわけで、これは今日なお続いている。このサイクルは、歴史を通して科学革命の駆動力であり、一部の科学史家たちは、ボーアとアインシュタインの議論にもその痕跡があると見ている。アインシュタインは、宇宙は合理的に理解できるという立場、ボーアは、宇宙はつまるところ理解不可能だという立場だったというわけだ。

## 魔術と機械論

魔術的な考え方は、歴史のなかで何度も復活しているが、その一例が15世紀に起こっている。アリストテレスやルクレティウス、そしてその他の著者による、古代の哲学書を書写し、翻訳してきた学者たちが、今度は古代の新プラトン主義〔2〜6世紀に興隆した、プラトンの伝統に立脚した神秘主義的な哲学〕やヘルメス主義〔古代の神秘主義的な文献「ヘルメス文書」に基づく思想。魔術・錬金術・占星術などを含む〕の文書に目を向けはじめた。アグリッパなどの翻訳者は、細部にこだわる古いスコラ哲学者のやり方から離れて爽快な気分になれるとして、魔術的文献に熱中した。

魔術には、機械論的哲学にはない特徴が2つあった。ひとつ目は、経験主義的であること。当時、主流の哲学では、実験の出番はほとんどなかった。旧態依然のスコラ哲学者も、デカルトらの改革者も、一生懸命考えさえすれば、宇宙の謎を解くことができると思っていた。一方、魔術を信じる者たちは、自然は理性に従わないと考えていた。自然の謎を探るには、何本か試験管を買って、調べる作業に取り掛からなければならなかった。魔術を行う者たちは、研究しようと務めたのみならず、世界をよりよくするために、自然を操ろうとした。ルネサンス期の理想主義は、彼らから生じた部分が大きい。ヘルメス主義者でカバラ研究者だったジョヴァンニ・ピーコ・デラ・ミランドラは、20代のうちに記した『人間の尊厳についての演説』のなかで、人間の地位は、宇宙の物事の体系のなかで人間が占める位置によって決まるのではなく、どのような存在になりたいかという人間自身の決意によって決まるのだと述べた。そのような気高い意見を述べた廉(かど)で、ローマ教皇は彼の逮捕を命じた。彼にインスピレーションを得たひとりが、シェイクスピアだ。『ハムレット』の独白、「人間とはなんという傑作だろう」は、驚くほどピーコに似た言葉遣いである。また、『テンペスト』の主人公は、魔術を研究する理想主義者だ。

魔法使い志願者たちは、自ら設定した目標を達成することなど、まったくできなかった。錬金術師は鉛を金にはできなかったし、占星術師は王の運命を予測できなかった。そして、毒薬作成者は、緑色のトカゲの尿で脾臓を治療できなかった。だが、ジョン・レノンの歌にあるように、夢中でほかのことを考えているうちに、なにかが起きるのが人生だ。錬金術師と占星術師は、高度な実験技法を開発し（たとえば、気密シールも錬金術師らの発明）、大量のデータを収集し、近代の化学、薬学、そして天文学の基盤を築いた。魔術が持つ、経験主義的かつ理想主義的な傾向は、近代実験科学のパイオニアたちの手本となり、あらゆる時代の科学者がそうであるように、彼らは自らを反逆者だと夢想した。イギリス人のフランシス・ベーコンはこう記した。「魔術の目的は、自然哲学を憶測という空虚から呼び戻して、実験の重要性に立ち返らせることだ」

魔術の2つ目の恩恵は、機械論的思考の枠組みから出て考えるよう哲学者たちを促したことだ。魔術は、物体どうしに、衝突する以外にも相互作用する方法があることを示唆した。その方法こそ、非局所的な相互作用だ。重力の概念は、魔術的に捉えられた共感の概念から来ている。物体が落下するのは、自分と同類であるほかの物体を探し求めているからだ、地球が凝集してまとまっていられるのは、石が石を引き付けるからだ、というわけだ。このような魔術的な考え方が先に存在していたことは、天文学者ヨハネス・ケプラーが17世紀前半に行った研究にもはっきりと見られる。彼の著書を読むと、まるでブログ投稿メッセージのようだ。そのなかで彼は、手掛かりと思ったものが勘違いだったことや、論理的にではなく、ただ思い切って決断したこと、そして自己不信に陥った危機などについて告白している。彼は学者が従うべき形式など、守ったことはなかった。

むしろ、「なんてこった、ここ、へましちまったぜ」に近いスタイルだった。さらに彼は、自分が得た神秘的なインスピレーションについても率直だった。ケプラーは生活のために占星図を作成しており、彼にしろ他の天文学者にしろ、特定の出来事を予測できるかどうかは疑っていたものの、天体の運動が地球の出来事を導いていることを当然視していた。また、当時の人々が信じていたように、月に水が大量に存在するなら、それは当然地球の海を引っ張って、潮汐を起こすはずだと論じた。さらに、これもやはり魔術的な力だと考えられていた磁性は、惑星の軌道を微調整しているのだろうと述べた。

純粋主義の機械論者たちは、これに同意しなかった。ガリレオ・ガリレイは、ケプラーは「月が水を支配すること、オカルト的な性質、そして、その他の子どもじみたことに賛同することによって」、陰の側へと行ってしまったと考えた。ケプラーの思想は、半世紀にわたって主流の哲学の辺縁部を周回していたが、やがてニュートンが、ケプラーがいかに正しかったかを認めるのだった。

ある歴史家は、ニュートンを「偉大な二重人格者」と呼んだ。彼は機械論者であると同時に魔術師でもあった。彼の同時代人、とりわけイギリス人の多くと同様、ニュートンもデカルトの機械論的理論に大筋では納得していた一方で、その欠陥には幻滅していた。天体の運動をうまく説明できないだけでも困りものだったが、デカルトの時計仕掛けは、無神論と紙一重だった。世界の不思議が、精神を持たない歯車やばねの組み合わせに帰するなら、どうして神が必要なのか？　デカルトは、自ら構築した模型のなかに、神の役割も記していたが、それは貧弱なものでしかなかった――

教皇の部下が扉をノックしに来ないようにするための、イチジクの葉でしかなかった。ほかの主立った原子論者、とりわけトマス・ホッブスらは取り繕うのをやめて、自分は筋金入りの無神論者だと公表した。当時のイギリス人には、これは社会の常識をはずれた行為だった。彼らは学問の上でも、保身のためにも、宗教に打ち込んでいた。

原子論と宗教の折り合いをつけるため、ニュートンや、イギリスの17世紀中葉の他の哲学者たちは、原子論に錬金術、新プラトン主義、そしてカバラの考え方を融合させた。彼らは、粒子は、ニュートンが呼ぶところの「能動的原理（active principle）」〔錬金術の原理。粒子は、自然な状態では受動的に運動法則に従うが、それ以外に、重力、発酵、その他、物質の結合を引き起こすような動因によっても動かされるという考え方〕または「精妙な原理（subtle principle）」によって生気を与えられるのだろうと考えた。もっと実際的な言葉で表現するなら、粒子は非局所的に作用する力を及ぼしたり、それに反応したりできる、ということだ。力が宇宙に、何らかの神的な活気を与えているとしたのである。それらの力は、精霊そのものではなかったが、神による設計の証拠となった。

そのような次第で、重力が魔術的に見えるとすれば、それは重力が魔術的だからだ。ニュートンが1687年に、彼の大著『プリンキピア』で発表した説は、おおむね機械論的だった。世界は、厳密な法則にしたがって運動する多数の粒子からなる、という説だ。だがそのなかには、これらの粒子は非局所的な力のウェブによって結びつけられているという、魔術的な考え方が盛り込まれていた。ニュートンの重力概念は、それが万有であるという点で、それまでに存在した魔術的な重力概念とは違っていた。ニュートンの重力は、明白な親和性を持つ物体どうし――石と石、水と水など――に限られておらず、質量を持つすべてのものを結びつける。それはまた、質量は幾何学的な性質ではなく、還元主義的な考え方では説明できないとした点で、伝統的な機械論的モデルとも異なっていた。

歴史家たちにとってこの物語は、科学と科学でないものとのあいだの線引きがいかに難しいかという好例である。ギルバート、コペルニクス、ベーコン、ケプラー、そしてニュートンは、あらゆる時代の科学者がそうであるように、知性のガラクタを収集して回るカササギのようなもので、あれこれ集めたガラクタを使って自分の理論を構築していたのだ。集めたガラクタが華々しいほど、カササギの巣は独創的になる。ある学者が独創的かどうかは、その学者の考え方が折衷的かどうかでわかる。あるいは、ある理論物理学者が私に言ったように、「優れた物理学者はみんな、知性の点で、浮気性なのだ」。科学の本や論文を読んで、そうだとわかるわけではない。親が自分に何かしてくれたことなどないと断言する十代の少年少女のように、科学者たちは、よそから取ってきたアイデアを吸収しては、自分は決してそんなことはしませんでしたと言う傾向がある。魔術？どの魔術だい？　誰か魔術のことなんか言った？　だが、ニュートンの同時代人たちは、彼の考え方の出どころをよくよく承知していた。そして、デカルトの追随者たちは、それを黙って見過ごすつもりはなかった。

## 重力戦争

1693年3月7日、名高いドイツの哲学者ゴットフリート・ライプニッツは、ニュートンに手紙を書いた。ニュートンが新しい重力理論を発表し、それまで原子論者たちが説明しようと苦労していた、落下、潮汐、そして惑星の運動などの現象を、うまく説明したことを祝福したのだ。その実際的な成功には文句のつけようがなかった。だがライプニッツは、何が重力を説明したのか知りたかった。デモクリトスとデカルトの伝統に従い、彼は重力の非局所性は、見かけだけに過ぎないに違いないと考えた。十分注意して見れば、何らかの局所的なメカニズムがあって、手を離した物を落下させたり、太陽を周回するように惑星を運動させていることがわかるはずだというわけだ。そうでなければ、世界は意味をなさないではないか？

ライプニッツは、私たちが電子メールを書くような調子で手紙を書いた。生涯にわたって、1万5000通の手紙を1100人に送った。これらの手紙は、今日なお、完全には整理されていない。しかも、さっと1行殴り書きしただけのものなど1通もない。多くが、科学と数学の新分野を開いた、長い論説だ。今日多くの人が、電子メールのやりすぎでクタクタになっているのと同様、ライプニッツも過剰な情報に愚痴をこぼしていた。「私がどんなにひどく気が散っていて、あれこれとたくさんのことに首を突っ込みすぎているか、言葉では言い表せないくらいだ」と、ある友人に書き送っている。

ライプニッツはニュートンに会ったことは一度もないが、数十年にわたり、彼とその同胞たちは、ニュートンとその同胞たちと、手紙のやりとりによって議論を交わした。そのクライマックスは、ライプニッツがイギリスの哲学者サミュエル・クラークと交わした5往復の手紙で、ライプニッツが亡くなる1716年まで続いた。そのころには、当初の礼儀正しさはもはや消え失せ、議論が過熱して罵り合いに陥っていた。２人のやりとりには、優れた着想があふれていたが、私はこれらの手紙を読むたび、ライプニッツとクラークが、ほとんどまともに相手に向き合っていなかったことに愕然としてしまう。どちらも、自分の立場を繰り返し明言するばかりで、相手のことを好意的に解釈することはまったくなかった。公平を期すために言っておくと、空間の本質などの重要な問いを巡る意見の不一致は、笑顔で握手を交わして解決することなどあり得なかっただろう。というのも、何が満足のいく解決なのかについてさえ、当事者たちが合意することは不可能だからだ。

ライプニッツをはじめとする、ニュートン理論の批判者たちにしてみれば、満足のいく解決には、機械論的な説明が含まれていなければならなかった。そのようなものを提供していないニュートンは、重力は説明されていないだけではなく、説明不可能なのだ——私たちには決してタネがわからない手品だ——と示唆していた。ライプニッツは、クラークへこのように書き送った。「その伝達の手段は（彼が言うことには）目に見えず、触れることもできず、機械的でもない。彼はまた、説明もできず、理解もできず、あやふやで、原因もなく、類例もないと、言い添えることもできたでしょう……。これは、キメラのように得体の知れないもので、学問の世界のオカルト的な量なのです」

ニュートンは、重力がいかに機能しているかはわからないと率直に認めた。「重力のこれらの性質の原因を、現象から発見することはできませんでしたし、仮説を立てることもいたしません」。彼は、重力は「オカルト」だ——隠れた原因によって引き起こされる——というライプニッツの揶揄を大筋で受け入れたが、そんなことはどうでもいいと考えていた。何が重力を引き起こしたかはわからないかもしれないが、その存在を受け入れさえすれば、宇宙に関して知られているほぼすべてのことが落ち着くべきところに落ち着くのだから、それで十分ではないか、というわけである。

## 穴だらけの境界

ニュートンの例に倣い、現代の物理学者は、どんな理論にも異なる2つの働きがあると考える。ひとつには、理論は数学的な記述を提供しなければならない。つまり、重力なら、リンゴが落下する速さや、太陽が月の影になって日食が起こるのはいつかや、その他さまざまなことを計算するのに使える方程式が必要だということだ。2つ目は、理論はその方程式の「解釈」を提供しなければならないということ。つまり、リンゴや月に何が起こっているかという、納得できる描像が必要だということだ。ライプニッツや、ニュートンに先立つ哲学者のほとんどにとって、2つ目こそが重要だった。彼らの最も重要な目標は、宇宙を理解可能にすることだったのである。しかしニュートンには、ひとつ目の目標のほうが重要だった。数学的記述と解釈のいずれか一方を選ばねばならないとしたら、物理学者たちは、数学的記述を選ぶ。自分の無知さを受け入れてこつことやっていけば、やがて自分を解放して、少しずつ前進できるようになる。説明はあとから付け加えればいいのだし、それまでのあいだ、使いやすい方程式があるのだから、それを使って、自分は人生において、何らかの有意義なことをやっているのだと示し、お母さんにも安心してもらえる。

現代の物理学者たちは、解釈を「哲学的な問題」と呼ぶが、それは解釈には、まったく異なる考え方や、まったく異なる学問分野が必要だという意味である。彼らは仕事のあいだは、ひたすら計算をして過ごしており、もしもあなたに、外の現実の世界で実際に起こっているのはどんなことなのかと訊かれたら、たいてい答えに窮するだろう。強いて言えば、彼らは解釈など当てにならないと考えているのだ。説明を強いられた原子論者たちは、ただ単純で理解可能な世界観を提供するためだけのために、どんなものでもいいからと、アイデアをひねり出した。だったら、むしろ自分たちが今知っていること、すなわち観察事実に、集中したほうがいいではないか。「真の哲学者にとって、原因を探し求めようという節度のない欲求を抑制することほど重要なことはない」と、この立場を提唱した有名な人物、18世紀スコットランドの哲学者デイヴィッド・ヒュームは記した。

この態度を究極まで進めたのが「道具主義」と呼ばれる思想で、理論を単なる数学的ツール、あるいは、事実を分類するための道具としか見なさない立場だ。「黙って計算しろ」というのが道具主義者のスローガンである。事実のみを偏重するこの冷徹な科学観は、流行り廃りを繰り返している。ニュートン以後の数十年間に広まったあと、ふたたび20世紀前半から中ごろまで人気を盛り返した。これらが科学革命の時代だったのは偶然ではない。議論を引き起こすような理論を物理学者が導入するとき、ニュートンがそうしたように、彼らはしばしば同僚たちを（そして自分自身を）、それはほんとうに計算するためのツールでしかないんだよ、と安心させる。その理論がどうして正しいのか、あなたが理解できなくても気にすることはない――信じなくても使うことはできるのだから。ひと匙の道具主義は、急進的な考え方が受け入れられるように助けてくれる。

しかし、つまるところ、道具主義は戦術的撤退でしかない。結局たいていの人は、宇宙はほんとうはどんな姿なのか、私たちの知覚という表面の下には何があるのかという描像を、やはり求めている。そもそも物理の理論が真実について何らかの要素を捉えていないいなら、なぜそんなにうまく実際の用途に使えるのか？　とりわけ若者たちは、ほんとうは何が起こっているのかなどと、かわいい小さな頭を悩ませるなと教授に言われれば、不満に感じる。歴史的に最も独創的な科学者の非常に多くが、自分が選んだテーマについて、授業では誰も教えてくれないので、自ら学んだと語っている。

それに、解釈は、方程式が完成したあとに付け加える単なる飾りではなく、科学者の独創的なひらめきなのだ。そもそも、物理学者はどうやって方程式を思いつくのか？　ほとんどの場合、彼らの頭のなかには、何らかの具体的な描像がある――ニュートンの場合は、魔術的な共感だった。心のなかにある、このようなイメージに基づいて方程式を構築したあとは、物理学者は解釈など捨て去って、方程式を独り立ちさせる。まさにニュートンが、万有引力の方程式を作ってからは魔術から遠ざかった（少なくとも公には）ように。1組の方程式があったなら、それには必ず複数の解釈があるのだから、物理学者は、自分がそれらの式に到達した際にとっていた解釈だけを守り続ける必要はない。自由に新しい解釈を考え出せばいいわけで、そんな新しい解釈のなかには、新しい理論と新しい方程式へとつながるものもあるだろう。そんなふうに、プロセスは繰り返される。しかし、解釈を一切使わずにやっていくことはできない。哲学的な事柄と物理学的な事柄とのあいだに、明確な境界線など存在しない。穴だらけの境界があるだけで、それらの穴を通して、さまざまなやりとりが起こっているのだ。

## 「当たり前」は変化する

ニュートンは、重力のメカニズムについては絶対に仮説を立てないと明言したにもかかわらず、実際にはいくつもの仮説を立てた——これらの仮説は、大きく3つの範疇にまとめられる。ひとつ目は、おそらく重力には局所的な機械的プロセスが関わっているのだろう、というもの。一見したところ、こんな仮説に意味はなさそうだ。重力は物体の質量に依存するというニュートンの法則そのものが、この仮説をノックアウトしているではないか。もしも、粒子どうしが力を及ぼし合う手段が衝突しかなければ、その影響は、粒子の質量ではなく、粒子の表面積——その物体がどれだけ大きな標的になるか——に依存するはずだ。それなのにニュートンは、機械論的な考え方をあれこれ試した。彼の親友のひとりでスイスの数学者のニコラ・ファシオ・ド・デュイリエは、質量を巡る問題の巧妙な解決策を思い付いた。もしも地球がウィッフルボールの球〔ウィッフルボールは、野球を元に考案された気軽に遊べるスポーツで、表面に大きな穴がたくさん空いた中空のプラスチックの球を使う〕のようなもので、小さな穴がたくさん空いていたとしたら、外部からやってきた粒子は、内部に入って、奥深くにある物質と衝突できる。だとすると、力は実際、物質の総量——すなわち、質量——に依存することになる、というのだ。この説に賛同する者が少なかったのは、それが間違っていたからというよりむしろ、ファシオに問題があったからだ。彼は結局、ニュートンもライプニッツも敵に回し、暴力的な狂信的宗教グループに加わってしまった。

2つ目。もしかすると、衝突以外に、物体どうしが局所的に相互作用して、重力を生み出すプロセスがあるかもしれない。ニュートンとクラークは、ある物体から別の物体へと重力を伝達する仲介者として働く「非物質的」で「霊的」な、あるいは「触れることのできない」媒体について論じた。これらの形容詞は、神や精霊など、さまざまな意味合いを含んでいるが、最も基本的な意味は、粒子でできてはいないので、原子論者が普通課す、粒子が存在している空間に関する規則に従わないということだ。物質の粒子の内部に、ほかの何物かが侵入することはできない。ひとつの粒子がある体積の空間を占めているなら、ほかの物が、その同じ体積を占めることはできない。しかし、非物質的な媒体なら、ある体積の空間を排他的に占有することはないだろう。したがって、そんな媒体は惑星の内部にも侵入することができる。こうして、重力の強さが表面積ではなく質量に依存する理由が説明できる。ライプニッツはライプニッツで、私たちが観察する現実の根底に存在する「モナド」という非物質的な実在に関する理論を構築した。彼はモナドを直接目に見える何かに結びつけることはできずに終わったが、イマヌエル・カントなどの後世の哲学者たちがこの概念を受け継ぎ、ライプニッツの考え方は、彼らを通して電磁場の概念へとつながっていった。

ニュートンは、重力を伝えることができる非物質的な媒体を突き止める、一歩手前のところまで来ていた。その媒体とは、空間そのものである。彼にとって、空間は神の遍在の現れだった。彼はまた、重力についても同じように考えていた。力がある場所から別の場所へと飛び移るのは、神がすでに両方の場所に存在しているからだ。重力と空間が、神の遍在と結びついているのなら、重力と空間も互いに結びついているはずだ。ライプニッツも、暗に重力を空間の性質に結び付けていた。彼は自ら提唱したモナドが、人間が持つ空間と遠隔作用の認識をもたらしているのだと考えた。とはいえ、ニュートンもライプニッツも、空間が重力を引き起こしたと述べたことは一度もない。2人とも、空間に作用ができるとは考えていなかった。その跳躍をなしとげたのは、アインシュタインだった。

これらの2つの仮説は、重力は非局所的であるかのように作用すると述べている。3つ目の仮説は、「であるかのように」を消し去り、物体は実際に、空間を隔てて引っ張り合うと示唆する。この立場を早くに提唱したのが、イギリスの数学者ロジャー・コーツで、1713年にニュートンが『プリンキピア』第2版出版のために修正するのを手伝った人物だ。科学史家のなかには、非局所性という考え方はニュートン自身も気に入っていたのではないかと考える者もいる。そこのところは、究明するのは難しい。しばしば引用される、ある手紙のなかで、ニュートンは非局所性を「想像もできない……ばかげたこと」と呼んでいるように思える。しかし、この引用の前後をよく読めば、それは無神論についての発言かもしれないことがわかる。ほかの文書では、光の反射と屈折、霧の拡散、気体の圧力、物質の凝集、そして熱など、重力以外の多くの現象について、彼は非局所的な力を嬉々として示唆している。ニュートンは、重力は非局所的だと敢えて宣言したことはないが、それはもしかすると、彼がもうすでに遠ざけていた純粋主義機械論者たちを、それ以上疎外しないためだったのかもしれない。

『プリンキピア』の数十年後に大人になった世代は、離れたところに作用を及ぼす力というものを、完全に理に適っていると受け止めた。注目すべき例外はあるが、18世紀の学者たちは、何らかの局所的な作用による説明をでっちあげる必要も、機械論者に言い訳をする必要も、まったく感じなかった。彼らは重力の基本的性質を、それまで物理学に暗い影を落としていた非局所性を示すほかのものにも当てはめた。たとえば、ベンジャミン・フランクリンは、電気は引き付け合ったり反発し合ったりする粒子からなる流体――それらの粒子が非局所的であることは、言わずとも織り込み済み――だと論じて、アメリカも最新科学に取り組んでいると世界に知らしめた。他の科学者たちが同様の流体を、磁気、化学反応、その他さまざまなものに対して提案した。

実際、一般通念そのものがひっくり返った。今度は、局所性が不合理に思われるようになったのだ。重力、電気、磁気はさて置き、単純なはずのビリヤードの球2個の衝突さえもが、人々にとって悩ましい謎となった。なぜ球は反発し合うのか？　これは、局所性を先頭に立って提唱したデモクリトス、デカルト、ライプニッツさえもが、理解に苦しんだものだ。球と球が接触するとき、それらはまだ2つの球なのか、それとも、一体になってしまったのか、どちらだろう？　衝突した点から、それぞれの球の反対側まで、どのように影響が伝わるのだろう？　球は、ほんとうに瞬時に進行方向を変えるのだろうか？　もしもそうなら、速度が無限の速さで変化しなければならないはずだが？

カントは、ビリヤードには少し詳しかった。この18世紀ドイツの超哲学者は、ビリヤードがかなり得意で、勝って得た賞金で大学の学費を払い切ることができた。カントは、ニュートン以前には常識だったのに、落ち目になってしまった局所性という概念を支持する中心人物だった。彼の遠大な目標は、人間が、自分の知っていることや、知っていると思っていることを、いかにして知るかを分析することだった。馴染み深いのに、じっくり考えてみると、じつは疑わしかったという概念はいろいろあるが、局所性もその一例だ。日常生活で私たちは、物体を動かすには、それに触れなければならないという経験をしている。しかし真実はというと、私たちは決して物体そのものに触れることはない。そうではなくて、私たちは物体に力を及ぼし、逆に物体は私たちに力を及ぼすのだ。これらの力は、ボールをひねりつぶすときや、頑丈な壁の向こうに腕を突き出そうとするときに感じる抵抗を説明してくれる。馴染み深いさまざまな物体は、実際にはほとんど空っぽの空間だ。私たちが「物質」について話すとき、じつは、それを構成する粒子ではなく、力の連続体を指している。物質を構成する粒子は、私たちには決して触れることはできないのだ。

そもそも局所性が広く受け入れられたのは、力の作用が局所的だとすれば、たったひとつの形態の相互作用——直接の接触——で、すべてが説明できたからだ。ニュートンが、2つ目の形態——非局所的な力——を導入した際、当初彼は事態を複雑にしたように思われた。しかし、カントらがうまく説明して、接触による相互作用を排除し、元々の単純さを回復させた。彼らは次のように考えた。2個のビリヤードの球が衝突する様子をスローモーションで見たなら、瞬時に反発し合うのではなく、それぞれがゆっくりと元来たほうへと戻っていくのが見えるはずだ。球は近づくにつれて、互いに反発力を及ぼし合うため、球のスピードは落ちていく。やがて球は停止し、そこからは元々やってきた方向へと戻っていく。球どうしが実際に接触することはない、というわけだ。昔の機械論的哲学者は、非局所的な力を局所的な相互作用で説明しようとしたが、新しい機械論的哲学者は、局所的な力を非局所的な相互作用に還元したのである。

ニュートンによる重力は、登場した際には、なかなか受け入れてもらえなかったが、結局、新しい正説となった。1872年、オーストリアの物理学者兼哲学者エルンスト・マッハが、この展開について論じた。彼は、科学者というものは、馴染みのないものをおなじみのものに、珍しいものを当たり前のものに、関連付けることによって説明すると指摘した。「当たり前のもの」は、じつのところ、珍しいものより理解しやすいわけではないかもしれない。5歳児に、どこの家にもある家電がどうやって働いているかと訊かれて、答えに窮して気づくように。私たちはただ、当たり前のものによる説明を受け入れて、気分を良くしているだけだ。やはり私たちには、何かを現実の最下層とする必要があり、しかもそれは、私たちが受け入れられるものでなければならない。マッハはこのように記している。「私たちが複雑な事柄を還元する最も単純な事実は、それ自体は常に理解不能なものだ。……人々は普通、理解不能な珍しいことを、理解不能だが当たり前なものへと還元する」

だが、私たちが「当たり前」と思うものは、変わってしまうことがある。ニュートン以前、物体と物体は直接影響を及ぼし合うというのが当たり前だった。しかし、彼以降は、非局所的な力が当たり前と見なされるようになった。「ニュートンの重力理論は、登場するや否や、自然を研究するほとんどすべての人を戸惑わせた。なぜなら、それは、当たり前ではなく、理解不能なことを基盤として成り立っていたからだ」と、マッハは記した。「人々は、重力を圧力と衝突に還元しようとした。今日では、重力はもはや誰も戸惑わせない。それは、当たり前の理解不能なこととなったのだ」。何という皮肉だろう。じつは、マッハがこう記すよりも前に、既に振り子は振り戻って、物理学者たちは、宇宙ではやはり力は局所的に作用するのだという考えに立ち帰りつつあったのだ。

## 「場」の導入

局所性の復活は、1786年、鉄の横棒に吊るされたカエルの死体から始まった。イタリアの物理学者ルイージ・ガルヴァーニは、静電気によるショックが動物の筋肉をいかに収縮させるかを調べる実験を行っていた。ある日、意図的に静電気を与えていないにもかかわらず、カエルの脚が痙攣しているのを見た彼は、動物の組織が電気に反応するのみならず、電気を生み出すこともできるのだと気づいた。金属とカエルが、今日でいう電池を形成したのだ。そして1800年、また別のイタリア人、アレッサンドロ・ボルタは、カエルの代わりに濡れた厚紙を使って、実用的な電池を作成した。電池は実験家たちの素晴らしい新たなおもちゃになった一方で、ニュートン的な考え方をしていた人々には、その存在そのものがたいへんなショックだった。なにしろ彼らは、化学と電気は、種類が異なる非局所的流体によって成り立っているのだから、互いに相手へと変化できるはずはないと考えていたのだから。

そのタイミングは偶然ながら、とてもよかった。哲学の内部では、人間の理性に何が理解できるのかという疑問をカントが呈したことから、機械論的な考え方への反感が高まった。ドイツロマン主義と呼ばれる動きで、その名でくくられているさまざまな分野の潮流のうち、哲学の分野のものを、ドイツロマン主義自然哲学と呼ぶ。ドイツのこの時代の自然哲学は、繰り返し起こる魔術的思想の復活のひとつと見ることができる。その支持者たちは、ルネッサンスのオカルト的人物や東洋の神秘主義に引き付けられた。彼らは電気と磁気も含め、自然のさまざまな力は、ひとつの有機的な統一体が異なる形に現れたものだと考えた。自然哲学を実践する人々は、この統一性を見極め、人間の要求を満たすために使えるようになった。19世紀前半の偉大な実験科学者の一部にも、彼らと思想的に通ずるものがある。

そのひとりが、デンマークの実験科学者ハンス・クリスティアン・エルステッドだ。科学の革命家には医師が多いが、彼は医師ではなかった。だが、薬剤師だったので、遠くはない。ボルタが電池を発明したと聞き、その後すぐに自分で電池を製作し、さらに独自の工夫を凝らした電池を設計した。当時の実験データは、電気と磁気は無関係だというニュートンの見解を支持していた。静電気は磁気的効果をもたらすことはなかった。しかしエルステッドは、流動する電流なら、磁気を生み出せるかもしれないと推測した。そして、彼は正しかった。1820年、エルステッドは、電池につながれたワイヤーが、近くに置かれた方位磁針を回転させることを発見した。またもや、人々が心地よく合意していた何かの概念が、かつて科学者たちが非科学的だと言って退けたアイデアによってひっくり返されたのだ。

エルステッドは、電気と磁気はやはり結びついていたと示したのみならず、その関係が極めて非ニュートン的なことも明らかにした。電流は方位磁針を押したり引いたりするわけではないのに、回転させた。これは、力は非局所的に作用するという考え方にとって、重大な挑戦だった。非局所的に遠隔作用する力は、作用し合っている2つの物体をつなぐ専用直通電話のように、それ以外のものは宇宙には存在しないかのように働くとされている。ほかの物体や、異なる方向に当たるほかの場所には何の関係もないので、そんな力は、それら2つの物体を結ぶ直線に沿って作用するはずだと考えるのは理に適っている。ところが、エルステッドの方位磁針は、この直感に反していた。

針を回転させるには、電流はワイヤーに対して、垂直方向に押したり引いたりするのではなく、水平方向に働いていなければならなかった。非局所的ではなく、局所的な力が作用しているらしいという、もうひとつの手掛かりは、回転する方位磁針が、デモクリトスやデカルトが磁気や重力のメカニズムとして説明していた、渦を巻く運動を連想させたことだ。

このような展開と並行して、物理学のもうひとつの分野でも、大変動が起こっていた。光学の分野だ。当時の大多数の人が、光は粒子の流れだという、ニュートンの原子論的説明を受け入れていた。しかし、これもまた医師だったイギリスのトマス・ヤングは、水などの流体の流れにインスピレーションを得た。アリストテレスと同じようにヤングも、光とは宇宙を満たしている媒体を伝わる衝撃だと考えたのである。実はこのような説明は、中世のスコラ哲学者のあいだではもてはやされていた。そして1803年にヤングは、この説を再び広く支持させられるに違いない、ある実験を思いついた。

天気のいい日、窓に暗い色のカーテンがかかっており、窓の向かい側は真っ白な壁がある、という光景を想像してほしい。カーテンに1カ所、縦にスリット（切れ目）を入れると、壁には小さな点が現れる。カーテンにもう1カ所スリットを入れると、ニュートンの光の粒子説が予測するとおり、壁には第2の点が現れるだけだと思われるかもしれないが、そうではない。じつは、壁はシマウマのような模様で覆われる。明暗の帯が交互に現れる縦縞模様だ。じつのところ、2つ目のスリットを開けることで、壁までやってくる光の量は増えるのだが、元々あった点は、普通は前より暗くなる。だが、光が、目には見えない媒体のなかの波ならば、これらのことはすべて理に適って

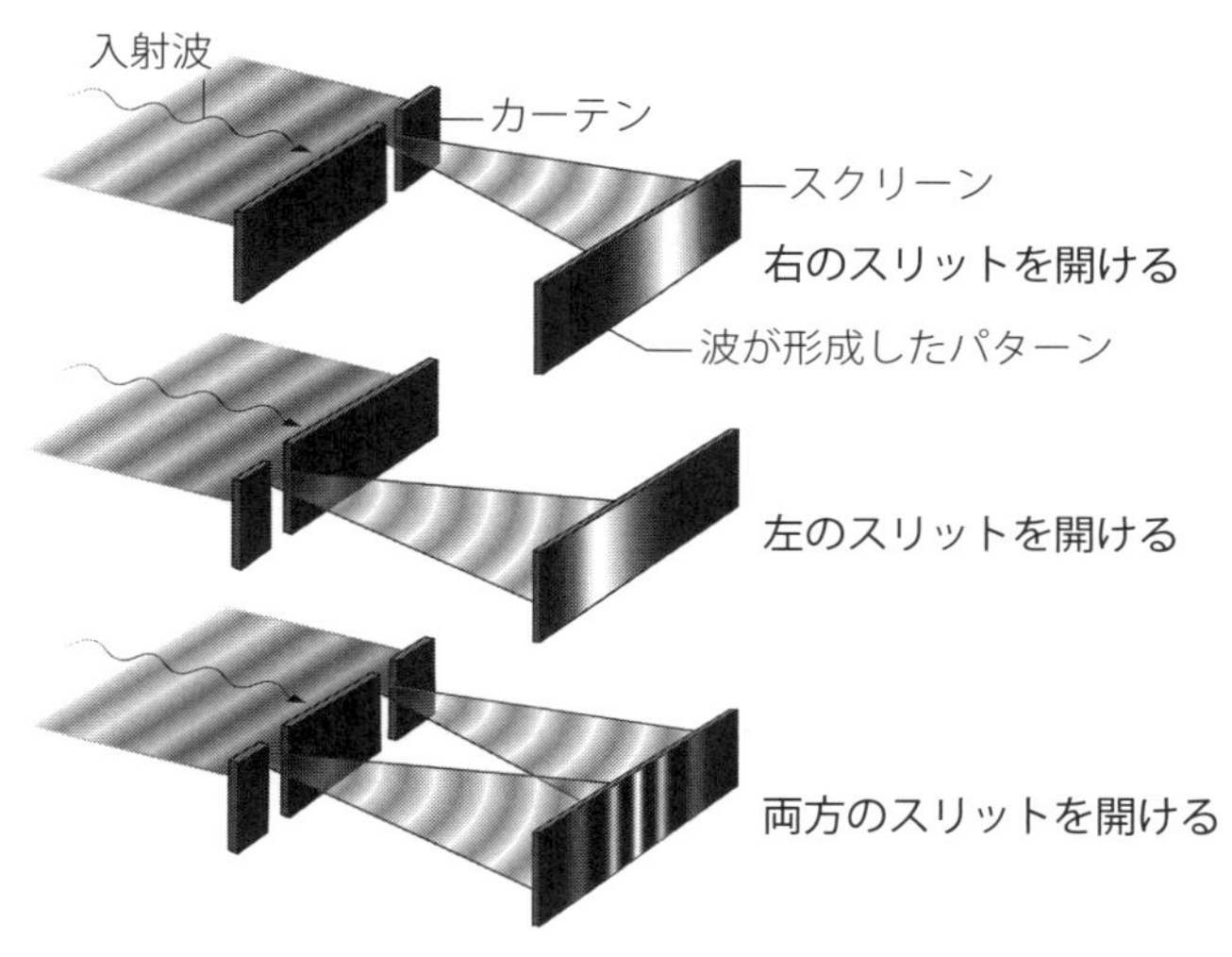


図2-1 二重スリット実験。濃色のカーテンに1カ所スリットを入れると、光の波はスクリーン上に明るい点を結ぶ。2カ所にスリットを入れると、波は重なり合って、「干渉縞」と呼ばれるパターンを形成する。
(イラスト：ジェン・クリステンセン)

いる。2つのスリットを通過する波どうしは、重なり合い、その結果互いに打ち消し合ったり、強め合ったりするのだから。一方の波の山が、もう一方の波の山と重なり合うところでは、波は非常に強くなり、明るい帯ができる。山が谷と重なり合うところでは、波は打ち消し合い、暗い帯ができる。波の干渉と呼ばれる効果だ。ヤングの実験は、物理学の古典となっている。あなたも自分でやることができる（こつは、カーテンに開ける穴をできるだけ小さくし、光源として、太陽ではなくレーザーポインターを使うこと）。私が第1章で紹介した非局所性の実験も、ヤングの実験を高度化したものなのだ。

これだけ説得力のある実験だったに

もかかわらず、ヤングの着想は10年半ものあいだ棚上げにされていた。ブレークスルーとなったのは、何かの発見などではなく、ナポレオンの没落だった。皇帝ナポレオンの元では、フランスのニュートン派の科学者たちが、対立する理論を排除していた。イギリスでさえ、ヤングの研究は誤解されがちだった。ナポレオンの政治権力と学問世界での権威が弱まって初めて、それまで抑圧されていた、光の波動としての性質への関心を表に出すことができるようになったのだ。１８２０年代までには、世間一般の意見としても、光の波動説のほうがむしろ支持されるようになっていた。エルステッドが、電気と磁気の研究に革命をもたらしていたのと、ちょうど同じころだ

ニュートン理論に対するこれら２つの挑戦は、マイケル・ファラデーという人物において統合された。ファラデーは、科学史上最も素晴らしい人物のひとりで、多様性が探究においていかに有益かという好例だ。貧しいロンドンの一家に生まれたファラデーは、ほとんど学校に通えなかった。彼は製本業者の見習いになり、顧客のひとりが店に置いていったブリタニカ百科事典のひとつの巻を読むうちに、科学に興味を持つようになった。兄に1シリングを借りて、公開科学講座に出席し、店の奥にあった暖炉の上で、電池を自作した。やがて彼は、その講演を熱心に聴講したイギリスで最も有名な化学者、ハンフリー・デービーの元で働き始めた。デービーはかつてドイツで過ごし、ロマン主義者たちと交流して、自然の統一性について、彼らと同じ見解を持っていた。

ファラデーが物理の世界で頭角を現したのは、ちょうど物理学が、哲学の一分野から**物理学**へと脱皮しつつあるときだった。物理学者（physicist）という言葉が誕生したのは１８４０年だ。現代の科学者たちに、物理学と哲学はどう違うのかと尋ねると、彼らはその違いは実験が重視されるか

否かから生じると説明する。しかし、歴史的には、両者が明確に区別されたのは、19世紀に起こったさまざまな学問分野の標準化と職業化の一環としてのブランド再構築戦略だった。

ファラデーは、数学を学んだことはまったくなかったが、それは私たちにとってはありがたいことだった。ニュートンの理論の数学的な美しさは、彼には何の意味もなかったので、彼は斬新な考え方を自由に探究することができた。彼にとって、エルステッドの発見の最も率直な解釈とは、自然はやはり局所的だということだった。だが同時にファラデーは、物体どうしが影響を及ぼしあう方法は衝突しかなかった、古代の原子論に科学者たちが後戻りすることなど不可能なことも承知していた。衝突以外に、物体どうしが局所的に相互作用する方法が必要だった。

光学の理論を構築した学者たちは、あらゆるところに充満している媒体を通して影響が伝わっていくという描像に至っていたが、ファラデーはそれはいい考えだと思った。電磁気は、光とはまったく異なる現象のようでもあったが、こちらも媒体の存在を示唆していた。磁石の上に砂鉄をまくと、砂鉄は自ら配置を変えて、力線と呼ばれる優美な弧を描く。それは、弾性材料を引き伸ばしたときに現れる歪みのパターンと不思議なほどよく似ている。ファラデーにとって砂鉄は、透明人間の体の表面に積もった煤のようなもので、目には見えない媒体の存在を表しているのだった。

だが、これはいったいどんな種類の媒体なのだろう? ファラデーは当初、ニュートンの運動法則に従う微粒子からなる普通の物質だと考えた。しかし次第に、電磁気の媒体は普通の物質ではあり得ないことに気づき始めた。なにしろ、普通のものは、ひとつの場所にはひとつしか存在できないのに、この媒体はほかのものと共存できる。砂鉄の弧は、磁石の極で止まるわけではなく、途切れることなく磁石の内部に入り込み、ぐるりと湾曲して閉じた輪を描く。力線は物質内部を通り抜け、物質から独立して存在する。そのため、ファラデーやほかの科学者たちは、この媒体は、これまで知られていなかった新しい種類のもの――ニュートン、ライプニッツ、カントらがかつて推測したような、非物質的な媒体か、力の連続体のようなもの――だと考えた。1845年、ファラデーは、この媒体を呼ぶ「場」という言葉を導入した。私たちは今日なお、この媒体をそう呼んでいる。

場は私たちを取り囲み、私たちを満たしている。私たちは場のなかで泳いでおり、場は常に私たちを引っ張っている。私たちが場を直接見ることは決してないが、ある場所から別の場所へ力を伝えることによって、場はその存在を示している。場は、2つの意味で局所的だ。第1に、電磁石は、魔術的に空間を横切って金属製クリップに引力を及ぼすのではない。クリップは、その位置の場の条件からしか影響を受けない。反対側の岸で水しぶきを上げている子どもたちにはまったく気づかず、優雅に池に浮かんでいるミズスマシのようなものだ。第2に、電磁石がその影響を及ぼすには時間がかかる。クリップは、電磁石に電気を流し始めた直後は、まだその影響を感じない。影響は場のなかを伝わって、ようやくクリップに到達し、そしてクリップをサッと電磁石の方に向かせる。ちょうど、池の岸で水をバシャバシャ乱すと、さざ波が池の水を伝わり、やがてかわいそうなミズスマシをひっくり返すのと同じように。同じことは電気力にも言える。ゴム風船を服の袖でこすって、頭の横に持っていっても、髪の毛が瞬時にくしゃくしゃになるわけではない。そうではなくて、ゴム風船はまず電場を乱し、その影響が風船と髪の毛のあいだの空間を広がっていき、やがて、頭皮あたりの場の条件を変えるのである。

ファラデーが到達した場の概念は、当初は受け入れられなかった。疑う者たちは、その方程式を見せるよう要求したが、数学が不得手だったファラデーには、見せられるものはなかった。しかし、彼の考え方は、若い世代の数学の天才たちを刺激した。とりわけ、スコットランドの物理学者ジェームズ・クラーク・マクスウェルは、ファラデーが直感で悟ったことを方程式の形にした。場を数学的に捉えるためにマクスウェルは、天気予報をテレビなどで見たことのある人には馴染み深い、あるシステムを利用した。天気図では、いろいろな地点に、気温、風速、風向、その他さまざまな情報を示す、たくさんの数字と小さな矢印が表示されている。これと同様にマクスウェルは、空間の任意の点で、電場と磁場の強さと向きを示す小さな矢を使って、電場と磁場を表現したのである。これらの数値を格子状に並べたものを使えば、帯電した物体や方位磁針が、場によってどのように押されるかを知ることができる。マクスウェルの有名な方程式は、これらの数値が時間の経過によってどのように変化するかを予測するものだ。

今日では、マクスウェルの方程式がプリントされたTシャツが売られている。これらの方程式は、すべての物理学者が熱い思いを抱く、エレガントな電磁気理論の象徴なのだ。宇宙には、電場と磁場のほかに、自然界のさまざまな力に対応する、何十種もの場が存在しており、しかもこれらの場は、互いに混ざりあっている。マクスウェルは大成功したとはいえ、彼の方程式の意味は、まだ明確ではなかった。それらの方程式は、ほんとうに局所性の原理に適っていたのだろうか？　一見そのようだったが、見かけが正しいとは限らない。ひとつには、マクスウェルは局所的に作用する力を記述するために方程式を構築したのだが、彼自身認めるように、出来上がった式は非局所的に作用する力を描いているとしてもおかしくなかった。非局所的な力の描像では、空間は有形の媒体で満たされてはいないはずだ。ほとんど空っぽで、ところどころに物体が散在しているだけで、それらが、離れたところから互いに引っ張ったり押したりしている、ということになるだろう。空間の各点に付随している数値は、その位置に物体をひとつ置いたなら、宇宙に存在するそれ以外のすべての物は、その置かれた物体にどのような作用を及ぼすかという、仮定上の記述になるだろう。このため、マクスウェルの理論も、200年前にニュートンの万有引力の法則について生じたのと同じ、解釈を巡る議論を引き起こした。

場の3つの性質が、場は実在であることを証明した。第1に、場には自律性がある。場は、ひとつの物体から別の物体へと衝撃を伝えるだけの仲介者ではない。場は、物質とは無関係に、自ら作用を生じさせることができる。粒子が一切存在しない空間でも、波動の動きでブンブンうなっている。このような現象は、非局所的な描像にはそぐわない。第2に、電気的、磁気的な乱れの効果が及ぶには時間がかかる。力が、ある物体から別の物体へと直接飛んでいるのなら、時間がずれるのはおかしい。しかし、衝撃が媒体のなかを伝わるのなら、それはまったく自然なことだ。実際、これらの影響が伝わるスピードは、光の速度に等しかった。ならば、光は電磁的な波に違いない。そして第3の証拠が、場にはエネルギーが含まれているが、エネルギーは実在する物体の本質そのもの(当時の物理学では、まだ登場して間もない概念だったが)ということだ。場がエネルギーを蓄

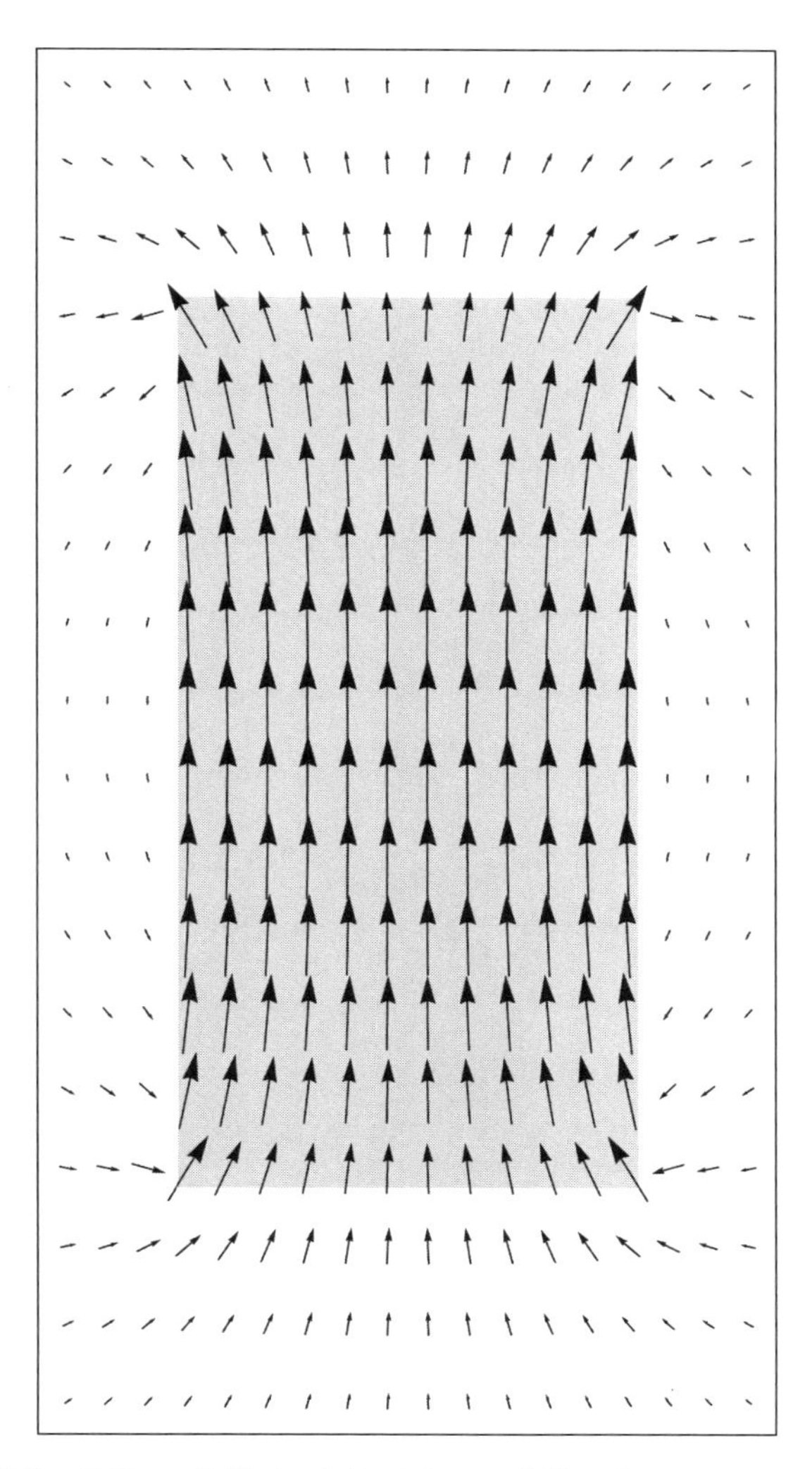

図 2–2 磁場。磁場は、棒磁石の内部と周辺で、空間を満たしている。砂鉄などの磁性を持つ物体に対して、ある強さとある方向を持った力を及ぼす。
（イラスト：著者）

えられることは、乱れが空間を伝わるのにかかる時間のあいだ、エネルギーは一切失われないことを保証している。

これら3つの手掛かり——波動、時間のずれ、エネルギー——で、マクスウェルと同時代のほとんどの人は、電気力と磁力は局所的な力だということを、場という概念が説明しているのだと納得した。世間の通念は、またもやひっくり返ったのだ。非局所性は、正統なものから、「非常に古いが最も有害な異説」で「考えられない」ものとなった。長い歴史のなかで、このような発言は繰り返し登場している。ここでもまた、ひとつの世代の物理学者たちが、古い世代の物理学者たちの自信に満ちた宣言に、真っ向から対立するものを、意気揚々と高らかに宣言していた。

## 新たな問題

19世紀末の物理学者たちは、電磁気理論と力学という、2つの別々の理論があることに悩んでいた。彼らの世界観は、真ん中にギザギザの亀裂が走って、真っ二つに分かれていた。おかげで、単純さを目指す彼らの夢が台無しになったばかりか、さまざまな実際の問題を解くうえでも、途方に暮れるばかりだった。野球のボールや惑星の運動を追跡するときは、ニュートンの法則を使った。発電機や電磁石を設計するときは、マクスウェルの方程式を当てはめた。だが、運動と電磁気が共存するような状況では、どうすればいいのだろう？　運動する物体と、電場や磁場は、互いにどんな影響を及ぼし合うのだろう？

これら2つの理論は、まったく相容れないように思われた。ニュートンの法則の最大の要素のひとつ、重力は、マクスウェルの理論のなかにはまったく登場しなかった。電気力と磁力は、引っ張ることも押しやることもできたが、重力は引っ張るばかりだった。また、重力は、電場や磁場が実在であると示した指標のどれも満たさなかった。たとえば、重力が伝わるのに時間がかかるという証拠を観察者が見ることは決してなかった。当時広まった（だが、あとから見れば、間違っていた）推測では、重力は瞬時に空間をサッと伝わるとされていた。19世紀初頭、重力はほかの力のモデルだった。だが、19世紀の終盤、それは厄介な変わり者だった。

それよりもっと根本的な問題がひとつあった。マクスウェルの方程式は、ある速度——光速——を、特別扱いしていたが、ニュートンの法則には、そのような特別な速度はなかった。ニュートンの法則では、速度は常に相対的なものだ。野球のボールが、投げた人に対して時速20マイル（時速約32キロメートル）で運動しているとすると、走っている電車のなかから見ている人に対しては、時速100マイル（時速約160キロメートル）で運動しているかもしれないし、宇宙ステーションにいる宇宙飛行士に対しては、時速1万7000マイル（時速約2万7000キロメートル）で運動しているかもしれない。では、ボールを投げる代わりに、その人が懐中電灯を照らしたとすると、光の波は、これらの観察者たちに対して、どれだけの速度で運動するのだろう？　マクスウェルの方程式が定式化された数十年後、ある物理学者が、（自分が16歳だったころ）電磁気学の本を読んでいたときに、こんなふうに思って頭をひねったことを思い出す。「もしも自分が光速で動いていたなら、光の波は、静止しているように見えるのだろうか？」と。そのころの物理学者のコミュニティでは、この問いに対して、「イエス」と答える理論家と、「ノー」と答える理論家がいた。実験もいろいろと行われたが、やはり互いに矛盾するような結果しか出なかった。

力学と電磁気学が両立しないことに悩んだ理論家のひとりが、オランダのヘンドリック・ローレンツだった。彼の娘、ヘールトロイダは、彼女自身、尊敬される物理学者となったが、兄弟たちと一緒になって父のことをからかい、北極グマと呼んでいたことを懐かしんだ。地下にあった書斎のなかを一定のペースで行ったり来たりする様子が、檻のなかのクマを思わせたのだった。こうしてクマのように行ったり来たりしているうちに、彼は力学と電磁気学の折り合いをつける方法を思いついた。彼の見解では、電磁気学のほうが力学よりも、理論として深いのだった。電磁気学は、ニュートンの運動法則を説明できるはずで、もしかすると、重力も説明できるかもしれなかった。ローレンツは、電磁力の媒体によって定義される、絶対的な物体の速度が存在すると考えたのである。波自体が持っている速度と同じ速度で運動する観察者には、波は静止して見えるはずだ。

そうではないと示唆する実験結果に対して、どう答えればいいか、ローレンツにはもうわかっていた。物理学者たちは、どんな装置をどう設定して実験したかによって、すっかりだまされていたのだ。速度を測定するには、物差しが必要だが、彼らは、自分たちが使う物差しは、長さの標準として信頼できると信じるほかなかった。この信頼が見当はずれだったのである。ローレンツはこう説明した。物差しが運動しているとき、電磁場がその運動に抵抗するので、物差しを長さ方向に縮めてしまうのだと。落下する雨粒が、空気抵抗で平たくなるのと同じだ。この効果で測定は狂わされてしまい、実験者たちは、測定器に対する光速は常に一定だと誤解してしまう。要するに、真の絶対速度は存在するのだが、それを測定しようとしても、電磁気のせいで失敗してしまうのである。

純粋に実際的なレベルでは、ローレンツの理論は大成功で、1902年、まだできて間もなかったノーベル賞という栄誉を彼にもたらした。しかしその理論が正しいなら、実験者たちをそんなふうにだますなんて、自然はなんと意地悪なのかと思える。それに彼の理論は、それ自体の問題をいくつかもたらした。物理学者と哲学者は数千年にわたって、世界の描像として、離散的な粒子と連続的な媒体という2つの説のあいだで揺れ動いてきたが、ローレンツはその2つを自分の理論のなかで結びつけた。その結果、いろいろと厄介なことが出てきたのだ。たとえば電場は、個々の荷電粒子から、ほかのすべての荷電粒子へ影響を運ぶのみならず、個々の粒子からの影響を、自分自身にも運ばねばならなかった。このように、自分自身に影響を及ぼすという状況は、ループ状になって、パラドックスをもたらす。粒子は、あなたが力を及ぼす前に、加速し始めるだろう。まるで、霊能者のように。自分の未来をほんの少しでも覗き見する能力が粒子にあるなら、それを利用すれば、ある場所から別の場所へ、メッセージを無限に速く伝えることができるはずだ。

まるで、それではまだ足りないかのように、ローレンツの理論は、粒子は、自分自身の電場の圧力のもとで、爆発してしまうだろうと予測していた。宇宙全体に存在する粒子が、爆竹のように破裂していないのはなぜかを説明するために、物理学者たちは、粒子はほんとうに大きさがゼロの幾何学的な点でなければならないと考えた。それほど小さなものなら、爆発など起きるはずがあるまい、というわけだ。しかし、ゼノンが2000年前に指摘したように、点は、とかくパラドックスをもたらす。物理学にゼロという数が登場するたび、無限という数はもう背後に迫っている。もしも電場がひとつの無限に小さな点に集中したとすると、電場は無限に強くなる。これと同じような理由で、光の波長が任意の数値を取り得て、ゼロでも構わなかったとすると、光波で満たされた箱は、エネルギーを無限に蓄えられることになる。そのような箱は、ブラックホールのようにエネルギーを吸い込む。ただし、重力によってではなく、その無限の貯蔵容量によって——アメリカのリアリティテレビ番組『ホーダーズ（物をため込む人たち）』に出てくる、物を集めるばかりで捨てられない人たちのように。

つまり、物理学者が局所的に相互作用する粒子を記述しようとすると、衝突によるのであれ、場にさざ波を送り出すことによるのであれ、必ず「無限」という言葉に出くわしてしまうのだ。物理学者のなかには、ローレンツの理論のみならず、場という概念や、局所性の原理についてさえも疑問視する者も出てきた。19世紀の物理学者たちが、物理学の不統一を巡って抱えていたさまざまな問題は、今日の私たちの状況とそっくりだ——今、理論家たちは、重力を他の力と統一しようとして苦しんでいる。だが、19世紀末の問題に関しては、まもなく、あの16歳で光波について問題提起した若者が成長を遂げて、この混乱を収拾することになる。

# 第3章 量子力学のジレンマ

## アインシュタインの非局所性

大学生だったアインシュタインは講義をよくさぼった。物理学がいかに教えられていようが、彼にはほとんどどうでもよかった。教授たちは、面白そうなことはまったく取り上げなかった。とりわけ、マクスウェルの電磁気理論が引き起こした騒ぎのことなどこれっぽっちも触れなかった。アインシュタインはほとんどの時間を、チューリッヒにあるカフェ、メトロポールで過ごし、哲学の大著を読みふけっていた。ヒューム、カント、マッハなど。友人の講義のノートがなかったら、彼は決して卒業できなかっただろう。教授たちにしてみれば、アインシュタインはやや自信過剰すぎ、就職先への推薦状も、あまり積極的なものは書いてやらなかった。のちにヨーロッパ中の研究所の所長たちが、あろうことか、アルベルト・アインシュタインからの求職を断ってしまったのだと、いつまでも後悔しつづけることになるのだが。

科学者として歩み始めたころ、アインシュタインは局所性をそれほど重視していなかった。彼はニュートンの説を支持していた。最初に書いた数件の科学論文では、粒子は離れたところから互いに作用を及ぼし合っていると仮定していた。ニュートンの法則がマクスウェルの方程式と衝突するのなら、それはマクスウェルのほうが悪いのだった。ニュートンの法則ではすべての速度は相対的なのだから、マクスウェルの方程式が何を示唆しようが、光の速度も相対的でなければならなかった。そんなわけで、アインシュタインはこれらの方程式にちょっと手を加えて、光の速度を光源に相対的なものとして、新しい電磁気理論を作り上げた。するとそれは非局所的な理論で、このとき彼の考え方は大きく変わったのだった。だが、この改訂版の理論は、マクスウェルの理論を著しく変形しており、当時の実験の結果からすれば、アインシュタインの改訂版が正しいことはあり得なかった。おまけにその理論は、電磁気がマクスウェルの元々の形の方程式に従うように見えるか、変形された改訂版の方程式に従うように見えるかは、観察者によると意味していた〔特殊相対性理論に到達する前の試行錯誤のなかでアインシュタインが導出した理論では、電磁気の法則が、相対運動する2つの座標系で異なる形になってしまった〕――これは、生来の平等主義者のアインシュタインには気に入らなかった。

　やがて、これぞ「エウレカ！（わかったぞ！）」の瞬間だ、というひらめきがあって、アインシュタインは、速度が相対的なものであり、かつ、光速が絶対的な標準速度であって構わないのだと気づいた。誰もがそんな話は矛盾だと考えただろうが、じつは矛盾していないのだ。相対速度とはどういうものか、注意しなければならないだけだ。ニュートンの運動法則に表された普通のルールでは、相対速度は、足し算または引き算だけで計算できる。時速80マイルで走っている電車の乗客の視点からは、野球場で電車の進行方向と逆向きに時速20マイルで投げられたボールは、時速100マイルで遠ざかるように見える。しかし、実はこのルールには、正当な根拠がない暗黙の仮定がある。瞬時のコミュニケーション、言い換えれば、非局所性である。

アインシュタインがこれに気づいたのは、速度を比較するときに、実際にどんな事柄が関与しているのかと考えていたときだった。彼は、現代の物理学者が好む推論手法のひとつ、操作的推論を使った——じつのところ、彼がこの手法を始めたのだ。操作的推論とは、自分が知っていることを、自分はどうやって知ったのかを問う方法である。すると、自分が信じていることには、何ら根拠がなく、実際、間違っているとわかることが往々にしてある。ついでながらこの手法は、ありとあらゆる議論で使え、事態を打開できることがある。たとえば、政治的な議論のレベルを上げたいなら、何かの状況がいかにして起こるのかと問いかけてみるといい。たとえば、単一支払者保健医療制度〔政府が保険料を徴収し、すべての医療費を政府が支払う制度〕を支持、あるいは、それに反対する人がいたとする。ならば、医療保険は実際どのように機能するのかと問いかけてみよう。すると、自分の意見に確信を持っていた人々は、自分の無知に直面することを強いられるか、あるいは、少なくとも、その問題はそれほど明確ではないと認めざるを得なくなるだろう。

相対速度についてアインシュタインは、ボールを投げた人と電車の乗客がボールの速度を測定するためには、2人ともストップウォッチが必要だと指摘した。このとき2人とも、2つの時計は同じ時を刻んでいると当然視できるだろう。ところがそれは実は、彼らが時計の読みを比較して確かめねばならないことで、そのためには、2人は何らかの信号を交換しなければならない。その信号が2人のあいだを瞬時に伝わるなら、一方にとっての1時間は、もう一方にとっても同じ1時間だと確認できる。しかし、信号の伝達に時間がかかるなら、それほどはっきり確認することはできない。というのも、彼らは信号が伝わっているあいだに位置を変えてしまい、そのために遅れが生じるからだ。おまけに、一人にとっての1マイルが、もう一人にとっても1マイルなのかどうかもよくわからない。長さの測定は一瞬にして行われると、暗黙のうちに仮定されているが、それは信号が物体の一端から反対側の端まで一瞬で伝わることを意味する。観察者たちが有限の速度で伝わる信号しか使えないのなら、彼らの運動、もしくは、物体（この場合ボール）の運動によって、測定は狂ってしまう恐れがある。

アインシュタインは、単純に足し算または引き算をするというニュートンの相対速度の計算法に取って代わり、信号の伝達時間を考慮に入れると同時に、ボールを投げる人と電車の乗客の立場が完全に対等であることを保証する、新しい相対速度の計算法を見出した。この計算法では、2つの速度を足したものは、単純な和よりも小さくなる。電車の乗客から見て、ボールは時速100マイルよりも、ごくわずかだがゆっくりと運動している。ボールが投げられた速度が速ければ速いほど、相対速度はニュートン力学での値から大きくずれる。では、19世紀の理論物理学者たちが思考実験したように、地面の上にいる人が、ボールを投げる代わりに懐中電灯を照らしたとしよう。すると、光波は彼に対して時速6億7000万マイル（時速約10億8000万キロメートル）で運動し、電車の乗客に対しても、時速6億7000万マイルで運動する。乗客自身の運動は、問題ではなくなってしまう。観察者たちそれぞれの速度は常に相対的だが、光はすべての観察者が合意する、同じひとつの速度で運動する。

アインシュタインが相対速度を見直したことで、彼と同時代の人々を当惑させたすべての実験がきちんと説明できるようになった。不一致は消え去った。自然が悪意をもって実験を台無しにしているのではないかと疑う必要もなくなった。これらの成功のおかげで彼は、非局所性を容認しようという若いころの気持ちを捨て去ったのである。

すべての速度は相対的だと確かめることによって、アインシュタインは、運動の法則と電磁気学の法則のあいだにあった最大の緊張を緩和した。学生時代のアインシュタインを厄介者だと思っていた教授たちも感心し、そのひとりは、生意気な若き天才が見落としていた影響をいくつか指摘してくれた。速度のように根本的な概念をいじくりまわし始めたなら、たったひとつのパズルを解くよりも、はるかに多くのことをしなければならない。速度は空間と時間のなかで定義されるので、アインシュタインが速度というものを見直したことで、物理学者がこれらの概念によって何を意味するかが、がらりと変わってしまった。異なる速度で運動している人々は、お互いの時計を合わせた状態を維持することはできず、時間間隔は彼らの速度に依存する。これと同様の理由で、空間内の距離も速度に依存することになる。しかし、時間間隔と空間距離を組み合わせた、時空距離は速度に依存しない。それは、誰にとっても同じ値になる客観的事実だ。このようにしてアインシュタインの相対性理論は、空間と時間を、名高い「時空」というひとつの概念に統一するのである。現代の物理学者にとっては、この統一こそがこの理論の真の意味であり、電車と信号の問題は、それを発見するひとつの手段に過ぎない。

それでもなお、私たちは時空を空間と時間として感知する。しかし、時空をいかにして「空間」と「時間」に分けるかについては、誰も自分の区別をほかの人々に押し付けることはできない。ある観察者にとって純粋に空間的なものが、別の観察者にとっては空間的なものと時間的なものの組み合わせになる。電車の乗客にとって、その人の膝の上に置かれた新聞は、「ここ」にある純粋に空間的なものだが、地面の上から見ている人には、その新聞は動くターゲットで、空間的なものと時間的なものの混合である。この2人にとっては、「今」もやはり異なり、どの事象とどの事象が同時に起こるかも異なるだろう。「同時に」という語句は、相対性理論では禁句だ――客観的に言って、そのようなものは存在しない。

だが、パズルのピースが、まだ1枚、しっくりはまっていなかった。重力である。相対性理論は、元々の形では、重力がゼロという特殊な場合にしか当てはまらない。1915年、アインシュタインは一般相対性理論によって、重力も含めた物理的描像を完成させた。この理論によれば、重力は電磁場と同様な場によって生み出される。飛んでいる野球のボールが描く弧は、ニュートン理論が言うように、地球が離れたところから及ぼす力によって生じるのではなかった。ボールは、そのすぐ周りを取り巻いている重力場に反応しているのだ。地球の質量が揺らぐとき――たとえば、地質学的活動や海流によって物質の分布が変化するときなど――、重力場は若干変化する。この乱れは、場を通して光速で波紋のように広がり、野球場を通過する際に、そこの重力場を変形させる。そのため、あなたが次にボールを投げるときは、ボールは以前よりほんの少し速く、あるいはゆっくりと落ちるかもしれない。

だが重力場は、ただの場ではない。それは特別な役割を演じる。ほかの場はすべて選択的だ。たとえば電磁場は、帯電した物体にしか働かず、物体は強く帯電していればしているほど、速く加速する。それとは対照的に、重力場はすべての物体に平等に作用する。すべてのものは同じ速さで下向きに加速する。このようにして重力場は、すべての物体が、ほかの力が存在しないときに進む経路を決定する。だがこれは、空間が持つ機能そのものだ。ならば重力場は、空間のなかにあるのではなく、空間の性質そのものだと、アインシュタインは考えた。時空がカーペットのようなもので、運動する物体がカーペットの上を転がるビー玉のようなものなら、地球の重力場は、ビー玉の転がる向きを逸らせて新しい方向に向かわせる、出っ張りのようなものだ。

小説の筋書きがひとつの展開を遂げたからといって、そこまでの話が変わるわけではないが、それでもやはり、それ以前の出来事を見直すきっかけとなる——悪者だと思っていた人物がじつは善人だったとわかったりする。一般相対性理論も、物理学者たちにニュートンの重力理論を再評価させた。ニュートンの理論は、完全に間違っていたわけではないが、不完全だったのだ。重力の効果は大まかに捉えていたが、重力がどのように伝わるかを説明できていなかった。相対性理論は、このところをきっちりと捉え、重力は空間の性質と関係があるようだという、ニュートンとライプニッツの漠然とした直感を、明確に証明する。

## 予測できない宇宙の侵略者

アインシュタインは、時間と長さの測定にとって、局所性がどのような意味を持っているかを考えることで、相対性理論を展開させた。その結果、完成した彼の理論には、局所性を強制する規定がいくつか含まれている。そして何より、相対性理論からは、光よりも速く運動できるものは存在しないということが導き出される。厳密に言うと、相対性理論は光よりも速い運動そのものを禁じているわけではない。ただ、光はすべての観察者に対して同じ速度で進むと述べているだけだ。だが、ほとんどの状況下で、この要請は、光速が普遍的な制限速度だということに帰着してしまう。もしもあなたが光に追いつくことができたなら、十代の若者だったアインシュタインが思い巡らせたように、光は静止しているように見えるだろう——光はもはや、あなたに対しては、ほかのすべての人と同じ速度では運動していないことになってしまう。したがって、あなたがいかに速く動いても、どれだけがんばろうと、光に追いつくことはできないのだ。それは虹の向こうまで行こうとがんばるのと同じく、無駄なことなのである。

実際にこれをやってみるとしよう。あなたがある物体を光速まで加速しようとすると、まるで何者かがブレーキペダルに足を載せているかのように、あなたは速度を一段階上げようとするたびに、ますます懸命に努力しなければならなくなってしまう。現代の粒子加速器がとてつもなく大きいのもこのためだ。光速の99・9999パーセント（フェルミ研究所にあったが、すでに運転終了したテバトロン加速器での粒子の速度）と、99・999999パーセント（大型ハドロン衝突型加速器での粒子の速度）とのごくわずかな違いは、エネルギーとしては10倍という大きな違いになる。光速に達するには、無限大のエネルギーが必要なのだ。

普遍的な制限速度が存在するなら、ニュートンが前提とした、無限の速度で伝わる非局所的な力などあり得ない。さらに、見識ある親が、家族のルールをただ決めるだけでなく、その根拠もていねいに説明するのと同じように、相対性理論は、光速を超える移動を禁じるのみならず、そんなものがあったら問題が生じる理由も明らかにする。

何よりもまず、制限速度を破ると因果関係の順序が混乱する。人々は、「今」とはいつかについて一致しないばかりか、「前」と「後」についてさえも食い違ってしまう。その理由を知りたければ、アインシュタインの操作的推論に立ち返り、こう自問すればいい。「私は、出来事が起こる順序をどうやって知るのだろう?」。あなたは出来事を、光またはその他の手段を使って観察しなければならないが、光もその他の手段も、空間のなかを伝わるには時間がかかる。いくつかの出来事が非常に素早く連続して、立て続けに起こったとすると、それぞれの出来事を観察する行為がかちあって、出来事が起こったペースのみならず、何が起こったかという本質についても、観察者ごとに違ってしまうだろう。

例として、再び列車の状況を考えてみよう。今回は、あなたが遠ざかる列車に向かって、光速を超えるスピードでボールを投げるところを想像してみよう。ボールは列車に追いつき、最後尾の車両の壁に穴を開け、列車の長手方向に飛び、列車の最前部から飛び出すだろう。あるいは、少なくともあなたにはそう見えるだろう。だが、列車の乗客は、ちょっと違ったことを観察するかもしれない。ボールが猛烈な勢いで飛び込んでくることと、飛び出していくこと、この2つの出来事からやってくる光が乗客の目に届くには時間がかかり、そのあいだも、列車は前へと走り続けているので、最後部からの光は、それだけ長い距離を進まねばならないが、最前部からの光は、より短い距離を進むだけでいい。その結果、乗客には、ボールが最後部から飛び込むよりも先に、列車の最前部から飛び出すのが見えるだろう。実際、一連の出来事はすべて逆の順序になってしまうだろう。ボールは後ろ向きに飛び、列車の最後部から飛び出し、あなたの手に飛び込む。たとえその乗客が、見かけは真実とは違うかもしれないと心得ていて、光が伝わる時間を考慮に入れるとしても、その人は、出来事は逆の順序で起こっていると思うだろう。そして、乗客の観察と、あなたの観察はまったく対等なので、2人とも正しいことになる。物体が光速を越えて運動するとき、出来事の順序は客観的に言ってあいまいになる。

このように因果関係が逆向きになってしまうのは、ショッキングなだけでなく、理論を破綻させる。それは、時間を逆向きにたどっているのと同じだ。光よりも速く運動する、あるいは、非局所的にコミュニケーションする観察者たちを介して信号を送ることによって、あなたは自分の過去へとメッセージを送ることもできる。アインシュタインは、早くも1907年にこのことに気づいた。「超光速を使えば、過去へと電報を送ることができます」と、彼はある会議で発言した。彼はこの可能性について楽観的だったようだが、SF作家たちはもっと慎重だった。彼らは既に、タイムトラベルが引き起こす厄介な問題に基づく筋書きで作品を書いていた。その最も古い例ではないかと思われるのが、1881年、アメリカの作家エドワード・ペイジ・ミッチェルによる小説だ。これは、敵に包囲された16世紀のオランダの都市ライデンを訪れた、現代からのタイムトラベラーが、歴史を学んで得ていた知識に基づきライデンを助けるというものだ。その結果、このタイムトラベラーは、ループ状の因果関係を作ってしまう。彼は自分が歴史を学んで知った出来事の、原因となってしまったのだ。その後登場したSF小説のいくつかでは、過去に旅をして、祖母またはほかの祖先を殺してしまい、自分を生まれなくしてしまうという筋書きになっている。言わば、現実が芸術に倣う一例で、物理学者も哲学者も、タイムトラベルなどまったく不可能だと考えるようになった。物理法則たるもの、たとえほかに何もしなくとも、少なくとも論理的な矛盾は未然に防がねばならない。普遍的制限速度がその役割を果たすのだ。

光速が制限速度であることは、因果の向きが混乱するのを防ぐほかに、物理法則という概念そのものが意味をなすことを保証してくれている。もしも物体や力が無限に速く動けたなら、世界は無秩序に陥ってしまうだろう。ドラマチックな例がひとつ、ポール・パンルヴェによって発見された。彼は第一次世界大戦中の非常に陰鬱とした時代に、フランスの軍部大臣と首相を務めた人物で、無秩序についてはかなりよく知っていた。だが、平穏な1890年代中ごろには、彼は謙虚な数学者だった。彼が取り組んでいたことのひとつに、ニュートンの万有引力の法則を、恒星が密集した集団に適用する試みがあった。パンルヴェは、ハチの巣のなかのハチたちのように、互いの周囲をぐるぐる回転している恒星たちは、物理法則では次にどうなるか予測できない一種の狂乱状態に陥る可能性があることを示した。これが「特異点」と呼ばれる、致命的な問題だ。

特異点は、何かの量が無限大になり、自然のメカニズムが破綻する位置、または出来事だ。ブラックホールの中心は特異点のもうひとつの例である。ただし、特異点である理由は異なるが。パンルヴェの例では、どれかひとつの恒星が、無限の速度で宇宙の果てに飛び去ってしまうこともあり得る。これでもかなりまずいが、もっと困るのが、そのちょうど逆のことも起こり得ることだ。どの瞬間にも、新しい恒星が、無限の彼方から飛んでくるかもしれない——ある哲学者がのちに呼んだように、まさに宇宙の侵略者である。だとすると物理法則は、恒星の集団はもちろん、何ものについても、その後どうなるのか、確かなことは何も予測できない。宇宙の侵略者は、宇宙を猛スピードで駆け巡り、あなたの家の洗濯物のなかからソックスを盗み、あなたが気づかないうちに帰ってしまうかもしれない。これは物理学で登場するほかのいろいろなランダムさの例よりも、はるかにたちが悪い。というのも、起こり得るそれぞれの結果の、確率を予測することもできないからだ。

これほど不合理に見えることを起こしてしまうのは、ニュートンの法則だけではない。ある種の場では、そのなかでパルスが無限大の速度のさざ波として伝わるような事態が起こり得る。速度が無限大になるときはいつも、空間距離はすべての意味を失い、自然は非決定論的になり、法則によってではなく、気まぐれによって支配されるようになる。物理学者たちが、古代ギリシアの時代から構築しようとしてきたものが崩壊する。だが、相対性理論は、制限速度を課すことにより、法則と秩序を復活させ、もちろんあなたの家の洗濯物カゴも守ってくれる。雪山登山が好きな理論物理学者スティーブ・ギディングスが言うように、「非局所的なものはすべて、ガラクタになってしまう可能性を持っている」。相対性理論は、非局所性は宇宙を理解不可能にしてしまうという古くからの直感が、やはり正しかったことを示している。

## 菜食主義の肉屋をやっている魔法使い

さて、では、量子革命の前夜はどんな状況だったのか見ておこう。大昔、哲学者たちは、物体は互いに衝突することによってのみ作用し合うと思い込んでいた。ニュートンの時代の科学者たちは、接触作用はじつはナンセンスで、物体は離れたところから作用を及ぼし合うのだと確信していた。やがて、マイケル・ファラデーに始まり、アインシュタインで完了する一連の変化が起こり、科学者たちは再び意を翻し、やはり物体どうしは局所的に作用しあわねばならないのだと判断した。ほかの多くのことではアインシュタインと対立したニールス・ボーアさえもが、遠隔作用は「非合理的」で「まったく理解不能」だとした。

原子論者たちは、局所性の2つの側面を特定していた。ひとつ目の近接作用の原理とは、影響はある場所から別の場所へと跳躍するのではなく、そのあいだに存在するすべての点を通過するというものだ。そして、2つ目の分離可能性の原理は、個々の物体には、独立した実在性が存在するとする。世界には構造がある。いろいろな物体が融合して、混然一体としたどろどろの状態になったりはしない。電磁場、重力場、そしてその他の場は、古代の原子論者たちが想像もしなかった形においてではあるが、これら2つの原理を両方とも体現している。物体どうしは、接触作用のみならず、連続的作用——場のさざ波——によっても作用し合うことが可能だ。場の一つひとつの点が、それ自体でほかとは違うものであり、その存在は、すべての観察者が合意する客観的な事実だと考えるわけだ。

古代ギリシア人たちと、その後登場した機械論の哲学者たちは、局所性は自明だとしたが、アインシュタインにとっては、局所性は自明ではなく、確たる証拠があってはじめて認められるものだった。局所性は重要だと考えていた一方で、彼は慎重で、それはあくまで仮説であり、それが含まれている枠組みの正しさが経験的に示されて承認されるのを待たねばならないと考えていたわけだ。そしてその枠組みは、間違いなくうまく使えていた。場の理論が大成功したことで局所性は、近接作用と分離可能性の両方において正当化されたのだった。

そのような次第で、物理学者たちは、今度こそ決定的な結論に達したと本気で思った。しかし、まさにその勝利の瞬間に、局所性の原理は――そして、それと同時に、古典的な空間という概念のすべても――、生まれたばかりの量子力学の理論からの、新たな攻撃にさらされることになったのだ。哲学者と物理学者が２０００年以上にわたって、締め出しておくために闘ってきた考え方――影響は、空間の拘束の外側に及ぶことができる――が、結局無理やり侵入してきたのだ。アインシュタインが、科学のなかに局所性を非常に深く埋め込んだおかげで、その新たな災難は、科学の基盤をかつてないほどに激しく揺さぶり、物理学者たちは、今なおそのとき生じた破片を拾い集めている。

「量子力学は、背徳行為によって生まれた子でした」と、ワシントン大学の科学史家・科学哲学者のアーサー・ファインは言う。『ビッグバン★セオリー／ギークなボクらの恋愛法則』などのテレビドラマに出てくる物理学者は、楽しい変わり者だが、量子力学創設の父たちは、大時代的で、苦悩する人物であることも多い。絶望感に苛まれていた者も少なくなく、そのひとりは自ら命を絶った。別のひとりは、ひとつ屋根の下で、妻と愛人と共に暮らした。また別のひとりは、ナチの突撃隊員になった。彼らは、ライバルの説をわざと不正確に伝えて、自分の説をアピールしても平気だった。自分は自分のやっていることを理解していないと、二回に一度は認めた。こんな状態で始まったのなら、いつまでも論争が続いても何の不思議もない。

アインシュタインは、この頭が変になりそうなドラマの中心人物だった。教科書では普通、彼が量子力学に対して行った貢献としては、1921年にノーベル賞を受賞した光電効果というたったひとつの発見しか挙げていない。しかし、公平に言って、彼は量子力学の父と呼ばれるにふさわしく、しかも、量子力学を信じていたのは彼だけだった時期が10年続いたのだ。デモクリトスからアリストテレス、そしてニュートンからトマス・ヤングまで、理論家たちは光の波動説と粒子説のあいだを行ったり来たりした。アインシュタインは、1905年から発表し始めた一連の論文によって、この問題に決着を付けた。光は波動と粒子の両方なのだと。だがこれは、菜食主義者の肉屋というのと同じで、まったくナンセンスだ。いったいどうして、光がなめらかなうねりであると同時に、局所的なエネルギーの塊の集合であり得るのだろう?

言葉としての矛盾はさておき、光に二重の性質があることは、特異な問題をもたらした。それは局所性の原理と相容れなかったのだ。光が粒子**または**波動だったなら、何ら問題はなかった。粒子なら、飛び回って直接接触したり、近距離力によって相互作用する。波動なら、媒体または場のなかで、さざ波として連続的な運動を行うことによって伝わる。原子論者たちは粒子説を取り、場の理論の支持者らは波動説に熱中したが、光が局所的だという点では、みな同意していた。しかし、光が波動と粒子の両方として振る舞うのなら、非局所性は免れないように思われる。なぜなら、この2つの振る舞いが矛盾なく両立するためには、すべての空間にわたって、高度な調整が行われていなければならないからだ。アインシュタインもほかの理論物理学者たちも、このような非局所性を即座に受け入れることができなかった。彼らは、自然は当然局所的だと考えていたのだ。じつのところ彼らは、局所性の復権は、相対性理論に記された、19世紀物理学の最大の教訓と考えていた。ところが、彼らが光の二重の振る舞いを、古い枠組みのうちのどれかのなかでうまく調和させようと試行錯誤しているうちに、非局所性が彼らの意識のなかに忍び込んできたのである。

たとえば、光はつまるところ波動なのだが、原子が波動エネルギーを離散的な塊としてしか吸収しないため、まるで粒子のような印象を与えるのだとしよう。アインシュタインの時代のほとんどの物理学者はこのように考えていた。しかしアインシュタインは、極めて早い時期から、その描像は、ワシントン大学の物理学者ジョン・クラマーが「バブル・パラドックス」と呼ぶものに抵触すると気づいていた。波は、まるで泡（バブル）が膨らむように、その源から外へと向かって広がっていく。原子に到達すると、その泡ははじけるはずだ——つまり、波は崩壊し、その全エネルギーをその1点に集中させるだろう。海の波が、狭い入り江に入って崩れるように。その時点までに、泡は大きくなっている可能性がある。したがって、波の崩壊は、広い範囲にわたって、突然起こるだろう。原子から遠いところまで広がっている泡の部分は、自分は外へと広がるのをやめねばならないと、どうして知るのだろう？　何らかの摩訶不思議な非局所的な作用が働いているに違いない。

逆に、光はつまるところ粒子だと考えてみよう。光がときどき波のように見えるとすれば、それ

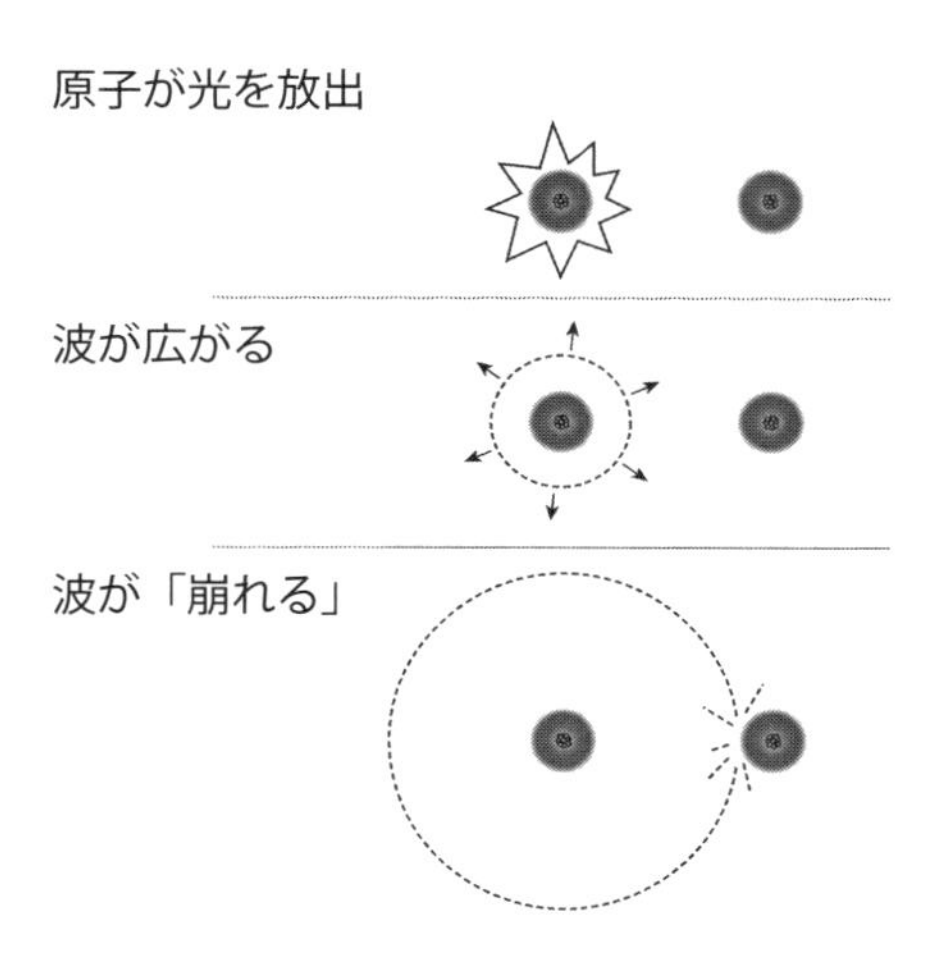


図3–1 アインシュタインのバブル・パラドックス。アインシュタインは1909年、原子が放出する光は連続的な波動ではなく、離散的な粒子であると主張するために、このパラドックスを考案した。連続的な波動は、石鹸の泡が膨張していくように、１個の原子から、外に向かって広がっていくだろう。その波が別の原子に衝突すると、波は崩れるだろう――円周に沿って広がったエネルギーは、衝突が起こった１点に集中するはずだ。それは、非局所的なプロセスであり、アインシュタインも当時のほかの物理学者たちも、そんなことは納得しがたいと考えた。最初の原子が、第２の原子に向かって１個の粒子を放出すると考えるほうが理に適っている。その後アインシュタインは、このパラドックスを、光の波から量子力学の波動関数へと拡張した。（イラスト：ジェン・クリステンセン）

はただ、多数の粒子が一斉に波のように動いているからに過ぎない。スタジアムでウェーブを作っている観客たちのようなものだ。アインシュタインも最初は直感的にこのように考えた。だが、彼はすぐに、これは観察事実と矛盾すると気づいた。光の粒子たちが互いに独立に振舞っているという描像は、光の波長がごく短い場合には当てはまるだろうが、波長が非常に長い場合には当てはまらない。波長が長いとき、光の粒子は互いに独立ではいられない。何らかの外的な影響が、粒子たちを一斉にくねくねと動かしているはずだ。

第3の可能性として、アインシュタインは、光には異なる2つの成分があり、一方は粒子で他方は波動で、それぞれが局所的に振る舞うのだと推測した。粒子は放射エネルギーを持っているが、物質的ではない「先導する場（先導場）」は、それ自体はエネルギーは持たずに、サーファーを海の波が運ぶように、光の粒子を押し流していくというのだ。ボーアも、これと同じようなアイデアを一時期考えていた。しかし、光の2成分説は、思ったようにはうまくいかなかった。光の粒子たちの総エネルギーを一定に保つためには、先導場は個々の粒子を別々に先導するわけにはいかなかった。1個の粒子を押して、その速度を速めたとすると、それを相殺するために、別の粒子を遅くしなければならなかった。そのようなわけで、波はすべての場所で一斉に運動しなければならなかった——つまり、それは非局所的でなければならなかったのだ。

光の2成分説として、可能なほかの形態のものもすべて、何らかのかたちで非局所性を必要とした。菜食主義の肉屋がいるだけでも奇妙だ。ところが今、物理学者たちは、菜食主義の肉屋をやっている魔法使いを相手にしていた。アインシュタインも、彼の同業者の全員も、本当に非局所性が働いているとは思えなかったが、非局所性は不可避のようだった。ボーアは、ある同僚に宛てた手紙のなかで、何か胡散臭いこと、何か、「自然の時空を記述する、私たちの普通の方法では対処できないような困難をもたらすこと」が、原子の中心部で起こっていると記した。アインシュタインが、この光の奇妙な振る舞いをどう感じていたかを垣間見るには、彼がそのテーマからしばし離れて休むためにやったことを見てみるといい。彼は、そのあいだに一般相対性理論を構築したのだ。中東の和平交渉をしばらく休んで、がんの治療薬を開発するようなものである。

## 非局所性を伴う不確定性、局所性を伴う確定性

１９２０年代前半、アインシュタインと、彼より若いエルヴィン・シュレーディンガーらの物理学者たちは、重要な跳躍を遂げた。彼らは、光のみならず、あらゆる形のエネルギーと物質は、粒子としても波動としても振る舞えるという説を提唱したのだ。光を巡る混乱が、今や物質にも飛び火していた。波動と粒子、どちらを優位にしようが、非局所性を避けることはできなかった。

シュレーディンガーは、波動優位派だった。「粒子は、すべてのものの根底に存在する基盤をなす、波動の放射に乗っている、一種の〝泡のような頂点〟にすぎない」と、彼は提唱した。彼はこう考えた。遠く離れた粒子どうしが同じ波に乗っていたら、それらの粒子は自然に同期した状態を保つだろう——非局所的な影響など必要ない、と。このアイデアを推し進め、彼はある方程式を構築した。現在では、シュレーディンガー方程式というシンプルな名称で知られ、物理を学ぶ学生たちに、量子力学の定義そのものとして教えられている式だ。それは、1個の粒子の運動の追跡から、ある原子が放出または吸収する光の色を計算することまで、ありとあらゆる目的に使える方程式である。しかしシュレーディンガーが気づいて落胆したことには、彼の方程式は、波動そのものではなく、「波動関数」を記述していた。波動関数とは、粒子や粒子系の性質をコード化する、奇妙な数学的抽象表現だ。波動関数は非局所的である。粒子の群れ全体が、ひとつの波動関数を持っており、この関数に、どんなにばらばらに散らばっていようが、すべての粒子の運命がまとめられている。1個の粒子の波動関数でさえも、宇宙全体に広がっているのだ。

シュレーディンガーのライバル、ドイツの物理学者でボーアの弟子のヴェルナー・ハイゼンベルクは、どちらかといえば粒子優位説に傾いており、彼自身の方程式を構築した。この方程式はシュレーディンガーのものと数学的に等価であることがすぐに示された。2人は、2つの経路から同じ理論にたどり着いたわけだ。だがハイゼンベルクの方程式は、実際に何が起こっているかについて、ほとんど何も明らかにしなかった。ハイゼンベルク自身も、粒子説に基づいた自分の方程式がなぜ波動の効果を説明できるのか、わからないと認めた。やがて物理学者たちは、ハイゼンベルクのアプローチにおいて、粒子は、すぐ周辺の出来事のみならず、遠く離れた宇宙の彼方で起こっていることにも反応できるため、波動的でもあるのだと気づいた。

要するに、シュレーディンガーとハイゼンベルクは、非局所性の不可解さを解消したどころか、それを深めてしまったのだ。実際、彼らがそれぞれ定式化した量子力学という理論には、支離滅裂な感じがつきまとっていた。相対性理論は、ひとつの説得力のある原理（対称性の原理）から自然なかたちで生じ、即座に受け入れられたのに対し、量子力学は、無関係なさまざまな洞察を寄せ集めて作り上げられたもので、物理学者たちは、そこに体現されている原理を、出来上がった理論からさかのぼって作り出さねばならなかった。その状況は、200年前のニュートンの万有引力の法則を巡る混乱と非常によく似ていた。彼らがどんなことをやったか、少しでも実感していただくには、こう説明すればいいかもしれない。彼らは、それらの方程式を越えて、世界はどのように機能しているはずか、という直感に踏み込まねばならなかったのだ。そしてそのときようやく、真の議論が始まったのである。

アインシュタインとシュレーディンガーは、ニュートンを批判したライプニッツらと同じような立場を取った。量子力学が非局所性を予測するのなら、それは暫定的な理論に過ぎないはずだ。量子力学は、間違っているわけではないが、まだ完全ではない。非局所性を説明して、取り除いてしまう、もっと深い理論が存在するはずだ。そんな立場である。一方、ボーアとハイゼンベルクは、いやいや、量子力学は暫定的なものではないと主張した。それは、物理学の最終的な結論だ。たしかに、アインシュタインとシュレーディンガーのあいだにも意見の違いはあったし、ボーアとハイゼンベルクも常に見解が一致していたわけではない。しかし、それでも、彼らを量子力学を巡る議論の2つの陣営として扱うことは間違ってはいない。たとえただ単に、彼ら自身がそのように捉えていたからという理由だけであっても。

ボーアとハイゼンベルクの考え方は、いわゆるコペンハーゲン解釈へと発展した。その中心的教義のひとつが、自然は本質的にランダムだという見解だ。その根拠のひとつが、経験主義である。量子論的プロセスはランダムに見える。たとえば、1個の原子が光子を1個放出するとき、その放出のタイミングと方向は、知られているどんな法則によっても決定されない。これは、背後にある法則を物理学者たちがまだ把握していないか、あるいは、自然が本質的にランダムかのいずれかだ。ところが、コペンハーゲン主義者たちは、実験から得られる証拠を元に判定できる範囲を越えて、背後にそのような法則はあり得ない、議論はこれで終わりだと断じてしまった。波動関数は、ある粒子を所定の位置で発見する確率や、その粒子が所定の速度で運動している確率を特定する。誰かがその粒子を探しに行くまで、その粒子は、一種宙ぶらりんの状態にあり、特定の位置や運動量を持たず、さまざまな可能性を同時に持っている。実験者は、この粒子の位置を測定することにより、その波動関数を、それが持っている可能性の範囲内のどこかでピークを持った形に収束させる。すると粒子は、そうやって指定された位置にポンと現れるというわけだ。収束は突然起こり、説明もつかず、シュレーディンガーとハイゼンベルクの方程式の範囲を超えたところにある。ある哲学者が記したように、「この収束は、まさしく文字通り、奇跡である」。

彼らの弁護のために言うと、人生のランダムな変化に根拠を求めるのは、とかくイライラが募る。ある種のことはただの偶然で起きるものだ。高潔な人に不運が訪れ、悪人が繁栄する。コペンハーゲン主義者にとって不確定性は、啓蒙主義が根拠もなく掲げた理性への信頼に対する解毒剤だった。1920年代、ドイツの知識人たちは、第一次世界大戦でドイツが敗北したのは、彼らの推進した啓蒙主義的理性偏重のせいだとしきりに責められていた。この文化的な風潮は、自然は理性を超えた魔術的でロマンチックなものだという考え方から来ているとする歴史家は多い。

アインシュタインとシュレーディンガーは、量子力学のこのような解釈がまったく気に入らなかった。アインシュタインが、神はサイコロを振らないと述べたことは有名だ。この頻繁に引用される言葉は、まるでアインシュタインが不確定性に対して宗教的嫌悪感を抱いているかのように聞こえる。いつものことながら、真実はもっと複雑だ。アインシュタインは、ランダムなプロセスそのものに反対したことは一度もない。彼は科学者としての生涯で、ランダムなプロセスの研究に多大な時間を費やした。彼の懸念は、もっと実際的なものだった。量子力学以外のランダムな現象は、それが見えている尺度よりもいっそう微細な尺度における力学的な運動から生じる。なぜ量子力学のランダムさだけが違うのか？　なぜ物理学者たちは、より深いレベルの自然を研究するのをあきらめねばならないのか？　先に私が触れたように、アインシュタインは、宇宙が非常に多くの点で理解可能なことに感銘を受けていたのであり、粒子たちがその例外だと考えるのはおかしいと感じたのだ。宇宙は、理解可能か不可解かのどちらかであり、半々ということはあり得なかった。

そのうえ、不確定性は非局所性を必然的に伴うことに、アインシュタインは気づいていた。その理由は、ランダムとされている量子力学の出来事は、じつのところ調整されているからだ。それらの出来事は、ただ私たちに調整されているように見えるのみならず、実際に調整されているに違いない。さもなければ、エネルギーまたは運動量が失われるか、あるいは獲得されるはずだ。たとえば、私が第1章で紹介した魔法のコインは、ランダムに表向き、あるいは裏向きに落下したが、2枚のコインの振る舞いは足並みがそろっていた。2枚のコインは、どうやってそんなことをやってのけるのだろう？　投げたこととの結果が、コインが空中にあるあいだに決まるのなら、2枚のコインは、結果が確実に調整されるように、非局所的にコミュニケーションしているに違いない。逆に、2枚がコミュニケーションしていないなら、結果は前もって決まっていた以外にあり得ず、この結果を特定できなかった量子力学は、不完全に違いないことになる。アインシュタインは長年にわたって、非局所性を伴う不確定性と、局所性を伴う確定性のジレンマを先鋭化させていった。

## 物理学史上最も重要な対決

アインシュタインが、自分が抱えていたこのジレンマを初めて公にしたのは、1927年10月、ある会議でのことで、この会議は物理学史上最も重要な対決のひとつである。ベルギーの化学工業界の大立者、エルネスト・ソルベーが設立した財団が主催して、28名の小粋な紳士とひとりのエレガントな女性が、ブリュッセルの高級ホテルで1週間過ごし、量子論についての講演（後日出版された）を行ったり、非公式な話し合いの場（みんながリラックスできるように、内容は公表されなかった）をもつ。アインシュタインは、自分で講演することはなかったが、質疑応答の時間に、コペンハーゲン解釈に対する反論を行った。

彼は、バブル・パラドックスをより洗練させたものを主張した。量子力学の波動関数は、膨張する風船のように空間を広がるだろうが、それが表している粒子は、あなたがそれを探しに行ったときに、たったひとつの特定の場所にひょっこりと現れる。だが、いったい何がこのときバブルを崩壊させるのだろう？　いったい何が、粒子が2カ所以上の場所に出現するのを妨げているのだろう？　粒子がただ1カ所に出現するように、何かがバブル全体の崩壊をうまく調整しているはずだ。ところが、この筋書きのなかで力は一切働いていない。電気力、磁気力、重力、いずれもまったく関与していない。さらに言えば、力は働いているはずなどないのだ。なぜなら、その崩壊は、無限である可能性もある距離にわたって瞬間的に起こるからだ（この現象は2015年に東京大学の古澤明らによる実験で厳密に検証された）。その効果は、非局所的であるに違いない。もしそうなら、それは相対性理論と矛盾してしまう。アインシュタインは、ソルベー会議でこのことを、次のように説明した。「この粒子がある所定の点に見出されるという可能性は、空間に連続的に分布した波動が、2つの場所に作用を生み出すことを妨げるような、奇妙な遠隔作用のメカニズムを前提としています」。続けて彼は、「この遠隔作用は、相対性理論の前提と矛盾していると私には思えます」と、仲間の物理学者たちに述べた。

アインシュタインにとっては、崩壊して粒子を残したバブルなど存在しなかった、というのが当然の結論だった。その粒子は、観察された位置に元々存在しており、観察されるのを待っていたのだ。非局所的な調整など必要なかった。この見解を、「実在論」と呼ぶことがある。なぜなら、量子論は粒子の在処を教えることができなかったとしても、その粒子は実際にその場所にずっと存在していた、という立場だからだ。粒子の位置は、物理学者たちが「隠れた変数」と呼ぶものだ。シュレーディンガーの方程式にも、ハイゼンベルクの方程式にも表れていないという意味で、隠れた変数なのだ。量子論よりも完全な理論には、このような変数も含まれているはずだというわけである。アインシュタインは、彼が以前に着想した先導場についてのアイデアに基づいて、そのような理論を構築しようと努力を続けていたし、フランスの物理学者ルイ・ド・ブロイは、ソルベー会議でそのようなモデルを披露した。アインシュタインは、「私は、ド・ブロイ氏がこの方向で研究されているのは正しいと思います」と発言した。

ボーアは、明言はせずに、非局所性と不完全性のジレンマを受け入れていた。彼は量子力学の方程式が非局所性を予測していることを認め、アインシュタインにこう言った。「時空の因果的記述の基盤全体が、量子論によって取り除かれたのです」。だがボーアは、どのような物理的プロセスがとてつもなく長い距離にわたって粒子の振る舞いを調整でき、そのようなプロセスがどんな問題をもたらすか、ではなく、私たちには何が測定でき、何が測定できないかという観点から応答した。彼は、量子力学が「私たちの実験を記述するのに適切な何らかの数学的手段」を提供してくれるなら、それで十分だと考えたのだ。それ以上何が必要なのです、皆さん？

2人は数日にわたり、朝食と夕食の時間に深い議論を交わした。彼らが何と言ったのか、確かなことは決して分からないだろう。しかし、すべての記録を見ると、彼らの会話は、非局所性からは逸れて、ランダムさ、とりわけ、粒子の振る舞いにとって本質的なランダムさの程度を定量化する、ハイゼンベルクの不確定性原理を中心に展開したようだ。アインシュタインは、不確定性原理を回避しようと何度も試み、ボーアはその都度それを阻止し、縮れ毛の天才に打ち勝ったという印象を残した。証人のひとり、オーストリア出身のオランダの理論物理学者ポール・エーレンフェストは、次のような印象的な文章を書き残している。「まるでチェスの勝負だ。アインシュタインは毎回、不確定性原理を打ち破るために、新しい例を準備してきた。ボーアは常に、哲学の煙雲のなかから、それらの例を次々と打ち砕くためのツールを探し出した。アインシュタインはまるでビックリ箱のように、毎朝新たな勢いで飛び出した」。一方ボーアは、空間のなかで遠く離れた位置どうしの結びつきを巡るアインシュタインの最大の懸念については、応答を放棄してしまった。こうして、結びつきの問題から生じた誤解が放置されてしまったことが、非局所性が受け入れられるのを半世紀にわたって妨げたのだった。

## 非局所性に向き合わないコペンハーゲン解釈

3年後に開催された次のソルベー会議に、アインシュタインは自分の意見を主張するための新たなシナリオを準備していた。それは、その後のすべての議論の焦点となる主張の、初稿に当たるものだ。あなたは、プラスチックのケースのなかでひしめき合っているミントのタブレットよろしく、飛びまわる光子が詰まった箱をひとつ持っているとしよう。1個の光子が穴から抜け出し、宇宙へと飛び去ってしまう。残った光子たちが入った箱は、反対の向きに反跳する。粒子の系全体がひとつの波動関数で記述されるので、箱と逃げた光子の運命は結びついたままだ。しばらくして、あなたが箱の位置を測定したとすると、その測定結果から、あなたは光子の位置も計算することができる。

これは、2つのことのいずれかを意味する。箱の測定は、光子にも何かを行うか、あるいは、光子には何も行わないかのいずれかだ。コペンハーゲン解釈は、前者の立場を取る。それによれば、あなたが箱を測定する前、箱も光子も宙ぶらりんの状態にあり、特定の位置は持っていない。あなたが測定すると、波動関数が収束し、光子はどこかに出現する。箱を測定するためにあなたが使った道具は、それが何であれ、リモコンのように働いていることになる。ボタンを押すと――ボン！瞬時に光子は、ぼんやり広がった確率の霧から凝集して、現実の光のパルスになる。光子は光速で運動しているので、リモコンの信号は、それに追いつくために、光速を超えるスピードで進まねばならなかったはずだ。アインシュタインは、のちにこのように記した。「そのような〝箱〟から逃れていく光子への物理的効果が生じなければならないのなら、それは超光速で伝わる遠隔作用である。そのような仮定は、もちろん論理的には可能だが、私の物理的直感には、非常に不快である」。後者の立場――箱の測定は光子に影響を及ぼさない――では、光子は、あなたがそれを発見する位置に既に存在している。たとえ波動関数がこの事実を知らないとしても。コペンハーゲン解釈は、あなたはリモコンを持っていると誤解させているのだ。実際には、残念ながらそんなものはないのに。

つまるところ、このシナリオでも、出てくるジレンマは以前と同じである。量子論は、非局所的か、もしくは不完全かのいずれかだ、というわけである。残念なことに、１９３０年にアインシュタインが行った説明のある側面は、彼に好意的な者たちにまでも、長年にわたる混乱の種をまくことになってしまった。アインシュタインはこう言った。箱の位置を測定する代わりに、あなたはその運動量を測定することができる。まるで、あなたのリモコンにはボタンが２つあって、ひとつは光子を特定の位置に出現させ、もうひとつは光子を特定の運動量を持った状態で出現させるようなものだ。だが、このボタンの機能は副次的なものでしかない。最も重要なのは、あなたはリモコンを持っているということだ。

何年か経って、アインシュタインはこの点を明らかにしようと試みた。「したがって、Bのなかに真に存在するものは、空間のAの部分でどんな種類の測定が行われているかには依存しないはずだ。また、Aの位置で何か測定が行われているかどうかにも依存しないはずだ」、と（強調は著者による）。『サイエンティフィック・アメリカン』誌での私の前任者（著者は『サイエンティフィック・アメリカン』誌の寄稿編集者）は、アインシュタインに記事を1本書いてもらったことがあった。彼がかつて私に話してくれたことによると、大天才アインシュタインは、自分が書いたものを推敲されるのはあまり好まなかったそうだ。しかし、ここに引用した文章に関しては、編集者が彼を説得して、ひとつ目の文章を削除し、2つ目の文章だけを残していたなら、量子論はもう少しすっきりと理解されていたのではなかろうか。

ひとつにはこの混乱のせいもあって、第2回ソルベー会議でも、アインシュタインとボーアの対話はまたもや横道に逸れてしまった。ボーアは、本質的ではないのに気になってしまう問題点に自らこだわり続けた。彼はアインシュタインが、光子の正確な位置と正確な運動量の両方を同時に知ることができると主張しているとみなしていた。そのようなことは、ハイゼンベルクの不確定性原理がはっきりと除外していた。もつれた2個の粒子が不確定性原理を破ったのなら、量子力学は不完全であるのみならず、間違っていることになる。言い伝えによると、偉大なデンマーク人ボーアは、夜中までかかって測定手順を解析し、翌朝には、不確定性原理が持ちこたえ、量子力学は救われたのだと誇らしげに宣言したという。だが、議論に参加していたほかの科学者たちによれば、アインシュタインは不確定性原理については一切喧嘩をしなかったそうだ。彼は、正確な位置と運動量の測定は、互いに排他的であると認め、量子力学は論理的に一貫した理論だと考えていたという。彼が攻撃していたのは、コペンハーゲン解釈だった。その提唱者たちが、自分たちの見解が暗に含んでいる非局所性に、正面から向き合わないことが問題だったのだ。

## EPR論文、ボーアの反論

それ以降のソルベー会議では、大論争はなかった。1933年、ナチスはアインシュタインの湖畔の家を襲撃し、暴徒化した学生たちが彼の本を焼き払ったが、ドイツの物理学者で彼のために立ち上がる者はほとんどなかった。彼はドイツ国籍を放棄し、ヨーロッパを離れ、その後二度と戻らなかった。2年後、プリンストン高等研究所に落ち着くと、彼はようやく非局所性に関する懸念を文書にして出版した。EPR論文――EPRは、アインシュタインと、共著者の若手物理学者、ボリス・ポドルスキーとネイサン・ローゼンの頭文字――として広く知られているその論文は、世界各地に離れて暮らしていた物理学者たちのあいだに激しい論争を引き起こし、議論は手紙のやりとりで進められたが、1日に3通の手紙が行きかうほどだった。シュレーディンガーもドイツから逃れていたが、EPR論文に感銘を受け、自分も数件の論文を書いた。そのなかのひとつで彼は、アインシュタインが特定したある現象に名前を付けた。「もつれ」というのがそれだ。別の論文では、今や有名になった、生きていると同時に死んでいるネコの、恐ろしいシナリオを発表した。これは、量子力学で出てくる中途半端な状態が、微小な粒子だけにとどまらず、あらゆる大きさの物体に、そして毛皮で覆われた動物にまでも、影響を及ぼし得ることを示すものだ。

アインシュタインは、EPR論文の仕上がりにはどうしても不満で、そういう状況に置かれた学者なら誰でもするような反応をした。つまり、共著者らを非難したのだ。最大の問題は、ポドルスキーが加えた最後の部分で、アインシュタインが意図していた点を越えて、ハイゼンベルクの不確定性原理をこき下ろそうとしていた。おかげで、1930年のソルベー会議での議論を脱線させた混乱を長引かせることになった。アインシュタインは翌年、非局所性と不完全性のジレンマに焦点を絞った独自の論文を発表した。

しかし、もはや手遅れだった。ボーアが、ポドルスキーの眉唾物の追記に目を付け、反論を発表すると、この反論によって一連の論争に決着が付いたのだと、広く受け止められたのである。しかし、ボーアが反論で何を主張したのか、物理学者たちが詳しく説明しようとすると、イギリスのコメディーグループ、モンティ・パイソンがやっていたゲームショーのパロディ『全英プルースト要約選手権』で、プルーストの長大な小説『失われた時を求めて』を15秒に要約しようと必死の参加者のように、しどろもどろになってしまうのだった。ある物理学者はこう記した。「ほとんどの物理学者（私も含めて）は、ボーアが議論に勝利したと認めているが、ほとんどの物理学者がそうであるように私も、それがいかにしてなされたかを言葉で表現するのに四苦八苦している」

今日なおコペンハーゲン解釈は、量子力学の解釈として最も広く受け入れられている。ボーアの勝利は、じつは社会的要因によるところも大きい。アインシュタインは、本人も認めるように、一匹オオカミだった一方、ボーアは父親的存在で、周囲の者に強い忠誠心を抱かせた。ボーアとアインシュタインの議論について、早い時期に解説を書いたのは、ほとんどボーアとその弟子たちだけだった。当然、彼らはボーアの貢献を強調し、アインシュタインの貢献を軽視した。それは結局、非局所性を軽視することだった。というのも、それがアインシュタインの関心事だったからだ。彼らによる解説では、非局所性が重要になったのは、もっぱらアインシュタインの「誤解」を通してのみだった。ボーアの研究所の一員は、このように冷笑した。「まだ学年の前期のうちに、ひとりの学生がそのような反論をしたのなら、その学生は相当頭がよく、見込みがあると考えただろうということは、アインシュタインに認めてやらねばなるまい」と。このような横柄な態度が、20世紀のあいだほぼ一貫して議論を方向づけた。ようやくこの20年で、アーサー・ファインらの科学史家が当時交わされた手紙を詳しく調べ、アインシュタインの思考の大胆さを示し、彼の名誉を回復したのである。

物理学の歴史では、物理学者が技術や背景知識を持っていないために、前進できないことがよくある。たとえばファラデーは、もしも電池が発明されていなかったなら、モーターや電磁石を作ることはほとんど不可能だっただろう。だが、量子物理学者たちは、そんな言い訳はできなかった。彼らは、１９３０年代にも、１９６０年代と同じく容易に、非局所性を把握することができたはずだ。実際、彼らはその寸前まで行っていたのだ。歴史家たちは、事態がほんの少し違う方向に進んでいたなら、アインシュタインは仲間の物理学者たちを納得させられただろうという、史実とは異なるが、まったく妥当なシナリオを想像している。性格の合わない人々が奇妙なかたちで出会い、彼らの誤解が自己増強する一方だったことが和解を妨げた結果、蔓延した否定論に反旗を翻すには、ジョン・スチュアート・ベルが率いる新しい世代の物理学者たちの登場が必要だった。

# 第4章 大論争

## 対立の背景

２０１１年の初め、私が科学哲学者のティム・モードリンと一緒にパスタを食べていたときのこと。彼は近々ドイツのドレスデンで開かれるシンポジウムで、量子論的非局所性をめぐる一大ディベートが行われるに違いないと教えてくれた。モードリンは、量子の領域は非局所的だと考えている。そのシンポジウムに招待されているほかの人々の多くは、非局所性は誤りだという立場だ。私は、主催者はただ物理学の著名人を集めるつもりで、後になってから、それは選挙当日の夜に民主党員と共和党員を同じパーティーに招待するようなものだったと気づくのではないかと感じた。「血みどろの、すごい議論になるかもしれない」とモードリンは言った。もちろん私は、参加者たちがお上品に振る舞わないことを願って、帰宅するとすぐにドレスデン行きの飛行機のチケットを予約した。

何も私は、誰かが誰かを手ひどくこきおろすのを見るのが好きなわけではない。しかし、研究者たちが、量子論の基盤を巡る意見の違いを解決できないでいるのがいいかげんもどかしかった。彼らは、1920年代にボーアとアインシュタインが初めてこの問題で議論して以来、非局所的な影響の存在について議論を続けている。この問題は、とっくに解決していて然るべきなのだ。自然は本当に非局所的なのか、それとも、それは見かけだけなのか——ひいては、私たちの従来の空間という概念には、やはり見かけと同じくらい深刻な欠陥があるのか——など考え始めた私は、物理学者の会議にひとつか2つ参加して、コーヒーを飲みながら誰かと話をすれば、すべてすっきりするだろうと思いついたわけだ。この計画は幸先のいいスタートを切った。私が最初に話しかけた人は、完全に筋が通っていた。2人目も、話は完全に筋が通っていた。3人目もそう。だが残念なことに、彼らの話はみな、互いに完全に矛盾していたのだ。結局、私の計画が、実はうまくいっていなかったのは明らかだった。私は、会場に集まった教授たち全員の意見が一致すると考えるほど純朴ではなかったが、少なくとも、彼らが**どこ**で意見を異にするかぐらいは正確に特定できるだろうと考えていた——議論を、同等に妥当ないくつかの仮定に絞り込めるだろうと。そうできたことも多かった。しかし、意見の不一致の核心を捉えようとすると、まるで霧にしがみつこうとしているように感じることもあった。

　会議で討論している人たちさえもが、自分は当惑していると、私に打ち明けた。彼らの多くは数十年にわたる友人どうしだが、この問題を巡っては、いまだにすれ違いを感じるそうだ。論敵に、なぜそう感じているのか説明してもらえないかと言われると、彼らはしばらく遠くを見つめ、やがて両手を挙げて、お手上げだと認めた。ときには、彼らの焦燥が怒りになって爆発することもあった。ある懐疑論者は、非局所性の提唱者たちを「怠慢」だと言って責め、彼らの議論は知性の「泥沼」だと言った。別の者はこう不満を述べた。「この人たちは、自分たちをあまりに過大評価している」と。「彼らはまるで、くい打ち用の槌だ」と、3人目が同意した。一方、提唱者のほうは、懐疑論者たちはとんでもないへまをやっていると思っていた。「彼は、ただもうまったく、絶対に、確固として、ぞっとするほど間違っている」と、ひとりが苦々しく言った。この、物理学のロード・レージ〔運転中のドライバーが、追い越しや割り込みに腹を立て、過激な報復行為を取ること〕とも呼べそうな、双方互いに譲らない状況のなかを、私を導いてすっきり理解させてくれる中立派はいないかと探し求めて、私は哲学者で科学史家のアーサー・ファインに話しかけた。彼は開口一番こう言った。「ようこそ、基礎物理学のホッブス的世界、万人の万人に対する闘争の世界へ！〔17世紀の哲学者ホッブスは、人間の自然状態は闘争状態だとし、これを「万人の万人に対する闘争」と言い表した〕」

科学者たちは、非局所性のような根本的な問題について争うとき、みんなで集まって徹底的に議論するものだとあなたは思われるかもしれない。ところが、非局所性の議論で驚いてしまうのが、実質的な議論などほとんどないことだ。私が彼らと会話していたとき、しばしば、彼らが私を通して互いに見解をやりとりしているように感じられた。疎遠になった夫婦が、子どもを通してメッセージを伝え合うようなものだ。私は、ドレスデンの会議こそ、これらのやりとりをついに明るみにさらけ出す機会だと期待していた。ところが、ビックリ仰天、そんなことは起こらなかった。会議の出席者たちは、何一つ合意に至らなかったのだ。彼らは全員講演をし、そのあと全員でしゃれたレストランに行き、政治問題や、比較的無難な話題についておしゃべりした。だが私は、わざわざドレスデンまで無駄に飛行機で行ったわけではなかった。総意に達し損ね続けているのは、それはそれで興味深いではないかと、私は思い始めたのだ。量子力学がもたらした根本的な謎に対する極めて人間的な反応だ。そして、主役たちが決して握手しないとしても、議論はほかの形で収束することもあり得る。この先お話するように、対立する2つの立場は、空間の根本的な非実在性について、非常によく似た結論へと私たちを導くのである。

量子物理に対する態度の違いは、科学を動かす2つの相反する感情的衝動を反映している。謎を大いに楽しみたい衝動と、ばかばかしいものをやっつけたい衝動だ。ファインは言う。「基礎物理学——量子力学——は常識とは決して相容れないかもしれないという考えに耐えられない人々がいます。その一方で、もしかすると量子力学は常識とうまく折り合いが付くかもしれないという考えに耐えられない人々もいるのです！　これはもう、性分の違いですから、コーヒーを飲みながら議論して解決できるものではありません。哲学的な違いという姿で現れることもあります……しかし、よく見れば、確かに哲学的偏見の表現が見つかりますが、哲学そのもののまともな議論はほとんどありません。哲学用語は、感情的な違いを表す一種の暗号として使われているのですよ」。科学者は決して、偏見のない観察者ではないし、また、そうであるべきでもない。なぜなら、何かに突き動かされていなければ、誰が研究生活の苦労に耐えられるだろう。詩が感情を静かに回想するものなら、科学は感情のなかで静かさを回想するものだ。科学とは、情熱的な好奇心が渦巻くなかで、注意深く考えようとする必死の努力なのである。

## 非局所性を擁護する

物理学の基準からすれば、量子論的非局所性を巡る議論は極めて単純だ。アインシュタインが1935年に、ボリス・ポドルスキー、ネイサン・ローゼンと共に書いた元々の論文は、たった4ページだった。30年後にジョン・ベルが発表した、そのフォローアップ論文は6ページだ。どちらも、高度な数学は含まれていない。とはいえ、方程式はとかく理解の妨げになりがちだ――アインシュタインはのちに、自分がEPR論文で主張したかったことは、「形式主義によってかき消されてしまった」とこぼした。この2つの論文は、量子力学を批判する論理の道筋の、異なる2つのステップに対応している。アインシュタインは、「量子力学は非局所的か不完全かのいずれかだ」というジレンマを問題として提起した。ベルは、そのうち後者の可能性を排除した。彼は、量子力学は、たとえ不完全であったとしても、非局所性を免れることはできないと示したのだ。

これが何を意味するかを理解するために、私が第1章で紹介した量子力学の実験をもう一度見てみよう。この実験で粒子は、さまざまな手品をするのに使える魔法のコインのように振る舞う。このコインは、普通のコインと同じように、投げるたびに表か裏のどちらかをランダムに上にして落ちる。だが、普通のコインとは違い、魔法のコインを投げた場合には、特有のパターンが現れる。最も単純な例として、あなたが魔法のコインを2枚持っていて、その1枚を友だちにあげたとしよう。あなたと友だちが、それぞれ自分のコインを投げると、毎回2枚とも同じ向きを上に落ちる。両方表か両方裏かのいずれかだ。アインシュタインの推論では、2枚のコインが同調することの説明には、2つの可能性がある。まず、2枚ともいかさまコインで、あらかじめ結果が定められているという可能性。たとえば、あなたも友だちも、同一の、裏表が同じ絵柄のいかさまコインを投げているなどだ。これは、アインシュタインの提示したジレンマの不完全性の側に当たる――見物人は、コインについて部分的な知識しかなく、本当はいかさまなのに、正しいコインだと思い込んでいるという意味で「不完全」である。そして2つ目は、2枚のコインは本当に魔法のコインで、何らかの摩訶不思議な結びつきでつながっている可能性だ（こちらは、ジレンマの非局所性の側）。

アインシュタインは、不完全性のほうが真実だという考えに傾いていた。彼とルイ・ド・ブロイは、粒子どうしが一致するのは、目には見えない場が、牧羊犬のように粒子たちを導いているからだという説を提唱した。どの粒子も、常にどこか特定の位置に存在しており、測定は、任意の瞬間に個々の粒子がどこにいるかを明らかにするだけだ。両面が同じコインを投げても、あらかじめ決まっていた結果が出るだけなのと同じように。このような仕掛けは、表面的には非局所性のように見えるだろうとアインシュタインは考えた。しかし、頭で考えている分には素晴らしい説明と思えたが、その数学的理論を構築しようとすると、どうしてもうまく行かなかった。アインシュタインはある時点でこれについて論文を書き、掲載してもらおうと専門誌に送り付けたが、その理論は非局所的だったと後になって気づいた。そのころには、論文はすでに印刷業者に渡っていたので、アインシュタインは編集者に電話をし、印刷を止めてもらうよう頼んだ（あなたもアインシュタインなら、そんなことができる）。ベルが示したように、アインシュタインが非局所性を避けようとしてこれほど苦労した理由は単純だ。非局所性は、どうしても避けられないというのがその理由である。

ベルは、パーティーの座を白けさせる人が世界中で用いている手法を使った。自称魔術師に、絶

| あなた | | 友だち | | |
|---|---|---|---|---|
| 投げる手 | 結果 | 投げる手 | 結果（いかさまコイン） | 結果（非局所的コイン） |
| 左 | 表 | 左 | 表 | 表 |
| 左 | 裏 | 右 | 裏 | **表** |
| 左 | 裏 | 左 | 裏 | 裏 |
| 右 | 表 | 右 | 表 | 表 |
| 右 | 裏 | 右 | 裏 | 裏 |
| 左 | 裏 | 右 | 裏 | **表** |
| 右 | 表 | 左 | 表 | 表 |
| 右 | 表 | 左 | 表 | 表 |

図 4–1 真の非局所性といかさまを見分けるテスト。あなたと友だちが、左手と右手、どちらを使うかをランダムに選んで、コインを投げる。結果があらかじめ決められていたとすると——たとえばいかさまコインを使うなどして——、どちらの手を使うかはどうでも構わないはずだ。しかし、コインが非局所的に振る舞っているとすると、手の選択は結果に影響を及ぼし得る。ここに示す例では、太字で書いた結果は、いかさまコインを使った場合とは異なっており、非局所性が働いているという証拠だ。

対に本物の魔術でなければ不可能な離れ業をやってくれと求めるのだ。ベルがテストに使った「離れ業」のひとつの変形版に、こういうものがある。あなたと友だちは、それぞれ自分のコインを、右手または左手で投げる。ベルはさらに、2枚のコインは同じ向きに落ちることも、反対向きに落ちることも起こらねばならないと要求する。投げ方には合計で4通りが存在する。2人とも右手で投げる、2人とも左手で投げる、あなたが右手、友だちが左手で投げる、そして、その逆の場合、だ。さて、ベルはさらに、この4通りのなかで、3通りまでは、2枚のコインは同じ側を上にして落ち、残りの1通りのときのみ、コインは違う側を上に落ちることを要求する。どの場合が仲間外れでも構わないが、便宜上、あなたが左手、友だちが右手で投げる場合がそうだとしよう。パターンは２人が何をやるかによって決まるので、状況としては、２人の行為に密接にからまった、非局所的なものだ。どんなに細工したいかさまコインでも、結果を事前に決めておくことはできない。

たとえば、あなたと友だちが、前回と同様、同一の表裏同柄コインを投げるとする。すると、常に同じ結果になるので、75パーセントの場合でベルの要求を満たす。だが、コインが違う側を上に落ちることが期待される場合（あなたが左手、友だちが右手で投げる場合）は常に、あなたはベルの挑戦に敗れてしまうので、あなたはペテン師だったことがばれてしまう。別のいかさまを使えば、このような場合に求められる結果を出すことができるだろうが、その場合、表裏同柄コインよりもまずい結果が出てしまうだろう。以前私は、同僚と一緒に、このテストを実際に行ったらどうなるかをドラマ形式で見せるための動画を作ったことがある（下記のウェブサイトで、この動画を閲覧できる。http://urx.red/OUnl）。

ベルのやっていることはでたらめではない。それは、第1章の実験の偏光器に対応している。量子コインは約85パーセントの場合に、ベルの挑戦にちゃんと対応できる。表裏同柄コインの75パーセントより10パーセントいいのは、非局所性の恩恵だ（１００パーセントではなく85パーセントなのは、手品が不完全だということの現れで、量子論的非局所性の性質を理解する、興味深い手掛かりだ。これについては後に詳しく論じる）。また、この結果は異常値ではない。物理学者たちは、コイン投げに似た量子論的系を数十種類調べ、それらがどんな巧妙なごまかしでも説明できないことを発見した。それらの系は、２個、３個、４個、あるいは数十億個――つまり、任意の数の粒子からなっている。

アインシュタインは、より深いレベルの実在が、局所性を救う唯一の希望だと述べた。ベルはこの希望を打ち砕いた。自然は非局所的だと証明したベルは、非局所性はどのように働いているのだろうかといぶかった。彼は、薄気味悪い作用には、「幽霊」のようなもの——ある場所から別の場所へと影響を運ぶ、何らかの非物質的な実在——が必要だと推論した。そして、その候補になるものがあった。先導場だ。アインシュタインとド・ブロイは、非局所性を避けるために先導場を提案したのだが、1950年代前半、アメリカの理論物理学者デヴィッド・ボームは、非局所性を生み出すメカニズムとして先導場を捉えなおした。この場は、おおざっぱに言えば、ニュートンが考えた重力場、あるいは『スター・ウォーズ』のフォースのようなものだ。場の1カ所をたたくと、宇宙のどの場所にいる粒子も、カタカタ振動させることができる。原理上、そのような場は、偏光に美しいパターンを作るのみならず、世界を半周回ったところからあなたの敵の顔を一発殴ることだってできる。とはいえ、実際にそうするには、個々の粒子をあり得ないほどの正確さで追跡し、操作しなければならないのだが（だが、一部の理論家たちは、ビッグバンのような極端な条件など、それが可能になる状況をいろいろと考えだしている）。ボームの提案に飛びついた物理学者はほとんどおらず、今日なお多くの者が、先導場は非局所的だとして避けている。だが、それが先導場の核心なのだ。もしもあなたが、アインシュタインやベルのように量子力学は非局所的だと考えるのなら、ボームの提案は、非局所性を隠そうとするのではなく、明るみに出すという価値があることになる。

## 非局所性に異議を唱える

アインシュタインやベルの議論の論法に異議を唱えるのは難しい。ならば、これほど多くの人が異議を唱えているのはなぜだろう？　彼らの疑念には、３つの根っこがあると私は考える。

ひとつ目。一部の研究者は非局所性がどうにも嫌いなのだ。それは、科学のほかの側面のあまりに多くと矛盾するので、たとえ彼らの脳がその理由を説明できなくても、彼らの直感が、それは間違っていると告げるのだ。懐疑論者たちは、非局所性のことをとやかく言って、そのあとで、自分の意見を支援してくれる何か論理的な説明を探す。人間に広く見られるこうした傾向は、心理学で「動機付けされた推論」と呼ばれている。このような判断は、それを受ける側には不明瞭で教条主義的に見えるかもしれないが、科学にとっては本質的なのだ。社会学者たちは、最も独創的な科学者は最も頑固な傾向があると、昔から気づいている。科学者は心が広くなくてはならないというのは俗説に過ぎない。もしも彼らの心が広かったなら、新しいデータが出てくるたびに、風見鶏のようにあちらへこちらへと向きを変えるだろう。科学者の仕事とは、世界はどのような仕組みなのかについて、首尾一貫した安定な描像を構築することでなかったなら、いったい何だというのか？そのため研究者たちは、すべてのアイデアをより大きな知識の枠組みにうまく収まるかどうかで判断する。枠組みに当てはまらないものに対しては、それを擁護する説明がどんなに説得力があるように思えても、科学者たちは不審に思う。完璧なはずの議論が水浸しになるのを、彼らは何度も見てきたのだ。

懐疑論の２つ目の根拠は、量子コインの実験そのものが、ごまかしのように感じられることだ。

2枚のコインを作るとき――実際の量子力学実験でこれに対応するのは、たとえばガルベスの、ペアの光子を放出させる量子もつれの実験で、レーザービームにより光学結晶にトリガーをかけるとき――、厳密に同じになるように作る。これが、どうにも、いかさまコインのペアを作り出しているように聞こえるのだ。パーティーを白けさせるベルの挑戦は、そんないかさまを排除するように見える。量子コインのペアが影響を及ぼし合っている条件の範囲は、どんないかさまコインのペアが一致した結果を出し続けられる条件の範囲をも、はるかに越えて広いのだ。だが、懐疑論者たちはまだ完全には納得していない。あり得ないようないかさまコインだったらどうなのだ？　コインの比喩が、私たちを惑わせてはいないだろうか？　粒子どうし、非局所的にコミュニケーションせずに、同調していられる方法があるのではないだろうか？

もうひとつ、疑いが頭をもたげるのが、結果を比較するときだ。あなたは友だちに、「君のコイン、どっち向きに落ちた？」と聞く。彼は答える。あなたはこう叫ぶ。「へえ、僕のもそうだったよ。なんて偶然なんだ！」。こんな会話を交わさないかぎり、非局所性について、あなたは何の結論も引き出せない。そのため、あなたはこの会話自体も実験の一部ではないだろうか、と首をかしげるかもしれない。つまるところ、その会話も量子プロセスだし、懐疑論者たちは量子物理に関しては、いくら気をつけても、気をつけすぎることはないと考えている。ベルの論法は、一種iPhone的な性質がある。つまり、表向きはとてもシンプルに見える――ボタンはひとつしかない！――が、なかを開いて見たとしたら、驚くほど込み入っているのだ。

第3の、そしておそらく最も重要な根拠が、非局所性を匂わすものは、多くの人に、悲劇的な印象を与えるということだ。非局所性の効果は、それが起こったはずの瞬間にはまったく感じられない。量子コインを1枚投げるとき、あなたに見えるのは、表、裏、裏、表、表、裏という、普通のコインを投げたときと同じ一連の結果だけだ。あるパターンがそこに埋もれているのだが、それを見るためには、その一連の結果を、友だちが得た結果と比べなければならない。結果として得られた表と裏が並んだ列は、友だちが暗号鍵を送って来るまで絶対に解読できない暗号メッセージのようなものだ。そして、そうするには、電子メール、電話、あるいは、マラソンの選手など、ありふれたコミュニケーションのいずれかを使う以外にない。この、比較を行うという余計な必要事がついてくるせいで、もつれた粒子は信号の伝達には使えないのである。

　物理学者たちは、この必要事を回避する方法を探して努力を繰り返しているが、これまでのところ、自然は彼らの企てをすべてくじいている。最もいい線まで行ったのが、物理学者ニック・ハーバートの１９８０年代の試みだ。彼の計画は、何のことはない、要は実験を何度も繰り返すことだった。仮に、あなたと友だちが、陸路なら左、海路なら右という暗号を決めたとしよう。友だちは、自分のコインを、左か右か、どちらかの手で投げ、落ちたところでそのままにする。あなたも自分のコインを投げ、続いてもう一度、そしてまたもう一度投げる、という作業を、ときには左手、ときには右手を使って行い、パターンを観察する。あなたが左手で投げた結果が、偶然の法則にしたがっている一方、右手で投げた結果が、たとえば表がよく出るという偏ったものになっているとすると、あなたの友だちは、右手で投げ、彼のコインは表を上に落ちたと推測できる。友だちは、あなたにメッセージを送ることに成功したわけだ。イギリス兵は海路やってくる。

このプロセスを自動化し、何か未来を感じさせるような外観を整わせると、「スーパースペース・ラジオ」や「ハイパーウェーブ・リレー」など、リアルタイムで恒星どうしの星間コミュニケーションが可能な、SF作家たちが夢見たものを実現できる。メッセージは、送信機から受信機へと、光よりも速く届くだろう。ハーバートは、彼の計画にまさにふさわしく現実離れした「FLASH」という名前を付けた。「First Laser-Amplified Superluminal Hookup」の略称だ。当初、あの偉大なリチャード・ファインマンでさえ、このシステムに何ら欠陥を見つけることができなかったが、ほとんどすべての人が、何らかの欠陥があるはずだと気づいていた。超光速コミュニケーションだけでも、信号を過去へと送ることになって、出来事の順序がめちゃくちゃになってしまう――自分のおじいさんを死なせてしまう、などのことが起こり得る。まもなく、理論家たちは問題点を特定した。量子力学は、やり直しは絶対に認めないのだ。どのペアのコインも、一度だけしか使えないのである。一度投げたら、ペアだったコインどうしは結びつきを失い、結局、繰り返して実験をすることはできない。量子力学は、メッセージを送るための内緒の裏ルートなど与えてくれないのだ。

懐疑論者たちには、超光速コミュニケーションの可能性は非常に胡散臭い。砂漠で水たまりが見えるのに、そこから水を飲むことができないのなら、それは幻に違いない。それと同様に、互いに結びついた2個の粒子が見えるのに、それらを使ってメッセージを送ることができないのなら、結びつきと思えたものは実は錯覚だったのだろう。非局所性に好意的と期待できそうな人、スティーヴ・ギディングス――弦理論研究者たちに、ブラックホール内部の非局所性を納得させようとした人物――さえ、量子論的非局所性は本当だとは思わないと言う。「EPRは、真の非局所性ではありません。それを使って信号を送ることはできません」。量子もつれは本当にあると考える人たちも、彼らには少なくとも、広報活動に問題があると承知している。「スタンダードな量子力学で信号が送れないという事実が、いかにも示唆的でしょう」と、モードリンは認める。

これらのさまざまな動機に駆り立てられ、懐疑論者たちは、アインシュタインやベルの論法を利用した逃げ口上をいくつか提案している。これらの代替え案のいくつかはどこか疑わしいが、もしもあなたが局所性ほど根本的なことを疑問視するのなら、非局所性に取って代わる可能性のある説をひととおり確認すべきではないだろうか？

## 非局所性の代替え案（1） 超決定論

ひとつのオプションは、量子もつれ実験は、ビッグバンの時点で、不正に仕組まれていたという考え方だ。非局所性がなぜ必要と思えるのか、思い出してほしい。もしも非局所性がなければ、粒子たちは、その身に降りかかる可能性があるすべての出来事に対して、前もってプログラムされていなければならなくなるのだが、普通の量子力学には、そうする方法などまったくない。たとえばコインの比喩では、ペアのコインは、あなたが右手で投げたときにはある形で、左手で投げたときはまた別の形で、応答するように仕組まれなければならないが、いったいどんなコインならそんなことが可能なのだろう？　起こり得るすべての出来事に対して、あらかじめ準備することができないのなら、コインのあいだには何か非局所的な結びつきがあって、同調された状態に保たれているに違いない。

しかし、2個の粒子が、あなたが彼らに何をしようとしているのかあらかじめ知っていたなら、そのように結論することはできない。その場合、粒子たちは、そのたったひとつの出来事に準備できていればそれでいい。それは、たとえばあなたの選択が前もって決まっていたなら、可能である。次の問いについて、考えてみてほしい。「あなたはなぜ右手でコインを投げることにするのですか？」。そちらの手がムズムズしていたのかもしれない。あるいは、以前、名前がｒ（右を意味する英語のｒｉｇｈｔのｒ）で始まる女の子と付き合っていたのかもしれない。それとも、これまで2、3回続けて左を選んだので、そろそろ右にすべきだと思ったのかもしれない。人類はいくつもの理由から決断を下すが、それらの理由のすべてに完全に気づくことができるわけではない。これらの理由は以前の出来事に由来しており、因果関係の鎖をさかのぼっていけば、最終的には宇宙の起源にたどり着くはずだ。宇宙のフラッシュ・モブ〔ウェブでの呼びかけに応じ、特定の場所に人々が集まって何かの行動をし、その後すぐ解散するパフォーマンス〕のように、宇宙の粒子たちは、適切な時に適切な形で集まるように行動を定められており、あなたの脳細胞も、あなたが右手を選ぶようにあらかじめ仕込まれているのだ。

おそらく、あなたが右手を選ぶように仕向けたのと同じ因子が、あなたの友だちも右手を選び、コインが2枚とも同じ向きに落ちることを確実にしたのだろう。あなたが気づかないうちに、宇宙全体が大規模な陰謀の手に落ち、その結果、実際には局所的でしかないのに、あなたが非局所的だと思い込むようにと、コイン投げであなたが下す決断がすべてあらかじめ調整されているのかもしれない。このような考え方は、「超決定論」と呼ばれている。この考え方が奇妙なのは、本来ならば完全に分離しているはずの現象どうしに結びつきがあることになるからだ。コインを空中で投げることが、あなたの頭蓋骨の内部で起こっている複雑な熟考のプロセスと、いったい何の関係があるというのだろう?

超決定論は、私たちの自由意志を否定すると説明されることが多い。じつのところ、それよりなお困ったことなのだ。「超」がついていない普通の決定論でさえ、多くの人に人間に自由意志があることを疑わせてきた。物理法則によれば、あなたがする選択のすべての元をたどって、時間が始まったときの物質の配置に帰することができる。だがこれは、必ずしも、あなたの意志は不自由だという意味ではない。自由とは、創発特性〔個々の構成要素の特性の単なる和を越えた高度な特性が全体として現れること〕なのかもしれないからだ。つまり、個々の粒子は持っていないけれども、粒子の集合は持っているのかもしれない。あなたに関する限り、あなたの選択は、あなたがそれを決定するまで、完全に未決定であり得る。それにもかかわらず、哲学者、科学者、そして学生たちは、真夜中まで話し続け、今なおこの問いについて討論している。だが超決定論は、さらに状況を悪化させる。あなたが決定することはすべて、前もって定められていたのみならず、宇宙はあなたの脳内に働きかけ、宇宙の真の性質を暴露するはずの実験を行うのを阻止する。宇宙は、ただ単に前もって設定されているだけではない。それは、あなたをごまかす目的で、前もって設定されているのだ。

私は、この陰謀説をリストに加えようとは考えていなかった――なにしろ、まるでダン・ブラウンの小説の筋書きのようだからだ。しかし、ノーベル物理学賞の受賞者で、素粒子物理学の標準理論の礎を築いたひとり、ヘラールト・トホーフトと話をする機会を得て、考えを変えた。彼は、局所性は不可欠なので、物理学者たちは、馬鹿げているとしか思えないようなアイデアでも検討して、それを維持しなければならないと考えている。「私は、従来の時間と空間の描像をできるだけ忠実に守るほうなんです。局所性は非常に重要だと考えているのでね」と、彼は言う。「局所性がなかったなら、物理の基本法則を定式化するのは、とても難しいか、あるいは不可能になると思います」。トホーフトは、誰かが陰謀と見るものは、ほかの誰かにとっては物理法則なのだと指摘する。世界の多くのものは、一見陰謀のように思えるが、じつは、さまざまな物体の振る舞いを調和させている、十分な基盤に支えられた諸原理の結果なのだ。月が自らの軸に対して自転する速さは、月が地球の周囲を公転する速さとちょうど同じだ（そしてその結果、常に同じ面を地球に向けている）という事実は、陰謀の結果ではなく、角運動量の保存などの物理法則の結果なのだ。同様に、何らかの新しい物理法則が、粒子の性質を、人間が測定に関して行う選択に合うよう調整することもあるかもしれない。「今、陰謀のように見えているものは、私たちが今はまだ知らない、ある保存則によるものかもしれませんよ」と、彼は説明した。

アーサー・ファインも、超決定論をはっきりと主張する。超決定論はあり得そうだと彼が思う理由は、もつれた粒子どうしの同時性が、それほどあからさまではないからだ。宇宙規模の大陰謀がそれをもたらすためには、何もあなたを操り人形のようにコントロールする必要はなく、あなたを軽く突っつくだけでいい。仮に、あなたがどんな実験を行うかについて、原理上１０００の選択肢があるのに、宇宙はそのうち９５０通りしかやらせてくれないとする。あなたの自由に、たったそれだけの制約がかかっているだけで、薄気味悪い遠隔作用という錯覚をもたらすに十分だろう。「制約は物理学で広く存在しますし、また、ほんの少しの制約でも十分なのです」とファインは言う。

## 非局所性の代替え案（2） 逆向き因果

粒子が、非局所性を示すように振る舞うよう前もって準備できている2つ目の可能性は、粒子には未来が見えるというものだ。粒子は、マーティン・エイミスの小説『時の矢：あるいは罪の性質』（角川書店）の、自分の人生を死から誕生へと逆順に経験する、主人公のナチスの医師と似ているかもしれない。粒子の過去は、あなたの未来かもしれないのだ。粒子はこの先起こることをすでに「記憶している」状態で、この世界に登場したのかもしれない――つまり、具体的に申し上げると、粒子がのちに、第1章の実験を経験するとして、その際に通過することになる偏光子がどんな設定かをあらかじめ記憶していて、それに応じた振る舞いをする準備ができている可能性があるのだ。

この説の提唱者たちは、量子もつれが魔術的であることを否定しない。ただし彼らは、その魔術は念力タイプのものではなく、予知タイプのものだと考えている。この説が前進に相当するかどうかは、あなたの見方次第だ。とはいえ、ファインマンやジョン・ホイーラーなどの有名な物理学者たちが、粒子は予知能力があるという説を提唱しているのだから、この説は真剣に受け止めねばならない。モードリンまでもが、これを論理的に可能だとして受け入れる。「理屈の上では、逆向き因果はこれらの現象を説明できます」。アインシュタインの相対性理論が空間と時間を融合したことによって、時間的な瞬間を、空間内の点のように、広げて並べられたものと見なすのは自然なことだと受け止められるようになった。私たちの貧弱な脳は、いちどにひとつの瞬間しか認識できないが、すべての瞬間は等しく実在であると考えるのが自然になった。過去のみならず、未来も、現在に対して影響を与えることができるはずで、実際、未来が今に影響しているのを、私たちがしょっちゅう認識していないのはなぜかということのほうが、本当の謎になってくる。

逆向き因果は、タイムトラベルの一形態と見なすことができる。物理学者は普通、因果関係のパラドックスが生じるのが怖くて、タイムトラベルと聞くと尻込みしてしまう。だがこの場合、粒子はタイムトラベルする人間はもちろん、信号も運ぶことはできないので、パラドックスが生じることはない。タイムトラベルは、粒子が誕生してから測定されるまでのあいだに限られ、その期間は、粒子が自分の未来を垣間見るには十分だが、過去への扉を開くには足りない。量子もつれを使って歴史を書き換えたり、明日の株価を確かめたりすることはできないのだ。

逆向き因果を支持する議論がいかに盤石に聞こえようが、タイムトラベルは2つの謎のうち重要でないほうではないかと人々が言うと、あなたは苦境に陥ってしまうことはご承知のとおりだ［「2つの謎」とは、非局所性と逆向き因果のこと。逆向き因果が成り立つには、超光速粒子が前提になるので、非局所性を回避するための代替案として持ち出しても、やはり同じような困難が生じてしまう］。ここまで、非局所性を示唆する現象を説明できるという代替え案を2つ見てきたが、これだけでも、議論がどういう方向へと進んでいるか、多少おわかりいただけたはずだ。アインシュタインやベルの議論は、薄気味悪い遠隔作用の厳密な証明ではないかもしれないが、私たちは非常に奇妙な世界で暮らしているという証明ではある。

## 非局所性の代替え案（3）　並行宇宙

3つ目の代替え案は、非局所性が、私たちには直接見ることはできない並行宇宙の存在によって生じた錯覚だという説だ。これは、ものすごい跳躍のように思える。実験で使っている測定器に表示される2、3桁の光り輝く数字が、いったいどうして、私たちは無数の別の宇宙と共存していると納得させてくれるというのだろう？

実際、その論法は単純だ。まず、アインシュタインの議論を少し違う形に言い換えてみよう。量子もつれとは、2個以上の粒子が、お互いに調和するように調整されているということだ。粒子たちは、調和するように強制されている。汝調和せよ！と、理論が要求する。だがこれは、あきれるほどあいまいな命令だ。粒子どうしがいかにして調和すべきかについては、何も言っていない。粒子たちが2枚のコインのように振る舞っているのなら、どちらの面を上にして落ちるべきなのか、指示してもらう必要があり、もしもこの情報がなかったなら、粒子たちは、同時に表でもあり裏でもある、どっちつかずの状態に入ってしまう。昔のテレビ番組で、軍隊を舞台にしたコメディ『こしぬけ中隊』の、こんな一場面のようだ。陸軍軍曹が、一斉に同じ方向に行進せよと部隊に命ずるのだが、どの方向なのかを言わなかった。一部の中隊は右に、ほかの中隊は左に進もうとして、大騒ぎになる。それ以上の指示がないときに、コインや部隊がどっちつかずの状態から脱出する一貫性のあるただひとつの方法は、互いにテレパシーで意思疎通することだ。

しかし、この議論には欠陥がひとつある。量子コインが、どっちつかずの状態を抜け出すことは決してないとしたらどうだろう？　どちらのコインも、表裏両面を上に落ちるとしたら？　その場合、非局所的な影響が働く必要はまったくなくなってしまう。いうまでもなく、そのような可能性は、私たちの知覚で得られる証拠と矛盾する。コインを投げるたび、あなたは、それが表か裏か、いずれか一方を上に（もしくは、表裏いずれでもなく、ちょうど縁で立った状態で）落ちるのを観察し、表裏両方を上に落ちるのを見ることは決してない。だが、もしかしたら、自分の目を信頼してはいけないのかもしれない。本当は両方が起こっているのに、一方しか知覚できないのかもしれない。あなた自身が、どっちつかずの状態——コインが表を上に落ちるのと、同時に裏を上にして落ちるのを見るという、あやふやな状態——に陥ってしまったなら、そんなことになるだろう。つまるところ、人間である観察者も、粒子と同様、間違いなく量子論的な物体なのだ。粒子がどっちつかずの状態になり得るなら、あなたもそうなって当然だ。この状況は、あの有名な、生きていると同時に死んでいるシュレーディンガーの猫と同じである。ただし、私たちは今、シュレーディンガーの猫になるとはどんなことかと想像しているという事実を除いてだが。

重要なのは、あなたがこのあいまいさを、自分自身のなかにあると知覚することは決してなく、ただ他者のなかにのみ知覚するということだ。実質的に、あなたには多数の人格があるのだが、その個々の人格は、ほかの人格に気づくことがないのと同じである。ひとつの人格は、コインが表を上に落ちるのを見るが、もうひとつの人格は、裏が上に落ちるのを見る、というわけだ。もういちど『こしぬけ中隊』の比喩を使えば、次のような状況だ。「軍曹は、混乱を招くような命令を下して大騒ぎを招くが、有名な神経医学の権威オリバー・サックス博士に診てもらったほうがいいほどの脳疾患が自分にあるかもしれないと、気づくことは決してないだろう。彼の左脳は、右に行進していく兵士たちを見、右脳は、左に向かう兵士たちを見、どちらの脳半球も部隊が命令に従ったことに満足している」

ここから、あなたと友だちが、1対の量子コインを投げたときの出来事を解釈する新しい道が拓ける。あなたが友だちに、彼がどんな結果を見たか尋ねるとき、あなたが持っている多数の人格は、それぞれ違う答えを聞く。表を見た人格は、あなたの友だちの心のなかにある、表を見た人格とコミュニケーションする。裏を見た人格は、友だちの心のなかにある、裏を見た人格とコミュニケーションする。どちらの人格も、2枚のコインが連携していることには同意する。不思議なことに、コイン投げの結果はあいまいなままなのに、どの人格もこの結論に到達するのだ。

この説の提唱者たちは、このような分裂した精神こそ、量子力学を解釈する自然な方法だと主張する。それは、私たちの脳そのものには何の関係もなく、宇宙の成り立ちがもたらすものだという。この種の説で最もよく知られている「多世界解釈」は、存在し得るこれらの別の自己は、並行宇宙のなかに存在する、あなたのそっくりさんだと考える。私たちの宇宙では、あなたはコインが表を上にして落ちるのを見るかもしれない。別の宇宙では、「あなた」――つまり、あなたと同じ原子の集合でできてはいないけれども、あなたそっくりに見え、自分はあなただと確信している存在――は、裏を上に落ちるのを見る。起こり得るすべてのことが、多数存在する世界のどこかで起こるのだが、私たちが直接アクセスできるのは、私たちが住んでいる世界だけだ。所与の出来事にたったひとつの結果しかないと私たちが考えるのは、それとは違う可能性が実際に起こっている、ほかの世界を私たちが見ることができないからだ。

分裂した精神を説明する方法は、多世界解釈だけではない。ほかの物理学者らは、多世界解釈から、実際に多数の世界があるという事柄を差し引いた説、つまり、世界はひとつだが観察者ごとにアクセスできる現実の部分が違うという説を提唱している。この説の主要なポイントは、私たちには、現実の一部にしかアクセスできないということだ。異なる観察者たちは、現実について、一見すると両立しないように思える結論に達するが、それでいいのだ。なぜなら、彼らの結論は、彼らが見ることのできる、現実の一部にしか当てはまらないのだから。何も非局所性を持ちだして、強制的に一貫性を持たせる必要などない。この論法に非の打ちどころがないとしても、結論はやはり幻想的に感じられる。あなたの自意識をすべて（宇宙の本質は言うに及ばず）疑問に付すことは、何か難解な物理実験を説明するために支払う代償としては、あまりに高いと感じる人が多いだろう。しかし、物理学者たちは、薄気味悪い遠隔作用を回避するためには、そこまでやらねばならないと考えているのだ。

## 非局所性の代替え案（4）　実在論の否定

ここまで紹介してきた代替え案のシュールさからすると、第4の、そして最後の代替え案が魅力的なのもおわかりいただけると思う。それは、「非局所性のように見えたものは、すべて大間違いだった」、つまりアインシュタインやベルの議論は、これまでずっと誤解されてきたのであり、そもそも非局所性も、それと同じぐらい重大なほかの現象のことも、まったく示してはいなかった、という立場だ。私がドレスデンで出席した会合でも、この立場が議論の焦点になっていた。それは世界最大の物理学の専門家の団体であるドイツ物理学会の年会で、正真正銘の物理のお祭りだ。大学のキャンパスに設営されたテント村では、ビールジョッキを片手に歩き回り、パワーアンプや極低温タンクなどを探して、出店を見て回ることができる。数カ所の講堂のなかでは、物理学者たちが、「ハニー、私はレーザーを圧縮したよ」などのタイトルで講演をしている。ステージが解放され、相対性理論をネタに、自由参加でパフォーマンスができる『アインシュタイン・スラム』というイベントまであった。だが、最も注目されたのは、量子論的実在の本質に絞って討論された、ある日の午後のセッションだった。1000人収容できる講堂に人々が押しかけ、大学の消防規則には絶対違反していたと思うが、通路に座り込み、あらゆる出入り口にもぎゅうぎゅうに立ち並び、講演者たちを見ようと首を伸ばした。

代替え案（4）を擁護したのは、ウィーン大学の実験物理学者アントン・ツァイリンガーだ。彼は、量子もつれを、単なる奇妙な理論から実用的な現実に変容させるうえで、誰よりも大きく貢献した。彼が私に語ったことには、彼が育ったアルプスの麓（ふもと）にあるオーストリアの村では、彼の好奇心は有名だったという。「いまだに村人たちは、私のことはまともじゃないんじゃないかと思っていたと言いますね。私は、うちの台所の窓に座って、何時間も外を見ていたものです」。ツァイリンガーとモードリンは、多くの点で同志だ――アインシュタインの徹底的な問いかけを軽く退けてしまうという、支配的な風潮に反旗を翻す2人の反逆者たちである。「私が1960年代に物理学を始めたときは、根本的な問題で悩むのはやめよう、という風潮でした」と、ツァイリンガーは回想する。彼は量子力学を、授業からというより、むしろ独学で学んだおかげで、根本的な問題に、これまでの世代が既に答えを出してしまっているという印象を受けたことは決してなかった。「私は気づいたんですよ、この人たちは、その意味がわかってないんだとね。何かが見落とされていたのです」。彼は物理学のほかに、哲学についても、カント、マッハ、ポパー、ウィトゲンシュタインと、いろいろな本を読んだ。

ツァイリンガーはモードリンとは違って、コペンハーゲン解釈を、反発すべきものと考えたことは一度もない。その逆で、彼はむしろコペンハーゲン解釈に好意的だ。実験家であるツァイリンガーは、当然のことながら、測定という行為を重視するボーアやハイゼンベルクに、そしてとりわけ、測定が現実を形作ることに積極的に貢献するというコペンハーゲン派の説に共感する。彼は、測定とは、既にそこに存在しているものを記録するだけの受動的な行為だという、アインシュタインの実在論者的な見解に反対する。

ツァイリンガーは、ベルの議論については、このように捉える。すなわち、それは局所性そのものの反証ではなく、「局所実在論」の反証だ、と。ここで「局所実在論」とは、物理学は局所的（粒子と粒子は互いに独立している）であり、しかも、実在論的（粒子は、測定される前から特定の性質を持っている）だという、物理学に関するアインシュタインの2つの直感をひとつにまとめたものだ。もしもベルの議論が、局所性そのものではなく、局所実在性に関するものなら、アインシュタインの2つの直感の、片方だけが攻撃にさらされていることになる。これは、こんなたとえ話を使えばわかりやすくなるだろう。もしも誰かが私たちに、ある人物はフェミニストの銀行の窓口係ではない、と言ったとする。私たちは、その人物がフェミニストでないのかどうか、窓口係ではないのかどうか、あるいは、フェミニストでも窓口係でもないのかどうか、判断するためには、さらなる情報が必要だ。そして、この場合、私たちは局所性よりもむしろ、実在論を放棄すべきだろう。ツァイリンガーと彼のチームは、実在論に不利な結果となった実験を何度も行っている。

それらの実験のひとつでは、粒子と粒子が互いに結びついた状態を維持したので、局所性が問題になることは決してなかった。それは、純粋に実在論を試すテストで、粒子たちはそれに失敗したのだ。もしもあなたが、粒子たちは特定の性質を初めからずっと持っていたと仮定したうえで、測定結果を説明しようとするなら、あなたはひとつの矛盾に到達する。これを、コインの比喩を使って説明しよう。5人の人間がひとつのテーブルの周りに座っている。ひとり1枚ずつコインを投げ、その結果を右隣りの人の結果と比べるとする。5は奇数なので、少なくとも1人は、隣の人と同じ結果になるはずだ。しかしそれは、普通のコインの場合に限った話だ。量子コインなら、どの2人を取っても同じ結果になることはない場合があり得る。だが、比べる行為の前にコイン投げの結果が決まっていたとすると、そんなことは不可能である。

たしかに、このような実験が実在論を完全に否定するわけではない。ボームのパイロット波の概念など、一部の実在論的理論は、有効であり続ける。しかし、それでもなお、これらの実験で得られた結果は暗示的だ。あなたが非局所性の影響を持ち込まなければならないのは、測定の前に粒子たちはどんな状態だったのかを想像しようとするときだけだ。粒子をそんなふうに想像するのをやめてしまえば、おそらくあなたは局所性を維持できる。「私の見るところでは、局所性は問題ではありません」と、ツァイリンガーはドレスデンの聴衆に語りかけた。「私には、悪の根源は実在論という考え方のように思えます」

## ツァイリンガーとモードリンの対決

ツァイリンガーが着席すると、モードリンが立ち上がった。「これから、これらのことについて私が行う説明は、今のお話とはまったく違っています」と、彼は始めた。そして、こう続けた。ツァイリンガーは、ベルの論点を理解していない。ベルはたしかに、局所実在論を否定したが、それは彼が非局所性を支持して行った議論の後半でしかない。前半には、アインシュタインがそもそも提起したジレンマがあったのだ。アインシュタインの論法によれば、実在論は、ジレンマとして対立している2つの事柄のうち、非局所性を避けようとするなら、取らざるを得なかったほうの事柄だった。「アインシュタインは実在論を仮定したのではありません」とモードリン。「彼は、それを論理的に導き出したのです」。要するに、アインシュタインは、局所的非実在論を排除し、ベルは局所的実在論を排除したので、物理学が実在論的であろうとなかろうと、それは非局所的でなければならない、というわけだ。

モードリンによれば、この論法が優れているのは、実在論という議論の分かれるテーマを、人々の注意を逸らす邪魔なだけのものとはっきりさせたことだ。その根拠として、モードリンはベルのその人を引用する。ベルは、自分の研究が実在論に関する審判だと見なされがちなのを嘆き、ついには、「実在論」や、その同義語を一切使わずに、自分の定理を導出し直すことに決めたのだった。実験が、実在を作るのであれ、実在をただ捉えるだけであれ、どちらでもいいのだし、量子力学が、物理学の最終的な結論であれ、もっと深い理論の前触れであれ、どちらでもいい。また、実在が粒子から構成されていようが、あるいはまったく違うものからできていようが、どちらでもいい。ただ実験を行い、パターンを記録し、そして、それを局所的に説明する方法があるかどうか自問すればいい。適切な状況では、そのような説明は存在しない。非局所性は経験的事実だ。以上……。と、モードリンは述べた。

非局所性を結論として導き出すのを避ける唯一の方法は、実験の正当性を疑うことであり、本章で紹介した4つの代替え案は、本質的にこれをやっている。すなわち、真にコントロールされた実験を行うのは不可能(超決定論または逆向き因果のおかげで)か、あるいは、実験結果を完全に記録するのは不可能(私たちにはほかの宇宙を見ることはできないから)かのどちらかだ。しかし、このようなオプションは、ツァイリンガーなどのような実験家には忌み嫌われる。

非局所性の代替え案(4)が、ほかの3つとは違っているのは明らかだ。あらかじめ選択が決定されていたり、未来の予知、また並行宇宙が、合理的な可能性であることを否定する人はほとんどいないが、実在論の否定が妥当な選択肢なのかどうかについては、今なお激しい議論が続いている。そして、仮にそれが妥当な選択肢だったとして、だから何だというのだろう? 遠く離れたこれらの粒子たちは、どうやって結びつきを保つのだろう? 手品の背後に何があるのだろう? ツァイリンガーをはじめとする反実在論を提唱する人々は、具体的に何が起こっているかについて、詳しく述べたことはまったくない。それどころか、彼らはそんな説明の必要性を否定する。ここに相互不理解という亀裂が生じる。

モードリンが話し終えると、ツァイリンガーが挙手した。ついに、私がそのために地球の裏側から飛んできた瞬間が訪れたのだ。ツァイリンガーは、モードリンの議論の欠陥を指摘するのだろうか？　それとも彼は、この点について負けを認めるのだろうか？　鋭い考察が、稲妻のように音を立てながら空中を飛び交うのだろうか？　今にして思えば、ツァイリンガーがただ自分の結論をもう一度主張しただけだったとき、私は別に驚くことはなかったのだ。「このように非局所性を導出されたことは、情報の実在論的な解釈に基づいていると思われます。ですから、そのような仮定をしなければ、非局所性など必要ないのです」。会議の主催者が気がかりで落ち着かなかった、恐ろしい衝突も、この程度で終わってしまった。

その後、コロンビア大学の哲学者で、モードリンの親友のデイヴィッド・アルバートは、この議論の決着がまたもや付き損ねたことについて発言した。「学生の皆さんは、この忌まわしい事実にぜひ注目してください。ベルの論文が出版されて、もう45年ですが、皆さんは今日、その論文で何が証明されたかについて、深刻な意見の不一致を聞いているわけです。ティムと私は、それは非局所性だと主張しています。ほかの人々は、実在論か局所性か、どちらかを選ばねばならないと主張しています。私は、ほかの人々に、この不一致に注目し、その真相を自分自身で突き止めようと積極的に取り組まれることを強くお勧めしたいと思います」。ツァイリンガーもアルバートも、それぞれ私のところにひとりでやってきて、お互いに意思疎通できないことをもどかしく思うと語った。ツァイリンガーは、このことがあまりに気がかりなため、量子力学のさまざまな解釈と、それぞれの解釈で使っている仮定を整理して一覧を作るために、チームにひとり人員を雇ったという。アルバートは、私が公開討論を主催してはどうかと提案した。彼は、一般の市民もこの問題を解決したいと思っていると言う。「高価な旅費と宿泊費に見合うだけのものを、あなたはまだ得ていないでしょう?」と、思慮深げに彼は言った。私はしかるべく、ツァイリンガーとアルバートを同席させようと努力しているが、今のところまだ成功していない。

事態をうまく解決しようという試みが、繰り返し失敗に終わっているのは、驚くべきことではないのかもしれない。アインシュタインとベルの議論は、説得力があるのかもしれないが、局所性の原理もやはり、今なお説得力を失っていない。私が助言を仰いだもうひとりの哲学者、シカゴにあるイリノイ大学のジョン・ジャレットは、こう語った。「ベルの不等式を検証する実験の結果によって疑問視された世界観が、それでも素晴らしい成功を収めているのですから、私たちは合理的とするものの範囲に余裕を持たせ、また、この場合は、非常に頭のいい人々が意見を一致させないでいられる余地を認めるべきですよ(局所実在論が満たすべきベルの不等式を、量子論が破ることが実験により示された。それでも、局所実在論は完全に破綻しているわけではないとする哲学者・物理学者は多い)」

## より先へ進むために

こうした対立の結果、私たちはいったいどうなるというのだろう? 率直に言って、私は非局所性に関しては、モードリンが正しいと思う。アインシュタインとベルの論法は、非常に説得力があり、反論の余地はなさそうだ。だがその一方で私は、この複雑な問題のあれこれの要素すべてに対して、健全な敬意を持つようになり、論理だけが問題を解決できるという以前の確信は消え失せてしまった。いずれにせよ、科学の論争について、その意味を容易に理解するなど、めったにできることではないのだ。2つの立場を比較するのは、引き算のプロセス、つまり、違いを探すプロセスだ。そして引き算は、誤りを増幅する操作だ。ディケンズの長編小説『デイヴィッド・コパフィールド』(岩波書店)に出てくる、会計の話のようなものである。「年収20ポンドで年間支出19ポンド19シリング6ペンスなら幸せ。年収20ポンドで年間支出20ポンド0シリング6ペンスならみじめ」。ごくわずかな支出の変化だけで、運は完全に逆転する。これと同じように、議論の片方の立場をほんの少し誤解するだけで、どちらの立場が正しいかを判断する際に、完全に間違ってしまう恐れがあるのだ。

だが、だからといって、私たちはいつまでも堂々巡りしていなければならないわけではない。ツァイリンガーは、参考になるような話を私にしてくれた。大学生だったころ、彼は従兄弟と一緒に、バックパックを背負ってスクーターに乗り、フランスを一周して回ったという。ある晩2人は、ガイドブックに載っていたユースホステルに乗り付けたところ、建物は閉鎖され、もう使われていなかった。彼らは、ともかくなかに忍び込み、そこで寝ることにした。落ち着いて、一夜を過ごす態勢になれたところで、ツァイリンガーは空気を入れ替えようと、窓を開けた。しばらくして、従兄弟が立ち上がって、窓を閉めた。またしばらくして、ツァイリンガーは窓を再び開いた。

この状況は一晩中続いた。「私は、息苦しいと思い込んでいました。彼のほうは、風がスースーして冷えると思い込んでいました」と、ツァイリンガーは回想する。朝になってようやく2人は、その窓にはガラスがまったくはまっていないことに気づいた。彼らが夜通し、相手に言いたいことを言わずに、互いに攻撃しあっていたのは、まったく無意味だったのだ。ツァイリンガーは、常に自分の思い込みに疑問を抱けという教訓を、このとき学んだそうだ。

私は何も、非局所性を巡る議論が、このときの窓枠のように空っぽだと言うつもりはないが、この議論がいつまでも収束しないのを見ていると、そろそろ一歩下がって、新たな視点を見つけたほうがいいのではないかと思う。それには3つ方法がある。①提案された解決策のひとつが、単にほかの案よりも有用だという理由で、実際に受け入れられる可能性がある。②疑問視された諸概念が、孤立した珍しいことではなく、より広大なパターンの一部だという理由から、信用を得るかもしれない。③異なるいくつかの代替え案が、共通した特徴を持っているなら、そのうちどれが正しいと判明するかに関わりなく、その共通点が私たちを前進させてくれる。では、これらの方法を一つひとつ見ていこう。

懐疑論者たちが非局所性を疑う主な理由は、それが信号を伝えられないのが、彼らには情けないと思えることにある。だが、この不満を口にするのは、理論家であることが多い。私はかなりの時間実験家たちと一緒に彼らの研究室で過ごしてきたが、彼らが非局所性をけなすのを聞いたことは一度もない。それどころか、非局所性に何ができるかという実験に夢中になっている。

たとえば、もつれた粒子どうしは、自分たちだけでは信号を伝達できないが、通常の光や無線信号と結びつければ、通常のメッセージにさらに情報を追加できる。ある実験でツァイリンガーとその同僚らは、光子の流れを使ってメッセージを送った。通常、個々の光子は、コンピュータの1ビットの情報を運ぶ。だが、大量のもつれた光子と、「量子高密度符号化」という手段を使うと、彼らが送信する個々の光子に、2ビットずつ情報を詰め込むことができた。実質的に、情報の一部は非局所的な結びつきによって送られたのである。

もつれた粒子たちは、秘密工作を行う政府機関が、あなたのコミュニケーションを盗聴しようとするのを妨害する能力もある。その理由は、もつれた粒子のペアは、厳密に一度しか使えないことにある。このような粒子を立て続けにたくさん使うことによって、あなたは友だちに暗号鍵を送ることができる。友だちが鍵を読んだらすぐに、量子もつれは、まるで『スパイ大作戦』の再生されたら即座に自動的に消滅するオープンリールテープのように解消する。そして友だちは、プライバシーが完全に保護されていると安心して、あなたにメッセージを送ることができる。盗聴者が先に粒子を手にした場合、その盗聴者は量子もつれを解消しないわけにはいかないので、あなたには、誰かに盗聴されていると絶対にわかる。

もちろん、あなたが自分の個人情報をウェブサイトに進んで書き込むなら、たとえこの方法で暗号を使ったとしても、政府の目から個人データを守ることはほとんど不可能だ。だが、幸いなことに、もつれた粒子は、この点においても役に立つ。「秘密計算」あるいは「ブラインド計算」などと呼ばれる方法を使えば、データの中身を極秘にしたままで、そのデータをウェブサーバーと共有することができる。たとえば、あなたがある限度額で融資枠を設けたいとする。サーバーにアクセスすると、あなたを審査するため、給料を入力するよう求められる。あなたは暗号化された書式で給料の金額を送ることができ、具体的な金額を明らかにすることなく、基準値を超えた収入があることを証明できる

私がこれまでに会ったことのあるすべての実験家が、これらの現象は非局所的だという。理論上の懸念を抱えているにもかかわらず、ツァイリンガーさえもが、これらは非局所的だという。専門的なことを言えば、実験家にとって「非局所性」は、その正体が何であれ、量子論的粒子を古典的な原子と区別するものを意味する。それは真の非局所性ではなく、たとえば並行宇宙の存在によってもたらされた幻想かもしれない。しかし、たいていの実験家は今なお、薄気味悪い影響が空間の端から端へと猛スピードで飛び交っているところを思い描いている。そのように考えるほうが容易なのだ。

要するに非局所性は、かつてニュートンの重力の法則がそうだったように、実用面では承認されつつあるのだ。ニュートンは、自分の法則が意味する非局所性は、幻想かもしれないと注意を促した。しかし、新世代の物理学者たちは、この法則と共に成長し、それがいかに強力かを目撃し、使う前に言い逃れする必要など感じなくなっていた。彼らは重力を、遠く離れたところに生み出される力として受け入れたのだ。19世紀の心理学者ウィリアム・ジェームズが、次のように述べたとおりだ。「一般に私たちは、使い道のない事実や理論をすべて疑う」。だが、物理学者は非常に奇妙な事実でも、それを使って何ができるかが示されれば、即座にそれを受け入れる。量子実験物理学の先駆者ジュネーブ大学のニコラ・ギシンは、彼の学生たちは非局所性と共に成長しつつあり、そ

れを当然視していると述べる。「若者たちは、それを素晴らしいと感じていますが、それほど驚いてはいないのです」とギシン。「ここの学生たちは、ただそういうものなんですよ、と言っています」

## 超量子

非局所性は、有用であるのみならず、提案されたほかのさまざまな説明を超越している。なぜなら非局所性は、より大きな図式の一部だからだ。次の章では、基礎物理学内のほかの領域で現れる非局所性を紹介するが、量子力学の範囲内に留まるにしても、もつれた粒子たちが、望まれるパターンの結果を、100パーセントではなく、85パーセントの場合にのみ実現するという、奇妙な事実を考えてみてほしい。数値が一見恣意的であることは、量子力学は考えられる非局所的な多数の理論のひとつでしかないことの現れだと、多くの人に受け止められている。非局所性は、全か無かという現象ではなく、一連の可能性なのだ。

ある種の非局所性は、アインシュタインやベルの非局所性よりも弱い。シュレーディンガーは、量子もつれを起こしている1個の粒子が、いかにしてそのパートナーを「誘導」できるかを説明した——それは、極めてかすかなリモートコントロールで、コイン投げのような実験でも、特別なパターンを形成しないものだった。それ以来、物理学者たちは非局所性が目立たないままに留まっていられる、ほかの状況もいくつか特定している。そのような弱い非局所性でも、政府の監視を逃れるなどの役立つ仕事を行うには十分なのだ。

逆に、極めて強力な非局所性についても、物理学者たちは検討している。1990年代に発表された、影響力のある1件の論文で、ブリストル大学のサンドゥ・ポペスクと、イスラエルのネゲフ・ベン＝グリオン大学のダニエル・ローリッヒは、望まれるパターンを85パーセントよりも高い確率で達成する「超量子」コインを想像した。おそらく、超量子的粒子は存在しないだろうが、「もしもそんなものがあったなら」という仮定のシナリオとしては、今も存在意義を保っている。そのような粒子が存在するとすれば、技術者たちはそれを使って、それ以外には不可能な装置を作ることができるだろう。たとえば、日常生活の些細なイライラのひとつ、「ミーティングができる時間を見つける」を考えてみよう。これは、見かけによらず難しい問題で、コンピュータは（量子論的粒子の力を利用するものでも）、個々の出席者のスケジュールを逐一チェックして、1日分ずつ比較するしかない。しかし、超量子論的粒子を使うコンピュータなら、たったひとつのステップで、空き時間を特定することができる。

会議プランナーや、たくさんのデートを掛け持ちする人なら、こんな超量子論的粒子がほしいに違いない。しかし、この能力には代償が付きまとう。このような粒子が存在する世界は、論理性に深刻な矛盾を抱えることになるか、構造が複雑になって、しかもそれを解体して単純化することができない傾向に悩まされるだろう。説明できない何らかの理由があって、ミーティングの日があまりに簡単に決められると、人間の生活は不可能になるのだろう。どの程度までの非局所性なら普通に生活できるのか、その限界を特定しようと試みることで、なぜ量子力学が今あるような姿なのかが明らかになるかもしれないと、ポペスクとローリッヒは考えている。昨今では、非局所性という概念は、物理学者が非常に高く評価する、知的な豊饒さを見せている。

## 代替え案を検討する

非局所性を巡る議論において、最も注目すべき事実は、おそらく、上記のさまざまな代替え説明の提案が、その提唱者たちが吹聴しているほどにはぱっとしないということだろう。薄気味悪い遠隔作用。過激な宿命論。予知。並行宇宙。実在論の否定。何たるリストだ！　どれが正しいにせよ、物理学者たちは宝くじに当たったのだ。これらの代替え案はすべて――局所性を維持できるはずのものも含め――、私たちの日常的な空間の認識を越えた、別の層の実在があることを示唆している。代替え案のどれもが、実験台の、地球の、あるいは、知られている宇宙の、反対側に存在する粒子や観察者を結びつけている。違うのは、「いかにして」だけだ。

このことを確かめるため、代替え案をもう一度ひととおり見ていこう。最もわかりやすいのは、ボームの「先導場」だ。彼は、最初の論文のフォローアップとして書かれたいくつかの論文で、その場は、すべてに広がっている流体と考えるべきだとした。波は、池の表面のさざ波のように、その場全域へと伝わり、ひとつの粒子の影響を、別の粒子へと伝える。じつのところ、この考え方は、わかることは何もないということをただ言い換えているのとほとんど変わらない。この場のなかの波は、普通の水の波とはまったく違う。数学的には、より高次元の抽象的な空間のなかを伝わり、しかも、伝わるスピードは無限大だ。無限大のスピードは理想化ではなく、このモデルの本質的な要素だ。その波がもしも、高速だが有限の速度で伝わるなら、粒子のグループどうしの相互作がない。

用は、超光速で信号を送信することになる。しかし、そのようなものはこれまでに観察されたこと

「無限大の速度」という言葉が出てきた瞬間から、何かが絶対におかしい。無限に速い運動が、運動と呼ばれるに値することはめったにない。なぜなら、その「運動している」物体は、もう目的地に到達しているのだから、それがそこまで運動したなどと言えるわけがない。先導場は、じつのところ、波がそのなかを伝わる媒体ではなく、どの粒子もほかのすべての粒子に依存しているという事実を数学的に表現しただけだ。ボーム自身、先導場は世界に存在している実在ではなく、空間という概念が破綻していると告げる警告ランプなのだと考えるようになった。彼は、空間が先導場もしくは先導流体に満たされているなどと考えるくらいなら、空間について考えることを一切やめてしまうべきではないかと示唆した。

代替え案（1）の「超決定論」は、非局所性を排除すると言われている。だが、もっとよく見ると、超決定論はそれに類するようなことはまったく行っていない。非局所性を、現在からビッグバンの瞬間へと移動させるだけだ。この説に従うなら、時間ゼロにおいて世界がいかなる状態にあったのかを、何らかの自然法則が決定したはずだ。その法則は、娘の結婚を取り仕切ろうと、すべてはただそうでなければならないと主張する高圧的な母親のようなものだった。粒子第161万8034号と、粒子1億3703万5999号は、互いに対応する性質を与えられ、無数の衝突と相互作用を経て、138億年経過した後に、地球の実験室で一緒になると決定されたという。決定時、地上の実験室など存在すらしていなかったのだが。その法則には、粒子どうしの結び

つきも含め、事実上、宇宙の進化のすべてが組み込まれていたことになる。だとすると、その場その場で宇宙に非局所的に振る舞わせて、好きに進化させてやるのとどう違うのだろう？　超決定論推進の中心人物であるトホーフト自身、それで局所性がほんとうに回復できるのか、確信が持てないでいる。「それはほんとうに難しい問題で、私もいつも自問しているのです……。私にとっては、ＥＰＲ／ベルの実験が、まだ問題なのです」と、彼は言う。

代替え案（２）の「逆向き因果」は、時間をさかのぼって伝わる信号によって粒子どうしを結びつける。この図式はエレガントで魅力的だ。ある粒子から別の粒子へと影響を伝えるのに、厄介な先導場など必要ない。粒子自身が、将来自分に何が起こるかを「記憶」していることで、自分自身の時間軸に沿って影響を運んでいくのだから。影響は粒子と共に移動していくので、光より速く動くことはないし、速度が無限大になることなどなおさらない。したがって、この図式はアインシュタインの相対性理論に従い、理論的な緊張緩和を保証してくれる。逆向き因果は、ビッグバンにおける物質の極端な微調整も要求しない。

これだけの利点にもかかわらず、ひとつ皮肉なことがある。物理学者たちが非局所性を嫌う最大の理由のひとつが、それがタイムトラベルを許すかもしれないことだ。この問題を回避するために、逆向き因果の提唱者たちは……タイムトラベルを提唱する。では、それで何が得られるのだろう？　非局所性が意味しているらしきタイムトラベルを、ただ受け入れてしまったほうが簡単だろう、ということだ。

じつのところ、逆向き因果は、非局所的相互作用の代替え案などではなく、一種の非局所性だと考えられるかもしれない。孤立しているものを理解することはできない。それが含まれている、より大きな系全体を、未来と過去の条件も含めて見なければならない。薄気味悪い遠隔作用が気に入らなかったアインシュタインは、逆向き因果もやはり気に入らなかっただろう。彼が非局所性に対して申し立てた最大の異議は、それは宇宙を理解不可能にしてしまいかねないということだった。彼はこう尋ねた。見えないほど遠方にある銀河に原因があるなら、どうやってその原因を特定できるのか？　実験系に遠方からの影響が及ばないようにすることが不可能なら、管理された実験など、どうやって行えるというのか？　そしてこの異議は、逆向き因果にも当てはまる。原因が未来にあるかもしれないのに、ある出来事の原因を特定するなど、どうしてできるのか？　まだ起こっていない出来事から系を孤立させることができないなら、管理された実験など、どうやって行えるのか？

代替え案（3）の「並行宇宙」やその他の「多重人格性」は、もつれた粒子どうしの同時性は一種の錯覚、すなわち、多数存在する世界のうちの、ひとつの世界に住んでいることによって生じる、極めて選択的な見方から生じた不自然な結果だとする。ただの人間には、宇宙は非局所的に見えるが、すべての光景を見渡すことができる神には、宇宙は厳密に局所的だ。だが、ほかの代替え案と同じく、並行宇宙も、実際上は非局所的なのである。並行宇宙では、内的一貫性を持っていなければならない。例のコイン投げでは、ひとりの観察者の妥当な人格が、もうひとりの観察者の妥当な人格に話しかけなければならない。そしてこの一貫性は、一種の非局所性なのだ。さらに、並行宇宙は、明白な非局所性とまったく同じように、実験科学の足をすくう。実験によって、局所性が成り立っているはずの、すべての宇宙の集合体全体を探ることは決してできないのである。

並行宇宙はまた、気がかりな意味合いをいくつか含んでいる。アインシュタインにとって、局所性の重要な役割は、個体であることの意味を定義することだった。局所性がなかったなら、別々の物が個別性を失ってしまう。並行宇宙のシナリオでも、これとほぼ同じことが起こる。宇宙の数が十分多いなら、物質のあり得る配置のすべてが繰り返し現れるだろう。あなたが2人以上存在し、あなたのすべての記憶を共有し、あなたと同様に自分はあなただと確信しているだろう。それはほんとうに薄気味悪い。そのなかのどれがあなたなのだろう？　決してわからない。あなたは、ここと、あそこと、向こうと、という具合に、任意の数の場所に存在し得る。このように、もしも並行宇宙の集合体が局所性の概念を維持するとしても、それは局所性が持つとされる機能をまっとうしていない。

そして代替え案（4）の「実在論の否定」は、論破するのははるかに難しい。批判者たちは、実在論の否定など、完全に間違っていると考え、提唱者たちは、もつれた粒子どうしの振る舞いがなぜ調和しているかについて、自分たちがどう考えているかを説明するよりも、ほかの代替え案をこきおろすのに多くのエネルギーを費やしている。しかし、この代替え案には、疑わしい点は好意的に解釈する態度で臨んでみよう。反実在論者たちは、実質的に、一切の説明は不可能、もしくは、不要と言っている。アーサー・ファイン（彼自身の見解は、実在論とも反実在論とも、明確には分類できない）は、これをうまく言い表す。実在論が成り立っていないとは、あなたが1個の量子コインを見るまでは、そのコインはどっちつかずの状態にあり、コインを観察するという行為が、それを表か裏か、ランダムな向きに落ちさせるということだ。コインが、裏ではなく表を上に落ちること、あるいはその逆になることには、何の理由もない。コインはただどちらかの向きに落ちるだけだ。ファインは、この考えをさらに一歩進めようと提案する。個々の出来事に原因がないことを受け入れるなら、出来事のペアにも、やはり原因はないだろうと考えるのが自然だ。1枚のコインを、どちらか一方の面を上にして落ちさせる原因が一切ないのなら、おそらく、そのコインともつれた相手のコインを、同じ面を上に落ちさせる原因も一切ないだろう。「個々の出来事に原因が一切がなく、ほかに根拠もないのなら、決定論を信じる以外、あるものが出来事のあいだに相関を生み出しているに違いないと、私たちを導いて考えさせてくれる何が存在するというのでしょう?」と、ファインは問いかける。

言い換えれば、アインシュタインやベルを悩ませた相関は、ランダムな出来事の連続によって形成される任意のパターンに比べて、それほど摩訶不思議ではないかもしれないということだ。1枚のコインを繰り返し投げれば、確率の法則により、表と裏はほぼ等しい割合で出現する。ファインは、量子力学はこの原理を拡張するのだという解釈を提唱する。ここでコインを1枚、あちらでコインをもう1枚投げると、これら2枚のコインは、確率の法則をより広く捉えた概念を通して、ひとつのパターンを示すのかもしれない。ファインは、これらの相関を「調和のなかのランダムさ」と呼ぶ。私は、スイスの実験物理学者ギシンからも、次のような同様の説明を聞いた。「私たちにはランダムさがありますが、このランダムさは、数カ所の場所で出現し得るのです」

しかしファインは、粒子を結び付けるためのメカニズムを避けることによって、これらの粒子の性質について、ひとつの大胆な主張を暗に行っている。それは、2人の人間がそれぞれ量子コインを投げるとき、彼らは実質的に、1枚のコインを投げており、その結果が2つの場所に現れる、と考えるという立場である。ちょうど、2つのランプを同時に点灯させるスイッチのようなものだ。このため、これらの粒子（コイン）は、一見別物と思えても、これまで見た量子もつれのほかの代替え案と同様、やはり個別性を失っているのだ。実在論を捨てても非局所性は排除されなかったわけで、ただ違う味付けがされただけなのである。

ファインの「調和のなかのランダムさ」をボームの先導場と比較してみよう。ファインの解釈は、分離可能性の原理に反する――一見別々の2つの出来事が、じつは2つの出来事ではないのだから。ボームの説は、局所作用の原理を攻撃する――2個の粒子が無限大の速さで情報をやりとりするのだから。それゆえ、どちらの可能性も、局所性のひとつの側面に従い、ひとつの側面をないがしろにする。アインシュタインは、どちらか一方の側面でも破綻していることは、「絶対に受け入れられない」と考えていた。実用面でも、これらの代替え案は行き詰まりだった。どちらも、「粒子をコントロールできなくする」という同じ理由で、非局所性を信号送信に利用することを不可能にしてしまう。

本書を通して私はアインシュタインに従い、分離可能性と局所的作用をひとまとまりのものとして扱った。理由のひとつは、理論上は両者を区別できるとしても、現実には、両者はほとんど常に一体物だからである。たとえば、仮にボームが正しく、局所作用の原理は成り立っていなかったとしよう。すると、物体どうしは、たとえ接触していなくても、お互いに作用し合うことができる。

これらの物体は個別性を失ってしまったのだ。このように、局所作用の原則が破れることで、分離性の原理も意味を失う。逆に、ファインが正しく、分離性の原則が破綻するとしよう。だとすると、個別の物体というものは存在しなくなる。しかし、個別の物体が存在しないのなら、直接接触し合う粒子たちについて、語ることなどどうしてできようか？　局所作用の原理も無意味になってしまうわけだ。

## 空間を捨て去る

こうしてざっと見てみると、結局、非局所性を巡る論議を解決しなくても、私たちが空間の役割だと昔から考えていた機能を、空間が果たしていないことは理解できる。1個の粒子が別の粒子に瞬時に影響を及ぼせるなら、位置には意味がなくなる。どこかに存在することは、すべての場所に存在するのと同じことだ。ひとつの出来事が2つの場所で現れるなら、この2つの場所は、相互に結びついているというより、ひとつに収束してしまっているのだ。空間は鏡の間(ま)だ。ならば、それにどんな意味があるというのか？

アインシュタインが量子論的非局所性を、ただの「遠隔作用」ではなく、「薄気味悪い遠隔作用」と呼んだのには理由がある。それは、私が第2章でお話した、それ以前の非局所性とはまったく違う。ニュートンの万有引力も瞬時に働くが、少なくとも物体から離れれば弱まるので、まだ空間的な性質を保っている。しかし量子もつれは、瞬時に働くのみならず、離れても少しも弱まらない。まるで恋人どうしの結びつきだ。過去に両者のあいだに起こったことだけに依存し、今両者がどれだけ遠く離れていようが、力が弱まることはまったくない。なんてロマンチックな！　だが、粒子がロマンチックなわけはない。粒子は、空間的な時計仕掛けのギアであるはずだ。

私は、量子論的非局所性は、空間のなかで作用する効果ではなく、空間そのものが捨て去られるべき概念だということもしると考えるべきだと思う。「私たちは、これらの相関を、法則や影響によるものとしてではなく、根底にどの程度の自由があるかという理解から、一種有機的に出現するものとして理解しようと、真剣に試みるべきです」と、アリゾナ大学の哲学者ジェナン・イスマエルは言う。アインシュタインの師のひとりの言葉を借りるなら、個々の物体そのものは、ただの影となって消えてしまい、それらの集合体のようなものだけが独立した実在を維持する。宇宙は、ばらばらの空間領域に分割することはできず、ホリスティックに考えなければならない。

「ホーリズム」は、注意深く扱うべき言葉だ。そもそもつかみどころのない概念であるのみならず、科学や現代社会全般に対するあらゆる種類の不満の旗印となっており、科学者や哲学者の多くは自己防衛過剰になって、この言葉を完全に回避している。学者たちが、量子論的現象をホリスティックだと言わないようにしようとして、ひどく混乱するのを私は見てきた。私にはそんなわだかまりはない。非局所性は、実際、私たちがホリスティックな世界、空間的な部分に還元できない世界に住んでいることを意味する。世界を部分からなるものと見るなら隠れてしまい、世界全体を一度に見るときだけ現れるような、そんな性質を世界はいくつも持っている。つまるところそれが、量子論的非局所性を利用してメッセージを送ることができない理由だ。もつれた2個の粒子のホリスティックな性質を測定するには、2個の粒子を一緒に測定しなければならない。1個の粒子だけを測定するなら、これらの性質は決して現れない。そんなわけで、もう一方の粒子を見ている人が、何らかの違いに気づくだろうと期待して、1個の粒子を操作することはできない。

ここで言うホーリズムは、ヨガの先生や代替医療の施術者が語るよりも、はるかに深いレベルで働くものだ。皮肉なことに、これらのホーリズム信者たちを動機づけている感情——自分以外の自然界と互いに結びついているという感覚、そして、現代医療は人間としての自分全体を診てくれていないという不満——は、ホリスティックでない物理に依存している。「あなた」が存在しなければ、自然と互いに結びついていると、あなたが感じることはあり得ない。あなたが人間として個の存在であることと、全体的な存在であるということは、その前提として、自然が独立した多数の部分からなっていなければならない。そのようなわけで、自然が本質的にホリスティックである可能性は十分あるが、自然は、自ら分割した存在になって初めて、生命を維持できるようになったのだ。世界の相互結合性ではなく、分裂にこそ、私たちは感嘆すべきなのである。

「量子論的相関は、何らかのかたちで時空の外側から、ただ発生する」とギシンは結論する。これらの相関を説明するために、物理学者と哲学者は、時空を——そして量子力学を——越えねばならないだろう。量子論は、代替え案をいくつか示してくれるが、決定的な解決は提供しないし、標準的な一連の実験は、そこそこのことしか教えてくれない。「ホーリズムは、私たちの空間と時間という概念そのものの根本的な欠陥を示していると、つい考えたくなる」と、モードリンは記している。「つまるところ、もし……粒子1と2が、非常に根本的に互いに結びついているなら、それらが別々の粒子だと、あるいは、時空の異なる領域を占めていると考えるのは、おそらく間違いだろう。そしておそらく、私たちの時空の概念は、抜本的な修正を受けなければならないだろう。しかし、量子力学においては還元主義が破綻していることから、この代替え案は私たちに押し付けられていない」

研究者たちが、物理学のほかの領域に目を向けると、状況は一変する。非局所性は、多くの人が望むようには消えてなくなりはしない。いっそう深く刻み込まれ、新しい種類の非局所性が、アインシュタインが悩んだ粒子の共時性を強化する。これらの新しい現象は、空間という概念は破綻しているとささやくのみならず、そのことを声高に歌う。「時空のなかに物語は存在しないと私は確信しています。しかし、物語が存在することは確信しています」と、ギシンは言う。

第5章 まったく新たな空間と宇宙の姿

## ループ量子重力理論と弦理論

スティーブ・ギディングスが2003年にデナリ山〔アラスカ州にある北米大陸最高峰〕を登ることに決めたとき、彼は当然、最もドラマチックで困難なルートのひとつ、カシン・リッジを通るルートを選んだ。途中には「死の谷」と呼ばれる、雪崩の危険の高いクレバス帯もある。「死の谷」という名前は、単なる比喩ではない。あまりに危険で、レスキュー隊が遺体を回収できないことも珍しくないし、遺体がまったく見つからないこともあるのだ。カシン・ルート登頂は、登山スキルの総合試験である。登山全般や、雪山登山のテクニック、クレバスの渡り方、極地でのキャンプ生活、そしてとりわけ忍耐力が試される。ギディングスは、サンタバーバラ周辺の山で、前もって忍耐力を鍛えていた。50ポンド（20キログラム強）のバックパックを背負いながら、険しい尾根をよじ登り、また麓まで戻り、これを繰り返す訓練をしたのだ。デナリ山への挑戦は、出だしは好調だった。だが、彼の仲間が凍傷にかかり、水疱がアキレス腱に達しそうなほど大きくなってしまった。

高度4300メートル付近の前進基地にようやくたどり着くと、嵐になり、身動きできなくなった。そこから上に行く標準ルートまで閉鎖されてしまった。「登山者たちが何列も、もうひとつ上の、高度約5200メートルにあるキャンプを目指して登ったはいいが、悪天候に阻まれ、失意のうちに下山するのを目撃しました」と、彼は回想する。

ブラックホールを研究しようというギディングスの取り組みは、知的活動にとってのデナリ登頂と言えるだろう。この摩訶不思議な天体は、現代物理学の総合試験だ。ブラックホールの重力は極めて強いので、その解析には重力理論――すなわち、アインシュタインの一般相対性理論――が必要だ。そして、ブラックホールの内部では量子効果が大きいので、量子論も考慮しなければならない。したがって、どちらか一方の理論を避けて楽にやろうとしても、そうは問屋が卸さないのだ。そして、ブラックホールにこれら2つの理論を当てはめると、両者は矛盾を起こす。この理論物理の膠着状態を打開するために、1990年代前半にギディングスは、ブラックホールの内部では非局所的なメカニズムが働いているという説を提案したのである。

この説は論争を巻き起こした。登山と同じく物理学でも、いつ前進を続け、いつ退却すべきかを判断するのは難しい。断固として続ければ報われると言っても、ある程度までである。ギディングスは別のテーマに移ることにした。「(物理学の)コミュニティが、まだこの議論ができるほど熟していなかったのでしょう」と、彼は推測する。彼の大半の同僚にとって、局所性をあきらめることは、量子論と相対論を調和させるどころか、その両方を放棄することだった。アインシュタインをはじめ、この2つの理論を作った人々は、物理学から非局所性を消し去るという明確な目的を持っていた。ニュートンの重力はまるで魔法のように、遠く離れたところに作用したが、一般相対性理論はその魔法の杖を真っ二つに折った。また、最初期の量子力学は、粒子が力に対していかに振る舞うかを説明したが、これらの力がいかに伝わるかはまったく説明していなかった。力は空間を飛び越えるのだと暗に仮定していたのだ。力の伝播のメカニズムを補うためには、場の量子論と呼ばれる改良版を作らねばならなかった。物理学者たちは今日なお、一般相対性理論と場の量子論を、典型的な局所性の理論として学生や一般市民に紹介している。

しかし、物理の理論には、山と同じように、私たちを驚かす奇妙な魅力がある。物理学者はどんな理論を作る場合も、実験や直感から収集したさまざまなアイデアを結びつける。その結果できたものは常に、元の状況を超越したものになっている。19世紀に電磁気学の構築に貢献したハインリヒ・ヘルツは、次のように述べた。「この素晴らしい理論を研究しつつ、私はこれらの数学の方程式が、それら自体の生命と知性を持っており、私たちよりも賢明である、実際、それらの発見者よりも賢明である、発明者が方程式のなかに込めた以上のものをもたらしていると、感じずにはいられない」。一般相対性理論と場の量子論が登場したのは、その数十年後のことだった。この2つの理論を作った人々が何を意図していたにしろ、2つの理論は、物理学者らの使用目的とは違う側面を表し始めた。自然界の力の真実の姿は、非局所的なさまざまな現象で輝いていたのだ。

アインシュタインに量子力学を薄気味悪いと感じさせた非局所性とは違う、これらの非局所性の例を、本章で紹介していこう。これらの非局所性は、私たちが日常生活で観察する局所性は、物事の真の姿を表してはいないらしいことを示している。力というものは、確かに局所的に働く——力の影響は、有限のスピードで空間のなかを広がっていく――が、この局所性は、自然の構造のなかに根を持っていないように見える。これらの力を伝え、受け取る、独立した実在など存在していない。世界は、独立した無数の部分空間に分割することはできないのだ。だとすれば空間は、物理が起こっている真の現場ではないに違いない。

大部分の物理学者が、この2つの理論が持つ数々の奇妙な特徴を咀嚼するのに数十年かかった。転機が訪れたのは1990年代だ。当時、物理学を統一しようと努力していた理論家たちは大きく2つの陣営に分かれていたが、非局所性については、どちらも同じような結論に達していた。「ループ量子重力理論」と呼ばれるアプローチを取った者たちは、力場とは、空間のなかで遠く離れた位置を結びつける、巨大なもつれであると主張した。一方、これに対抗する「弦理論」のアプローチは、そのころ元々の着想――エネルギーが伸びて弦の形になり、振動したり回転したりするのが素粒子だという説――からは飛躍したものになっており、物理学者たちは「かつて弦理論として知られていたもの」と呼んでいた。当時はハーバード大学に、現在はプリンストン高等研究所に在籍する弦理論研究者のフアン・マルダセナは、「AdS／CFT対応」と呼ばれる概念を提案した。この理論では、遠く離れているように見える2つの場所が、実は互いに重なり合っていたり、空間的な距離として現れているものが、実はエネルギーの違いだったり、ということが起こり得る。

ギディングスの、カリフォルニア大学サンタバーバラ校の同僚で、ループ理論と弦理論の両方のコミュニティを渡り歩く珍しい人物のひとり、ドン・マロルフは、非局所性が存在感を増してきた過程を回想する。「1980年代後半から1990年代前半にかけて、ループ量子重力理論の誕生と発展に伴い、（非局所性の）問題は緊急性が増し、それに意味があると考える人々がどんどん増えて、議論は拡大していきました。１９９７年にマルダセナがＡｄＳ／ＣＦＴ対応を発見したことで、それは**はるかに**大きなコミュニティにとって、重大な関心事となったのです」

その結果、２００１年にギディングスがブラックホール内部の非局所性を提唱する議論を再開したところ、以前とは打って変わって、好意的な反応で迎えられた。非局所性はもはや、それほどおかしなものではなさそうだった。それどころか、今や理論家たちには、まったく自然なことに感じられたのだ。場の量子論と重力理論が非局所性を示しているなら、ブラックホールの内部では、何か非局所的なメカニズムが働いている可能性がかなり高そうに思われた。こうして、理論物理学者として名誉挽回を果たしたギディングスは、2年後、デナリ登頂を敢行したのだった。10日にわたり、彼と、足を傷めたバディは、ベースキャンプのなかで悪天候が収まるのを待った。ついに空が晴れると、ギディングスは別の登山者チームと共に登頂を再開し、山頂に到達した。「この旅で一番素晴らしかったのは、翌晩、カヒルトナ氷河の下流をスキーで滑降したことです。深夜でしたが、アラスカではぼんやりと明るく、近くのアラスカ山脈の尾根に沿って、影と色彩が戯れ合っていました」と、彼は言う。「その美しさは、決して忘れないでしょう」

## 場の量子論

第3章でお話したとおり、アインシュタインらは、古典論における光の概念が持つ矛盾を解決しようとして量子力学を作った。それなのに、量子力学が最初に数学的に定式化された形では光が説明できなかったのは残念だった。量子力学の方程式は、適度なスピードで運動する粒子を見事に記述していたが、相対性理論が要求するような制限速度はまったくなかった。そのため、光に近いスピードや、光速で運動するものは、量子力学では扱うことができなかった。光は光速で運動するのだから、これは深刻な欠陥だった。

場の量子論は、量子力学を特殊相対性理論と融合させた、いわば量子力学の続編である。場の量子論を構築するために、1920年代から30年代にかけて物理学者たちは、光の本質を粒子とするか、波とするかという2つ立場から、2つの異なるアプローチを取った。粒子陣営には、イギリスのポール・ディラックや、その後頭角を現したアメリカのリチャード・ファインマンらがいた。彼らは、ぶつかっては跳ね返る小さなビリヤード球のような、原子論的な描像を採用した。光を記述するには、この描像を洗練させて、ビリヤード球は随時生成されたり消滅したりすると仮定すればいいだけだというのである。そして、光子が生成されるときには原子から光が放出され、光子が破壊されるときには光が原子に吸収される。古典論における電磁波は、大量の活発な光子が集まったものだ。静電気や磁力など、その他の電磁気現象も、光子のビリヤードとして解釈できる。この理論は、元々光子と電子だけを記述するものだったが、その後、中性子、クォーク、ヒッグス粒子、そしてその他の素粒子にも拡張された。

オーストリア生まれのヴォルフガング・パウリら、ほかの理論物理学者たちは、光の本質は波動だと考えた。彼らにとって世界は、波が形成され、広がり、融合しながら震えている、暴風雨にさらされた池のようなものだった。その「池」に当たるのが、私たちの周りの空間を隈なく満たしている、目には見えない電磁場だ。波長の長いもの、短いもの、振幅の大きいもの、小さいもの、ありとあらゆる形の波がそこを駆け巡っている。理論家は、それぞれの形の波、一つひとつに量子力学を当てはめ、足し合わせることで、波の寄せ集めとして全体像をつかむ。この描像で「粒子」は、物質の小片ではなく、波のエネルギーの単位である。

まるで収斂進化〔まったく系統の違う生物が、類似した姿に進化する現象〕の見本のように、粒子と波、それぞれの描像が、同じ方程式に到達した。どちらか一方を選ぶ必要はなかった。光は――そして、光だけではなく、あらゆる形のエネルギーと物質は――、粒子とも、波とも、考えることができ、その研究を素粒子論と呼んでも、場の量子論と呼んでも構わない（今日なお物理学者たちは、この2つの言葉をほぼ同じ意味で使っている）。

大きな成果のひとつが、相対性理論がそこにどう収まるかを明らかにしたことだ。場の量子論の創始者たちは、相対性理論のすべてを組み込んだわけではなかった。彼らはアインシュタインの重力理論は後回しにして、まずは「粒子も波動も、光を追い越すことはない」ことを、量子力学のなかで確実に保証しようとしたのだ。これが驚くほど困難だった。パウリが指摘したように、運動する粒子または波動は、いつ何時、新しい粒子や波動にエネルギーを与えて消え失せてもおかしくない。そうなると、その粒子（または波動）が制限速度を守っているかどうかチェックすることはもちろん、それを追跡することも極めて困難になる。パウリは、スピードそのものに制限を加える代わりに、そのスピードがもたらす影響に注目することにした。たとえば、警官がスピード違反切符を切るのに、レーダーガンで測ったスピードを根拠にするのではなく、予測されるより早く家に帰りついたことを根拠にするようなものだ。

彼は、原因と結果の関係に基本的な制約を課す、「微視的因果律」というルールを提唱した。それは、空間を2つの部分に分割する。ある時間内に光が到達できる範囲の内側と、その外側の、到達できない部分だ。あなたが、ある信号を送るとすると、送りたい相手がひとつ目の領域にいるなら、その人は信号を受け取る。しかし、その人が2つ目の領域にいるなら、あなたは目的を果たせない。重要なのは、何がその信号を運んでいるかは関係ないということだ。波動、粒子、あるいは、何かほかのものでも、まったく同じだ。あなたが気にかけるのは、相手に及ぶ影響、あるいは影響が及ばないことだ。微視的因果律は、相対性理論の本質的な帰結なのかどうかについては議論もあるが、ほかの説でもやはり、光が届くか否かで空間を2つに分割している。

場の量子論のこれらの特徴はすべて、物理学者たちが持っている、局所性にまつわる直観を反映している。場の量子論をもたらした2つの対立する世界観――粒子説と波動説――は、どちらも局所的だ。粒子は物質の小片で、直接接触するか、ほかの粒子に仲介してもらうか以外に、相互作用することはできない。波動は、ある場所から別の場所へと、奇跡的な非局所的跳躍などせずに、連続的に力を運ぶ。じつのところ、19世紀にマイケル・ファラデーとジェームズ・クラーク・マクスウェルが電場と磁場を提案したのも、第2章でお話したように、もっぱら局所性を保証するためだった。微視的因果律も、その代替案のルールも、別々の「空間の領域」どうしが互いに孤立しあい、交わることができなくなる方法を提供し、粒子または波動が必ず有限のスピードで運動するようにする。

物理学者たちが場の量子論を「構築した」と言うと、彼らは自分が何をやっているかわかって作業していたように聞こえる。だが、彼らは終始手探り状態で、自分たちが陥った状況について、深い疑いを抱くことも多かった。物理学者たちは量子力学と相対性理論の要素を結びつけることにより、予測不可能な影響と、一種の「できちゃった婚」をしてしまったのだ。今日に至るまで、場の量子論が世界について何を語っているのかを理解しようとして、物理学者たちは苦しんでいる。前章で見たとおり、通常の量子力学にしても決してわかりやすいわけではないが、少なくとも数学的にはかなり単純だ。微積分を使わなくても、有用な計算ができる。だが、場の量子論はまったく違う。科学のなかでも最もたちの悪い分野と呼ばれるのも不思議はない。専門家ですら、必死にもちこたえている体たらくだ。カリフォルニア大学サンタバーバラ校にあるカブリ理論物理学研究所に所属していた故ジョー・ポルチンスキーは、学生時代に場の量子論の講座を初めて取ったとき、一度受講したあと、もう一度受講しなおした。それでようやく博士号を取得したが、いまだに場の量子論には違和感を持っていると、私に話してくれた。

物理学の意味を解明するのは哲学者の仕事だが、場の量子論の恐ろしさに、ほとんどの哲学者は近づこうともしない。怖気づいていない少数者のひとりが、プリンストン大学のハンス・ハルヴァーソンだ。彼は逆に、複雑な数学を鋭く切り込みながら理解していくことが何より大好きだ。「大学院で、場の量子論に取り組み始めたときは、とても楽しかったですよ」と、彼は回想する。「問題が税金の確定申告を毎年自分でやって、こんなの簡単すぎだと文句を言うタイプの人間だ。「大学院で、場の量子論に取り組み始めたときは、とても楽しかったですよ」と、彼は回想する。「問題がいくらでも出てきます」。彼は代数の式を掘り下げていくのが特に好きなのだが、それぞまさに場の量子論が要求するものだ。彼に困りごとがあったとすれば、それは、ほかの哲学者の場合とは逆の問題だ。彼は哲学の特徴である、概念的思考が苦手なのだ。しかし、簡単には哲学的に思考できない事実こそ、ハルヴァーソンには魅力的に映る。それが、彼が登るべき山なのだ。「私は、物事を数学的にしすぎるのです」とハルヴァーソン。「ここの数学者が私に、〝しばらく方程式から離れてごらん〟と助言するのです。数学者がですよ！……難しいのは、その数学が何を意味しているかという解釈です」

## 粒子との別れ

こうした展開は明らかに、私たちの世界を作っているのは、粒子でも波動でもない――少なくとも、これらの言葉が普通受け止められている意味での、つまり局所性の原理を体現する構造としての、粒子や波動ではない――ということだ。物理学者たちは、「量子論的粒子」や「量子場」という言葉を依然として使っているが、それは、「公然の秘密」や「有償ボランティア」というようなものだ。「量子」という言葉は、「粒子に少し似ているが、粒子ではない」や、「場とは絶対に違う性質を持っている」という意味を含んでいる。

まずは、粒子的描像の立場から見てみよう。場の量子論以前の量子力学では、粒子の位置と速度は不確定だった。どこにその粒子が現れるか、どれだけのスピードで運動しているか、知ることはできなかった。だが、少なくとも、それはどこかに現れる。ところが、相対性理論を考慮に入れたとたん、もはやそうではなくなる。なぜなら、そうする必要があるのは、光速にかなり近い速度を扱わねばならないときだからだ。その理由は、量子論的不確定性の、ある重要な事実にまでさかのぼる。ある粒子の速度と位置は、独立な量ではないのだ。速度が取り得る値の範囲がわかっていれば、ハイゼンベルクの不確定性原理を使って、位置が取り得る値の範囲を計算することができるし、また、逆の計算もできる。だが相対性理論は、不確定性原理も観察者に依存するという要請を加えることにより、この計算を不可能にしてしまう。相対論が入ることで、速度を位置に変換するときに、異なる位置どうしが排除しあわなくなるのだ。ある粒子が２カ所に同時に見つかることもあれば、粒子はある位置にあるのに、そのエネルギーはどこか別の位置に存在する、といったことが起こる。量子力学と相対性理論を組み合わせると、局所性が、その最も基本的な意味とアインシュタインが考える点、すなわち、「すべてのものは、それぞれひとつずつ位置を持っている」というルールにおいて、損なわれてしまうのだ。

　相対性理論が非局所性と結びついているとしたら、それは劇的な逆転だ。アインシュタインの光速不変の原理によって全宇宙に課せられる制限速度は、非局所性を排除したのであり、強固にしたわけではなかったはずだ。「こんなことになると、私たちは、〝おや、困った。こうならないように手を打ったはずなのに〟と、言いますよね」と、ハルヴァーソンは言う。「相対性理論は非局所性とは相容れないと考えがちですが、ここでは相対性理論が非局所性をもたらしているのです」

　量子論の先駆者ユージン・ウィグナーは、彼の学生テッド・ニュートンと共に１９４９年に発表し、大きな影響を及ぼした論文のなかで、粒子が明確な位置を持つのは、位置の測定に相対性理論が適用されない場合のみであることを示した。だが、もしも本当にそうなら、相対性理論を使わざるを得ない状況では、宇宙がどのように見えるかについて、観察者どうしの意見が一致することはもはやなくなってしまい、憂慮すべき主観性を物理学に持ち込むことになる。それは、あまりに高価な代償だし、しかも問題を解決すらしない。そんなことになれば、観察者たちは、粒子の位置について同意しないどころか、そもそも粒子に位置があるか否かについても同意しなくなる。粒子の位置を狭い範囲に限る者もいれば、その粒子は宇宙のいたるところに出現し得ると認識する者もいることになるだろう。だが、粒子を狭い領域内に見出す観察者たちにしても、その後、粒子が宇宙の反対側の遠方に突然飛んで行ってしまうのを見るかもしれない——こんなことが実際に起こったなら、技術者たちはそれを利用して、光よりも速く通信できるシステムを構築するかもしれない。あなたは、「よし、それなら、粒子の位置をピンポイントで特定するのはあきらめて、ただ粒子を数えるだけにしよう」と言うかもしれない。だが、この謙虚な試みすら失敗するだろう。というのも、異なる観察者は、粒子の数についても異なる答えを出すだろうから。

つまるところ場の量子論は、粒子を追い求めるのは、いかさま賭博をやるようなものだと言っているのである。粒子を明瞭に理解することはできず、ある点にあった粒子が消え、別の点で再び現れるのが見えるのみならず、そもそも粒子が何個あるかについても他の観察者と同意できない。まったくいまいましく、すべてが詐欺のように思えてくる。物理学者と哲学者の大半が、小さなビリヤードの球は、私たちの宇宙には存在し得ないのだと結論づけてしまった。「真に局所的なものは、何も存在しないのです」とハルヴァーソンは言う。

場の量子論の方程式に登場する「粒子」は、じつは一種の波動なのだ。このような「粒子」は、ひとつの位置に存在することはなく、宇宙全体にゆきわたっている。ギターの弦を1本鳴らしたとき、その音は弦のどこか1点に存在するのではなく、弦の全長に広がっているのと同じだ。それを「粒子」と呼べる理由は、それが離散的なエネルギーと運動量を持っているということだけだ。そして、ここまで削ぎ落された意味の「粒子」という言葉にしても、エネルギーと運動量が孤立した塊として分けられるときにしか使えない。場と場が激しく相互作用するときには、多数の波動がごちゃ混ぜになり、粒子は、どんな寛大な意味においても、もはや存在しなくなる。

物理学者たちは、日常的に粒子について話をしている。物理について書かれたものは、教科書からトイレの落書きに至るまで、ほとんどすべて、粒子について語っている。だが、自然そのものが語る言語のなかに、粒子という単語は存在しない。粒子のように思えるものを見るたびに、あなたはもっとよく見てみなければならない。たとえば、最も普及している形の場の量子論の表現法——第1章でお話した、ファインマンが考案した線画のシステム、ファインマン・ダイアグラム——においては、粒子は時空のなかの特定の場所で相互作用しているものとして示される。このダイアグラムは、2個の粒子の衝突などの過程を調べるために広く使われている。しかし、どんな過程を記述するのであれ、無数のダイアグラムが必要となる——うまくやれば、ほんの数百個か数百万個のダイアグラムで済むかもしれないが。どのダイアグラムも、現実の世界で起こっている何事をも表してはいない。ダイアグラムの集合だけが意味を持つ。このように、ファインマン・ダイアグラムは物理学者が使える数学ツールに過ぎない。大きな問題を、扱いやすい小さな塊に分割する手段でしかないのだ。平均的なアメリカの家庭には子どもが1・9人おり、2・3台の車がある、というのと同じである。物理の議論にはよく登場する「仮想粒子」も含め、これらのダイアグラムに登場する粒子はすべて、私たちが頭のなかで構築したものに過ぎない。「これらのものが、現実に関して実際に何かを言うことはあり得ません」と、ハルヴァーソンは語る。

実験物理学者たちのほうは、私が第1章で作ったマクガイバー風の霧箱のような、粒子検出器を製作した。当たり前のことだが、粒子検出器は粒子を検出する。じつのところ、それらの粒子検出器が実際に検知するのは、放出された少量の波動エネルギーだ——波立つ湖面で反射した太陽光のような、一時的な乱れである。検出器に記録された点々をつないで、その軌跡に沿って物質の小片が検出器のなかを通り抜けたと考えたくなる。だが、その誘惑に負けてはならない。

## 裏目に出た「場」

世界が粒子でできていないのなら、必然的に、世界は場でできていることになるのだろうか？マクスウェルは電磁場を、産業革命期の製鋼所のような、ベルトコンベアと回転ドラムが組み合わさったものとして思い描いた。情報化時代に生まれた私たちは、場を、小さなピクセルが集まった、薄型テレビかコンピュータの画面になぞらえるべきかもしれない。この比喩をさらに進めるなら、個々の「ピクセル」は、ある位置に局在する物質の小片、たとえば粒子のようなもので、その位置に固定されていると見なすことができる。そのピクセルには、明るさと色に相当する属性がある。それは、ほかの対象物に力を及ぼすことができ、それらの対象物から及ぶ力に反応し、すぐ隣にあるピクセルと相互作用する。たとえば、あなたが方位磁針を磁場のなかに入れたとすると、近くのピクセルたちは、方位磁針を拘束し、自分たちの磁場の向きに沿うように回転させるだろう。また、あなたが磁石を振ったとすると、先ほどとは逆に、近くのピクセルたちは磁石の動きに反応し、そのまた近くの（磁石から遠ざかる方向にある）ピクセルたちがそれに反応して、画面全体にさざ波が広がるだろう。この比喩は、画面には無限の解像度があると考える限り、つまり、画面の要素は四角く区切られた光ではなく、大きさがゼロの幾何学的な点だと見なす限り——すなわち、場は継ぎ目も隙間もないひとつの連続体であるとする限り——どこまでも成り立つ。

ともかく、それが場という概念だった。だが、場の量子論は、粒子という概念を一掃してしまったのと同様に、古典的な場の概念も破壊してしまう。場の量子論の名前についている「場」は、物が並んだ場ではなく、「働き」が並んだ場を意味する。場は特定の位置で作用し、また、作用を受けることができる。場は方位磁針を回転させられるし、あなたがつぎ込むエネルギーを吸収することもできる。しかし、何がそれらの効果を生み出しているのだろう？　場の量子論の理論そのものは、それについては何も言わない。そこには、それ以前の量子力学の理論に見られた、解釈上のあいまいさがすべてそのまま継続している。場の量子論は、場が行うことは特定するが、場が何であるかについては特定しない。そして、場が何であったとしても、それはピクセルが配列されたものではないことは確かだ。以前に粒子について行った議論から、ピクセルが空間の各点に固定して存在していることもあり得ない。場は、それ以外のいかなる局所化された構造でもあり得ない。なぜなら、場には非局所的な性質があるからだ。場が、空間の1点において行うことは、場がほかの点で行うことにも影響を受ける。場という概念は、「場の量子論のなかで裏目に出てしまったようです。空間をブロックに分割することはできますが、それらのブロックは非常に密接につながり合っているのです。私たちは、理論面でせっかく前進したのに、それを損なってしまいました」と、ハルヴァーソンは言う。

## 超量子もつれ

場の量子論には、2種類の非局所性がある。ひとつ目は、著しい量子もつれだ。その兆候が初めて現れたのは、ファインマンの研究のなかでだった。彼は、粒子は、捕まらない限り——つまり、情報を伝播したり、その他の起こり得ないことを起こしたりしないかぎり——、アインシュタインの制限速度を破ることができると示したのだ。のちの物理学者たちは、ファインマンが提唱した光速を超えるスピードでの伝播は、もつれた粒子たちの奇妙な共時性の一形態だと気づく。場の量子論の場合、粒子どうしではなく、場の点どうしがもつれているのだ。ひとつの場のなかの、異なる2点にそれぞれ測定器を置いたとすると、それらの測定器の示す値は、両者を隔てる空間を何も超えたりしないのに一致する。

相対性理論の効果で、場の量子もつれは、通常の粒子の量子もつれの、単なる焼き直し以上のものになる。どの観察者にも、空間は2つに分割されたものに見えることを思い出していただきたい。ひとつ目は、十分近くて、ある時間内に信号を受けとれる領域、そして2つ目は、遠すぎて、そうできない領域だ。この分離を尊重するには、場を通過する波が、ある正しい形で加算されていなければならない。それほど厳密に調整されているなら、遠く離れた位置のあいだに強力な結びつきがあるはずだ。「その運動量が制限されているという事実そのものが……、それが位置空間のなかで結びついていることを意味します」と、ハルヴァーソンは言う。

その結果が、彼とその同僚たちが「超量子もつれ」と名づけたものだ。通常の量子もつれが、2つ以上の粒子の特定の特徴（たとえば偏光など）を結びつけるだけなのに対して、超量子もつれは、すべてのもののすべての特徴を結びつける。ここにある1個の粒子と、あそこにある1個の粒子だけではない。空間のすべての点が、ほかのすべての点ともつれている。そこには、観察可能な宇宙の範囲を超えたところにある点も含まれる。そして、このもつれは、幼稚園児の靴紐のように、固く編まれている。もつれた粒子どうしのつながりを切ることはできるが、もつれた場をほどくことはできない。

この非局所的な結びつきの複雑なウェブは、圧倒されるような結果をもたらす。超量子もつれは、もつれた粒子のペアを作り出すという面倒なことはしなくても、第1章の魔法のコインの実験ができるようにしてくれるのだ。どこからともなく——すなわち、あなたの周囲に既に存在している場から——コインをただ取り出して投げればいいだけだ。コインは、表向き、裏向きのいずれかに、ランダムに、しかし2枚が互いに相関した状態で落ちるだろう。劇的な効果が見たければ、この実験を完全真空——どんな粒子も1個たりとも存在しない真空——のなかで行うこともできる。同じ測定器を2個準備し、ただその絶対真空の場のなかに挿入するのだ。測定器は、残留しているランダムな揺らぎを検出するが、2本の測定器が示す値は、互いに相関しているだろう。「あなたが実験の準備をし忘れたとしても、宇宙がちゃんと準備してくれているのです」と、ハルヴァーソンは言う。

なんと親切な。だが、この宇宙の善意には限界がある。この実験を実施するのは途方もなく大変で、さまざまな提案があるにもかかわらず、未だに実際に試した人はいない。理由のひとつは、場が微視的因果律のルールと、関連する諸条件を満たすためには、相関関係が位置の変化に応じて非常に敏感に変わらなければならないことにある。この状況は、私の家の内部に満遍なく届くはずの携帯電話のサービスに、むらがある様子と似ている。キッチンに立っているあいだは、基地局とのつながりを示す携帯電話の信号バーが5本表示されているが、ダイニングルームに入ると、バーはまったく表示されない。携帯電話のプロバイダーを変えたとしても、ダイニングルームでは信号が入るが、キッチンではまったく入らなくなるだけだろう。これと同じように、物理学者の2個の測定器は、最初薄気味悪い相関を検出しても、ほんの少し距離が離れるだけで何も検出しなくなるかもしれない、というわけだ。場は、新たな位置でももつれているだろうが、実験者が相関を検出し続けるには、別種の測定器に変えねばならないだろう。場は、「あらゆる距離で、この非局所性を持っていますが、特定の種類の非局所性は、なくなってしまうでしょう」と、ハルヴァーソン。だが、この技術的な問題を物理学者たちが解決できれば、場は、量子暗号や量子コンピュータに使う量子もつれの源として、好んで使われるようになるかもしれない。

場の量子もつれは、まったく新しい種類の諸現象を可能にする。1個の原子を1つの場ともつれさせ、さらに、その場を第2の原子ともつれさせることができる。この時点で、これら2つの原子は直接相互作用したことは一度もないのに、互いにもつれているだろう。場の量子もつれはまた、物質が通常の固体、液体、気体以外の相を取ることを可能にする。通常の相は、きちんと並んだ結晶や、ごちゃごちゃした気体など、原子や分子の配列のしかたで区別される。新しい相は、ボリウッド映画〔インドのムンバイの映画産業全般を「ボリウッド」と呼ぶ〕になりそうな、もっと精緻に秩序付けられた、大規模な集合全体が振り付けられた状態だ。これらの状況では、非局所的な効果は、距離が長くなっても消え去ることはなく、かつては魔法のように見えた性質を物質に与える。たとえば、電流が無抵抗で流れる超流動状態などだ。

ごく最近まで、ほとんどの理論家たちが、これらの現象は単なるお座敷芸に過ぎないと考えていた。「私も同僚たちも、以前はずっと、量子もつれのことは冷めた目で見ていました」と、第1章で紹介した、アヤトラたちから逃れてきた理論物理学者ニマ・アルカニ＝ハメドは回想する。「専門家ではない人たちは、それが大好きですが。ところが――あら、びっくり！　すべての作用は、どこか別のところにあるのです。量子もつれに注目すると、大きな成果が得られるという事実は、驚くべきことです」。実際、彼は今、場をもつれあわせることが、場の量子論の決定的な特徴かもしれないと考えている。「場の量子論を正しく考える方法は、もしかすると、領域どうしの相互量子もつれを考えることなのかもしれません」

先ほどのフラット・スクリーンの比喩に戻ると、あなたは場の量子もつれを、スクリーンの裏側でピクセルどうしをつないでいる、縦横に交差するワイヤーの絡み合ったものとして思い浮かべるかもしれない。このイメージはたいていの目的でほぼ良好に使えるし、場を、マイケル・ファラデーやジェームズ・クラーク・マクスウェルが考えたのと基本的には同じように考えることができる。だが、その描像は奥深いところで破綻している。量子もつれとは、ひとつのピクセルの明るさや色が、別のピクセルの明るさや色と関連づけられるようになる、という意味ではない。それは、個々のピクセルが、じつは明るさや色の値を持つことはないという意味だ。それらを持つのは、もつれたピクセルのグループだけだ。もつれた場は、どこか1カ所だけに存在するのではなく、空間全体に広がるホリスティックな性質を持っているのだ。

## ゲージの交差

場の量子論の非局所性の2つ目のカテゴリーは、量子効果ではなく、電場、磁場、そしてその他の力場に潜在的に備わっている性質だ。あなたは実際、窓から外を覗いて、高圧電線に鳥が感電せずに止まっているのを見て感心するときにそれを垣間見ている。鳥が感電しないのは、高電圧自体は何の効果も持たないからだ。鳥が感電するのは、2本の電線に同時に接触して、その小さな体のなかに電流が流れてしまうときだけだ。鳥にショックを与えるのは、電圧の差・――もっと厳密な科学用語を使えば、電位差――なのである。

電気が持つこの性質は、ゲージ不変性と呼ばれている。こう呼ばれるのは、電位差を一定に保つかぎり、電位を上げようが下げようが電気の効果は変わらないからだ。2本の電線は、0ボルトと120ボルト、120ボルトと240ボルト、あるいは、1万ボルトと1万120ボルトであっても構わないわけで、実際、あなたはその違いを区別することはできない。この原理を最もドラマチックに示すのが、ファラデーが1836年に初めて行い、今日も科学博物館で観客が必ず感激する、ある実験だ。ファラデーは、一辺12フィート（約3・7メートル）の木の箱を作り、それを銅線とアルミ箔で覆ってから、なかに入った。彼の助手たちが、巨大な静電発電機を使って外側を帯電させ、箱とその内部にあるすべてのものに、外よりも高い電位を与えた。まるで地獄の門が開いたかのように、箱の周辺で雷が鳴り始めた。だが、箱の内側では、ファラデーが、まるで海辺の静かなコテージにいるかのように、電気実験を行っていた。高電圧は、彼には何の影響も及ぼさなかった。彼はこう記した。「私は箱のなかに入り、そのなかで生き続け、火のついたロウソク、電位計、その他、電気的状態をテストするあらゆるものを使ったが、それらのものへの影響も、それらのものが与えた何物かを示すものも、一切発見できなかった。しかし、そのあいだじゅうずっと、箱の外側は強力に帯電され、大きな放電や、ブラシ放電が、外側の表面のあらゆる部分から飛び出していた」

これほど劇的ではないが、これに似た状況が磁気でも起こる。電位と同様に、磁位というものも存在するのだ。実際、電位と磁位は、一方を上げれば他方が下がるというトレードオフの関係がある。このため、電圧の定義はいっそう流動的になる。電磁力以外の力もゲージ不変だ。実際、「ゲージ」は、理論物理学者たちが、「コーヒー」に次いで2番目に好む言葉のようだ。ゲージ不変性は、力はいかにして働くかという彼らの思考の中核をなしている。だが、それは何を意味するのだろう？　電位の差だけが意味を持つのは、いったいなぜなのだろう？

ほとんどの理論物理学者たちが、ゲージ不変性は、自らの正当性を自ら示していると考えている。円と感じように、対称性を、つまりは心地よい調和性を示しているのだと。円を回転しても見た目には何も変わらないのと同じように、電位を上げ下げしても、測定可能な量は何も変わらない。このように考えると、ゲージ不変性は自然のエレガントさの表れだが、物理学者はエレガントさにめっぽう弱い。だが、次第に多くの理論家たちが、この説明は不十分だと考えはじめている。電位の上げ下げは、円を回転させるのとは違って、世界を物理的に操作したことにはならない。私たちがコントロールできるのは電位差だけだ。それに、エレガントさとされるものが、これほど多くの数学的に複雑な事態をもたらすのもどこか疑わしい。「教科書には、ゲージ対称性について熱狂的に書かれています〔「ゲージ（物差し）対称性」とは、物理的な過程が発生する時空のすべての点において、物差しの目盛りを変えても（ゲージ変換）、エネルギーなどすべての物理量が変わらないこと。「ゲージ不変性」とは、基本となる方程式がゲージ変換に対して、不変であること。この2つの用語はほぼ同義として使われることが多い〕」と、アルカニ＝ハメドは語る。「それでも、ゲージ対称性は完全な虚構で、ただ私たちの頭のなかにあるだけです」。彼は、ゲージ不変性は、実は非局所性のしるしなのだと考えている。「ゲージ場の存在は、私たちは局所性を放棄しなければならないという多数の兆候の、最初のひとつとみなすことができます」

局所性が成り立っていれば、空間の各点には、ほかの点から独立した性質があるはずで、その場合、ワイヤーには何らかの絶対的な意味で定義された電位があるはずだ。それはたとえば、100万ボルトかもしれない。このワイヤーにとまっている鳥が、片足を100万120ボルトのワイヤーに載せたとすると、電位差は120ボルトになる。これは非常に理に適っているように聞こえる。差があるのなら、引き算する前の2つの数があるに違いない。ところが、あなたが電気技師に、1本のワイヤーの電位——そのワイヤーと別のワイヤーとの電位差ではなくて——を教えてくれと頼んでも、彼または彼女は、困惑の表情を浮かべるだけだ（そして、彼らが費やした時間に対して、140ドルを請求する）。理論家は、電位は刻一刻どのように変化するかと尋ねられると、やはり非常に戸惑うだろう。マクスウェルの方程式は電位の値を予測できるが、その値にあなたが加えたい好きな値を加えさせてもくれる。局所性のおかげで、私たちは測定することもできず、決定的に予測することも不可能な、何かの存在を仮定するようになったわけだ。そしてそれは、まずかった。

マクスウェルは、所与の状況の詳細——あなたが接続する、電池、コイル、磁石の設定——が、空間のすべての点で電位の値を固定するだろうと考えた。ところが彼は、はからずも、電位の乱れは瞬時に、宇宙のこちらの端から向こうの端まで、サッと伝わってしまうはずだという予測に到達してしまった。このあからさまな非局所性にたじろぎ、ハインリヒ・ヘルツなど、彼のすぐあとに続いた者たちは、電位という概念そのものを「ナンセンス」と断じ、ややメロドラマ風に、その「息の根を止める」と誓った。彼らは、自然の本質的な要素としての電位を使わずに済むように、マクスウェル方程式を書き換えたのであり、今日私たちが「マクスウェル方程式」と呼ぶものは、じつはマクスウェルのものではない。

これらの方程式が何と呼ばれるべきかはともかくとして、それらの式は、すべての電磁的現象は、電気と磁気の力場によって生み出されると述べる。それらの場は局所性に従い、空間の至る所で、明確な（そして測定可能な）強度を持っている。電位は派生物にすぎない。それは、力場が荷電粒子にどれだけのエネルギーを与えることができるかを表しているのだ。電位は数学的には便利だが、随意的な概念でしかない。あなたがもし、電気技師を本当に恐がらせたいなら、「ボルト」という言葉を一切使わずに、電気の話をすることができる。それに、電位が実際には存在しないのなら、あなたがそれを測定したり予測したりできなくても、そんなことはどうでもよくなる。罰を受けずにその値を上げ下げできるという事実には、それ以上深い意味はなく、瞬時に伝わる乱れなど、まったくの虚構である。

そのような次第で、ビクトリア朝時代の物理学者たちは、理論上、電位には意味はないとしたことで、ゲージ不変性と局所性を調和させることができたと考えた。しかし、20世紀中ごろまでには、ポール・ディラックなどの理論家たちが、力場に優位性を与えても、その謎は解けてはいないことに気づいた。力場は局所的だと見えるかもしれないが、もっとよく見てみると、そこにはそれ自体の、非局所的な性質があるのだ。ある位置における場の強度は、自由に任意の値を取れるのではなく、空間のどこか別の場所の値によって決定される、限られたメニューのなかから選ぶほかないのである。それらの値は、相互に依存している、あるいは理論家たちが好む言葉では、相互に「制約されている」。場が薄型テレビのようなものなら、それは壊れた薄型テレビで、ピクセルどうしが短絡しており、1個のピクセルを点灯させたければ、ほかのいくつものピクセルを、特定の組み合わせで点灯させなければならない。そんなテレビは、限られた画像しか表示できない——スーパー・ボウル〔アメリカンフットボールの王者決定戦〕は映せても、『ダウントン・アビー』〔英国貴族社会を描いた歴史ドラマ〕は映せないテレビのように。

これらの制約が現れた例としては、光波の偏光がある。光は、2つの異なる方向に偏光することができる。現代の3D映画で偏光が利用されるのはそのためだ。映写機は、銀幕に2つの画像を照射するが、2つの画像は偏光の方向が異なり、3D眼鏡をかければ、左右それぞれの目に、それぞれの目が見るように意図された偏光だけが見える。だが、ここには、少し奇妙なことがある。なぜ3つの偏光ではないのか？　なにしろ、空間には3つの次元がある——つまり、運動には3つの方向が可能だ。地球内部を伝わる地震波のような、一部の種類の波動は、3つの方向すべてで振動する。光の波はどうしてそうではないのか？　それは制約のためだ。制約のため、場の異なる点どうしが拘束されて、運動の方向が制限されてしまうのだ。まるで、腕を組んで並んだカンカンダンスの踊り子たちのように。彼女らは、前に向かって蹴ることはできても、横に向かって蹴ることはできない。この制約は、数学的には空間の個々の点の性質として定義されているが、これらの点の独立性は奪われてしまう。局所性のひとつの意味は、そのような制約からの自由だ。場のなかの異なる点どうしは、互いに独立しているはずだ——空間を通してさざ波を送って互いに影響を及ぼし合えるが、互いにがんじがらめに拘束されていなければならないという論理的必然性はまったくない。

古い楽観的なゲージ不変性が直面していた困難をいっそう深めたのが、1959年に、理論物理学者デヴィッド・ボームと、当時彼の学生だったヤキール・アハラノフが提案した、ファラデーのカゴの実験の量子力学版である。こちらでは、火をともしたロウソクではなく、電子を判定手段として使う。だが、この実験は難しく、物理学者たちはようやく1985年になって成功した。しかし、磁気に関する同様の実験は比較的容易で、ボームとアハラノフの提案後1年以内に実施された。その結果、高電圧がかかったカゴの内側では、粒子は実際に異なる振る舞いをすることがわかった。それらの粒子が作る波動のパターンがシフトするのだ。カゴの内側では電場はゼロであり、電磁気学の基本ルールによれば何事も起こるはずはないにもかかわらず、シフトが起こったのである。

ほとんどの物理学者にとって、これはショッキングであり、当初は信じる者はまずいなかった。だが、やがて彼らは、局所化された構造は、実際の電磁気の在り方とは食い違っていることを受け入れるようになった。電位のほうは、過剰だ。ある電位差をもたらす絶対電位レベルは無数に存在する。一方、電場は貧弱すぎる。そのため、電子の波動パターンのシフトを捉えることができない。まるで、強烈な色が飽和してしまうので、シャガールの絵はコンピュータ画面ではうまく表示できないように。そして、局所性でこの現象をまっとうに捉える可能性が消滅してしまったからには第3の可能性は、非局所性以外にないだろう。

## 新たな種類の非局所性

哲学者たちがこの展開に追いつくには、さらに長い時間がかかった。最初に追いついたひとりが、アリゾナ大学のリチャード・ヒーリーだ。自分が科学好きになったのは、子どものころの誰かの影響——宇宙の不思議に目を開かせてくれた親や先生——のおかげだと言う人が多いのだが、ヒーリーは、そのような影響がまったくなかったからこそ引かれたのだという。「私の周りは、あらゆることを知っている人ばかりでしたが、彼らは科学については知りませんでした」と、彼は回想する。「いわば、それが私の強みとなったのです」。学校は、彼の天邪鬼な性格を強めた。「高校の物理では、苦しみつづけました」と、彼は語る。「大嫌いでした。彼らが私に何を隠しているか、私にはわかっていました。私は、もっと知りたかったのです――間違いありません、私は、高校で物理はきちんと学びませんでした」。彼の哲学者としての経歴も、ほかの人々がやっていることを観察し、自分は違うことをやることによって築かれた。１９９０年代、哲学者たちはゲージ不変性をほとんど無視していたので、当然彼はそれに引き付けられた。「当時、私はたいへん孤独に感じていた」と、彼は同僚らに告白したことがある。

ヒーリーが興味を引かれるのは、ゲージ不変性が、アインシュタインやジョン・ベルを悩ませたのとはまったく違う、新しい種類の非局所性を浮き彫りにするかもしれないことだ。アハラノフ－ボーム実験では、電子には、量子もつれはもちろん、何ら特別な準備をしておく必要はない。電子は、実験の主役というより、観客のような役割を果たす。電子には波の性質があるため、通常の物体が感じない世界の特徴を敏感に感じ、力場のなかにいわば潜伏している非局所性を明るみに出すのだ。

量子もつれとは違うが、ゲージ不変性の非局所性にも、同等の効果がある。「人々は、アハラノフ－ボーム効果とベルの不等式を別物と考えますが、両者には非常に多くの共通点があります」と、ヒーリー。量子もつれは、複数の粒子を結びつけて、ひとつの包括的な全体へとまとめあげる。そこには、個々の粒子にはない、集団としての性質が生まれる。ゲージ不変性もまた、場に対して、どこか特定の位置にあるのではなく、空間の広い範囲に広がった性質を与える。どちらの場合も、系は単にその空間的な部分を足し合わせたものではない——アインシュタインが、分離可能性の原理と呼んだ、局所性の特徴とは正反対の性質だ。場は、ほとんど本質的に分離可能なので、この原理が成り立たないのは、場の概念にとっては悪い知らせだ。同時に、量子もつれもゲージ不変性も、アインシュタインが特定した局所性のもうひとつの特徴、局所作用の原理のほうは尊重している。なぜなら、どちらの現象も、あなたがそれを使って、信号を送信したり、ドローンを遠隔飛行させせたり、楽しい思い付きを遠く離れた大切な人にテレパシーで送ったりすることはできないからだ。

では、力は場によって伝えられるのでもなく、粒子によって伝えられるのでもないのなら、いったい何によって伝えられるのだろう？　ヒーリーは、アハラノフとボームの実験のあと、物理学者たちのあいだで勢力を得た、ディラックにさかのぼる考え方〔ディラックの「位相因子」。一種の周回積分により、電磁ポテンシャルの恣意性を打ち消し、ゲージ不変にする手法〕を、再び提唱する。それは、ある決定的な手掛かりに基づいている。ひとつの点の電位はあいまいかもしれないが、閉じた輪を形成している多数の点の電位をすべて足し合わせれば、その量はあいまいではなくなる。たとえばあなたは、家の勝手口からスタートして、庭のなかで大きな円を描くように一周しながら電磁ポテンシャルを測定し、出発点に戻ったとする。個々の測定値は、ゼロボルトをどこに定義するかというあなたの恣意的な選択によって異なるだろうが、すべての測定値の和は、この選択には依存しないだろう。どういうわけか、この一連の測定値は、個々の測定値が拾い損ねる自然の構造を感知するのだ。電気を流れさせ、磁石を冷蔵庫にくっつかせているものが何であれ、それはピクセルが整然と並んだコンピュータ画面のようなものではなく、複雑なかぎ針編みのスカーフのようなものだろう。「電磁気の源としては、点ではなくループ（輪）が自然でしょう」とヒーリーは言う。ループは広がっている（分離可能性に反する）が、互いに揺らしあって、電磁力を伝播する（局所作用を満たす）。通常の状況では、ループと古典的な場を区別することはできない。実際、ループは強く収縮して、まるで規則的な格子の1点のように見える。だが、編み目のひとつが釘に引っかかってほどけてしまうと、かぎ針編みの真の性質が露呈する。アハラノフ-ボーム実験では、電位を与えられたカゴが釘の役目を果たし、ループのひとつを広げ、マクスウェルが夢想だにしなかった効果をもたらす。電磁ポテンシャルなどの局所的な構造を使ってこれらの効果を捉えようとしても、雲をつかむようなものだ。

この話の教訓は、場の量子論は空間に関する私たちの認識と矛盾するということだ。それは、粒子やピクセルのような、局所化された構成要素の理論ではない。実際、そのようなものは不可能なようだ。それは実は、ループであれ、何かほかの物であれ、非局所化された構造の理論なのだ。この事実は理論的には、私たちの空間についての認識を捨て去ることは要求していない。私たちは依然として、これらのループ——あるいは、それが何であれ——が、空間のなかに存在していると思い描くことができる。「私たちは、［空間を構成している］点を失ってはいません」と、ヒーリーは言う。「非局所的なのは、点の上に定義されている構造なのです」。しかし、ループを空間のなかに位置付けるのは、シンフォニー・ホールでロック・コンサートをやるようなもので、できないわけではないが、違和感だらけだ。物理学者も哲学者も、物質の振る舞いから空間の性質を推論してきた。古代ギリシア人は、粒子が振る舞える場所を与えるために、空間という概念を発明した。現代の理論物理学者にとっては、空間は場の基盤だ。粒子も場も、本当は存在しないのなら、空間はその存在理由を失う。

## ワームホールは非局所的だ

物理学者たちは、場の量子論にすっかり振り回された。それは、いくつかの側面では局所的だが、別の側面では非局所的だ。おかげで私たちは、空間とは実は私たちが期待していたようなものではないのかと、疑いたくなってしまう。これと同じような物語が、近代物理学のもう1本の柱、一般相対性理論にもあった。一般相対論で起こった空間の破綻のほうが、もしかするともっと劇的かもしれない。

ある秋の日、ドン・マロルフと私は、カリフォルニア大学サンタバーバラ校（UCSB）の学生センターに座って、ラグーンを眺めつつサラダを食べながら、重力について話をしていた。でも、ちょっと待って。ある秋の日に、自分はUCSBの学生センターに座っていると、私はどうやって知ったのだろう？　局所性の原理では、そのとき私にはある位置があり、学生センターにもある位置があったのであり、その2つの位置が一致するなら、私はそこにいたことになる。私のスマートフォンのGPS座標は学生センターのそれと一致し、日付は壁のカレンダーのものと一致した。しかし、この一見明白な手順は、実験による検証には耐えない。「〝ここ〟について質問するには、

〝ここ〟という言葉で私たちが何を意味しているかがわかっていなければなりませんが、それは簡単にはできません」と、マロルフは言う。

すぐに気づく問題のひとつが、カリフォルニアは地殻活動が盛んだということだ。サンタバーバラが乗っているテクトニックプレートは、北米大陸全体に対して、そして、アメリカの国の緯度と経度の格子に対して、毎年北向きに数インチ動いている。そのため、いつか私がUCSBに戻って同じ座標の位置に行ったとしたら、ラグーンに座っていることになるだろう。地図製作会社は、テクトニックゾーンを定期的に測量して、この動きを地図に反映させなければならない。

それでも学生センターには、空間そのものによって絶対的に定義される位置があるはずだと、皆さんは考えるかもしれない。しかし、空間はもはやテクトニックプレート以上に安定しているわけではない。空間はすべり、盛り上がり、ゆがむ。巨大な物体が移動すると、時空連続体のなかに振動が送り出され、時空の形が変わる。その結果、学生センターの位置は変化するかもしれない。アインシュタインの重力理論によれば、ニュートンの摩訶不思議な遠隔作用ではなく、このプロセスこそが、重力がある場所から別の場所へと伝わる方法なのである。地質学的な振動と同じく、重力のさざ波も、ある有限の速度——すなわち光速——で伝播する。

時空の変形を理解するには、私たちの頭脳に抽象化というハードルを越えてもらわなければならない。時空は、地質学的な地形のように目で見ることはできない。形を見分けるどころか、そもそもそれ自体が見えないのだ。それでも、間接的に垣間見ることはできる。他の物体に邪魔されることなく空間を自由に運動する物体は、車のフロントガラスに筋をつけて流れる雨粒がガラスの湾曲を明らかにするのと同じように、空間の形をたどって、それを明らかにする。たとえば天文学者は、恒星からの光が、はじめは何本もの平行な光線だったのに、太陽などの巨大な質量を持った塊のそばを通過すると、交差するのをしばしば観察する。この現象を解説する教科書や記事は、太陽の重力で光線が湾曲させられるのだと説明している。しかし、これはあまり正しくない。光線は、可能な限りまっすぐ進むのだ。太陽がほんとうにやったのは、平行線が交わるように幾何学のルールを書き換えること、すなわち、空間をゆがめることだった。

空間と時間の変形は、風変わりな物理学に出てくるだけではない。それは、落下するすべての物体の運動を支配する。野球のボール、ワイングラス、高価なスマートフォンなど、あなたの手から滑り落ちる物が床に向かって加速するのは、地球の質量が時間をゆがめるからだ（これらのケースでは、空間のゆがみは小さな役割しか果たさない）。「下」は、時間がゆっくりと過ぎる方向として定義される。海抜ゼロの高さにある時計は、デナリの頂上にある時計よりも、ゆっくりと時を刻む。人間からすれば、違いは微々たるもの――せいぜい1兆分の1――だが、落下する物体の加速度にははっきり違いが出る。リンゴが木から落ちるのを見るとき、あなたはリンゴが時間の輪郭に沿って転がっているのを見ているのだ。

時空が変形することから、ニュートンが指摘していた非局所性を説明することはできるが、変形によって新種の時空がいくつか生まれる。まずひとつ目。一般相対性理論では、時空が折り返してつながり、宇宙のなかで遠く離れていた場所を結びつけるトンネル、またはワームホールを作ることが可能だ。ワームホールの入り口は、隣の部屋ではなく、宇宙のどこか他の場所につながる扉のように見えるだろう。あなたはその扉から、たとえばケンタウルス座アルファ星に行けるだろう。普通に宇宙空間を旅していたなら、少なくとも4年はかかる恒星だ。天文学者たちは、ワームホールはまだひとつも発見していないし、ワームホールをこじ開けるのに必要な性質を持つ物質は存在しないかもしれないが、一般相対性理論はそれを許しており、アインシュタインの予測はどれも軽んじることはできない。

厳密に言えば、ワームホールは、局所性の原理を完全に尊重しているだろう。あなたがひとつのワームホールを通過したとすると、あなたは妙なジャンプなどせずに、時空のなかの連続した経路をたどる。また、その経路のすべての点において、あなたは光より遅いスピードで進むだろう。変化するのは、あなたの経路の長さだけだ。しかし、私が「厳密に言えば」と、お断りしたのを思いだしてほしい。厳密でない話では、ワームホールは、「非局所性チェックリスト」のすべての項目にチェックが入るのである。まず、ワームホールは、本質的に非局所的な構造だ。定義により、それは多数の位置に広がっており、1カ所に局所化されていない。時空にワームホールがあると言うのは、焼き菓子のプレッツェルに結び目があると言うようなもので、全体の形についての言葉であり、どこかひとつの部分についてのものではない。2つの宇宙――ひとつはワームホールがある宇宙、もうひとつはワームホールがない宇宙――は、あらゆる場所で同じに見えるかもしれず、一方にワームホールがあると気づくのは、離れた2カ所を比較し、それらの点が多数の経路で相互に結びついているかどうか確かめるときだけかもしれない。

ワームホールの効果も、非局所的だ。離れているように見える2つの物体も、じつはワームホールでつながった隣どうしかもしれないし、ひょっとすると、同じものを2つの違う角度から見ているだけかもしれない。多くの理論物理学者たちが、もつれた2つの粒子は、じつは小型ワームホールでつながれており、そのことから、2つの粒子が別々に測定されたときに、一致する結果になる理由を説明できるかもしれないと推測している（この説については、次章で再び論じる）。確かに、ワームホールの効果が非局所的だということは、あなたにとって明らかではないかもしれない。たとえば、何かがワームホールを通って、あなたの体のなかにある1個の粒子にぶつかり、その粒子が元来のコースから逸れてしまったとしても、あなたは何か妙なことが起こったとしか感じないだろう。日々あなたに降りかかる、ほかのランダムで説明できない出来事と区別できないだろう。一部の理論家たちは、量子論的プロセスの結果が予測できない理由や、力の強さなどの自然の基本的なパラメーターが、そのような説明のつかない値になっている理由が、これらのワームホールの効果によって説明できるかもしれないと考えている。

またワームホールは、ループになると、宇宙のなかの物質の振る舞いを制限する。宇宙を進む波がワームホールに入って、やがて自らの出発点に戻り、まるで自分のしっぽを食べるヘビのように、自らに重なる可能性がある。その結果ワームホールは、波の振動を広範囲にわたって変えてしまい、安定した波が形成されるのを完全に妨げてしまうかもしれない。ワームホールが、空間的に離れているのみならず、時間的にも離れている2点を結ぶとき――つまり、ワームホールがタイムトラベルへの入り口になっているとき――、状況はいっそう奇妙になる。その場合、ワームホールは時間のループを作り、ＳＦファンが考えるのが大好きな論理的なパラドックスが、すべて起こる可能性をもたらす。そのようなパラドックスを阻止するために、タイムトラベラーたちは、人間が普通持っている行動の自由を奪われているはずだ。たとえば、あなたが過去を訪れ、あなたのおじいさんを射殺しようとしたとする。何かがあなたを止めるはずだ。おわかりのように、そうならねばならない。さもなければ、そもそもあなたは、そんなタイムトラベルもできなかったはずだ。あなたが銃をいじっても、銃は不発に終わってしまうか、空から隕石が落ちてきて、銃をあなたの手から落としてしまう、などのことが起こり、あなたがどれだけ一生懸命、何度がんばっても、宇宙が画策して、あなたの標的を助けるだろう。あなたには、極めて奇妙な偶然がいくつも重なって起こっているように見えるだろう。

これらの偶然の一致を説明するためには、あなたの周囲を調べるだけでは足りない。宇宙全体の構造を見る必要がある。論理的一貫性からの要求で、ワームホールを通過する物質には（そして、場合によっては、宇宙のほかの部分にある物質にも）制約がかかるが、そのような制約は、一種の非局所性となる。ひとつの場所で起こることが、どこかほかのところで起こることに依存するのだから。

## 時空全体への問い

一般相対性理論のなかにある第2の種類の非局所性は、よりいっそう基本的だ。それは、この理論の中核をなすイノベーションから出てくる。そのイノベーションとは、時空の外側に、場所と呼べるようなものは存在しない、つまり、それによって時空を判定できるような外部の標準、あるいは絶対的な標準は存在しないという前提だ。この前提は、一見自明のようだが、驚くべき帰結をもたらす。それは、時空はワープするのみならず、私たちが時空に付随していると考えている多くの性質――位置を定義する能力もそのひとつだ――を失ってしまうことを意味するのだ。

ドン・マロルフは、神の視点を否定することは、「非常に微妙なことで、率直に言って、アインシュタインはこのことを長いあいだ理解していませんでした」と言う。以前の空間概念は、ニュートンのものや、アインシュタインの初期の考え方も含め、空間には固定された幾何があると仮定していた。そのため、空間よりも上に行き、そこから空間を見下ろすことを想像することができた。実際、ある時点でアインシュタインは、絶対的な参照点が存在しなければならない、さもなければ、空間の形があいまいになってしまうと論じた。なぜあいまいになるか、感覚的にわかっていただくために、私たちが日常地形をどのように経験しているかを考えてみてほしい。私たちは、地形には固有の「現実の」形――グーグルアースが示すもの――があると思うかもしれないが、じつは地形は、その地形のなかに埋め込まれているという私たちの経験によって定義されているのだ。そしてその経験は、誰がいつ経験するかなどによって変化し、固定されていない。試験に遅れそうになって走っている学生、足首を捻挫してよろよろ歩いているスポーツ選手、同僚との会話に熱中しながら歩いている教授、そして、これらの歩行者全員に叫びながら、その雑踏を自転車で走り抜けようとしている人――この全員が、キャンパスをまったく違うものとして知覚するだろう。ある人にとっては短い距離でしかないものが、別の人にとってはいつまでも渡り切れない交差点であり得る。高いところからの眺望を放棄するとき、私たちはもはや、何がどこにあるか、決定的なことは言えなくなる。

１９１５年、アインシュタインは、あいまいさはバグではなく、れっきとした特徴なのだとひらめいた。私たちは、絶対的な位置を持つものとして場所を観察することは決してないのだと、彼は気づいた。その代わりに私たちは、物体が互いにどのような関係で配置されているかに基づいて、位置を割り当てる。そして、重要なことだが、これらの相対的な位置は客観的である。大学のキャンパスをうろついている人はみな、いろいろな場所の基本的な配置を認識するだろう。彼らは学生センターがラグーンに隣接していると認めるはずで、学生センターとラグーンがキャンパスをはさんだ反対側に離れて存在しているとは認めないだろう。もしも地形が、これらの関係を保ったまま湾曲したり流れたりしても、そのなかに暮らす人々は決して気づかないだろう。これと同じことが時空についても言える。異なる観察者たちは、ひとつの場所に異なる位置を割り当てるだろうが、場所どうしの位置関係については、全員が合意するだろう。これらの関係が、どのような出来事が起こるかを決める。「ジョージとドンが、第1の時空で、正午にあるカフェで会ったとすると」と、マロルフは私に説明する。「彼らは変化を受けたあとの第2の時空のなかでも、やはり同じことをするでしょう。ただし、第1の時空では、それは〝B〟という点で起こったけれども、変化した時空では〝A〟という点で起こるのです」

だとすると、カフェテリアは、AかBかC、D、E――無限にある可能な位置のどこかにあることになる。私たちが、ある物はこれこれのところにある、と言うとき、実際には、その物とほかの目印との関係を簡略化した表現を使っているのだ。その位置を特定するためには、テーブル、椅子、サラダバーがまさにそのように配置され、パティオからカリフォルニア南部の金色の日光が降り注ぐラグーンが見えるような場所を求めて、世界中を探し回らなければならない。学生センターの位置は、学生センターの性質ではなく、それが属している系全体の性質なのだ。「あなたがした質問は、理屈の上では、時空全体についての問いなんですよ」と、マロルフ。

## 重力版のゲージ不変性

位置のあいまいさは、先に電磁気について見たことと、表面的にとどまらない類似性がある。それは、重力版のゲージ不変性なのだ。位置A、B、Cの区別がつかないことは、電位が0ボルト、120ボルト、100万120ボルトのどれなのかを明確に言えないのと似ている。電磁気と同様、重力にとっても、局所的な測定があいまいなのは、非局所性のひとつの形態なのだ。そして、そのようなことになっているのは、粒子や場の性質のせいではなく、空間そのものが局所的な構造を一切支えることができないからだ。空間のなかの点たちは、区別できないし、入れ替えても構わない。点には区別ができるような属性がまったくないので、世界が何からできているのであれ、点の上には存在できないはずだ。エネルギーのような量は、特定の場所に存在することはできない。それは、特定の場所というものがないから、という単純な理由からだ。海に旗を立てることができないように、あなたは位置を特定することはできない。これらの量はホリスティックでなければならない——つまり、時空全体の性質として扱わねばならないわけだ。

おまけに、空間には等価と見なせる形状が多数存在し、それぞれが異なる重力場構造によって記述される。ひとつの構造では、ある位置で場が働かせる重力が、別の構造の場合よりも強くなるかもしれない。だがこのとき、物体の相対的な配置を維持するために、この重力の強さの違いによるずれを相殺するような変化が、どこか別の位置で起こっているだろう。重力場のなかの点たちは、集合的には依然として同じ物体の配置を維持しながらも、ばたばた動き回れるような関係で、互いに結びついているに違いない。このような結びつきは、空間内の個々の位置は、自立した存在であるという原則に違反する。マロルフは、このことを次のように表現している。「どの重力理論も、局所的な場の理論ではありません。古典論ですら、重要な拘束方程式〔たとえば、一般相対性理論の重力を記述するアインシュタイン方程式は、10個の式からなるが、ある形式で表現すると、そのうち4個は初期条件への制限を与える拘束方程式で、残り6個は時空の運動方程式に相当すると見なせる。マクスウェルの方程式も、電磁場の拘束条件を与える式と、電磁場の運動方程式の2組に分けることができる〕があります。時空のなかの**この**地点の場と、時空のなかの**あの**地点の場は、独立ではないのです」

この議論は、空間は虚構に過ぎないという意味ではまったくない。空間にはなおも、いくばくかの独立した実在性がある――空間は拡張や収縮ができるし、なかを波が伝わることができるし、物質が存在しない場合にも、空間は存在する――したがって空間は、いくつもの物体のあいだの関係の集合へと完全に還元することはできない。たいていの場合、あなたは空間内の位置について考える権利がある。あなたは、使うことのできる何かの物質の塊を参照点にして、そこを基準に座標系の格子を導入することができる。悔しがるサンタバーバラ市民を後目に、あなたはロサンゼルス市を宇宙の中心に選び、それ以外の場所をすべて、そこを基準に定義することができる。この枠組みのなかであなたは、位置をきっちり定めることはできないという、空間の根本的な欠陥を完全に無視して、嬉々として自分の仕事を進められる。「いったんそうしたら、空間は局所的に見えてしまいます」と、ドン・マロルフは言う。「重力の動力学は完全に局所的になります。物体は、光速によって制限されながら、連続的に運動します」。しかし、それでもなお、重力の性質は「擬‐局所的」だ。非局所性は常に表面下に潜み、出現する瞬間を待っているのだ。

要するに、アインシュタインの理論は、ニュートンの重力理論よりも微妙で陰湿なかたちで非局所的なのだ。ニュートンの重力は距離を隔てて作用したが、少なくとも絶対空間の枠組みのなかで働いた。アインシュタインの重力には、そのような魔術の要素はない。その影響は、光速で宇宙のなかを伝わる。しかしそれは、枠組みを破壊し、空間は、そのなかに物体が存在する容器のようなものだという私たちの描像を打ち砕く。一般相対性理論は私たちに、まったく新しい空間の概念を探せと強いるのだ。

## 存在しないと同時に、いたるところに存在する

ブラックホールは、普段は隠れている重力の非局所性が現れる場所の典型例だ。私は「場所」という言葉を使ったが、ブラックホールの場合、それは問題になるだろう。ブラックホールは確固たる物体ではない。その縁、すなわち「地平面」は、ブラックホール内部に落下する物体が、もはや後戻りできなくなるところを示す仮想的な面に過ぎない。そして、その面はどこにあるのだろう？

それを説明するのは難しい。そんなことは起こってほしくないが、仮に、私たちの太陽が崩壊してブラックホールになったので、よく見てみたいという宇宙旅行者のグループが、そのそばまで行くとしよう。旅行会社は、ブラックホールの中心から少なくとも3キロメートル離れている限り安全だと請け合う。3キロメートルとは、太陽と同じ質量の恒星が作るブラックホールの半径の計算値である。しかし、それは虚偽広告だ。もしもそのブラックホールが物質をどんどん吸い込んだなら、大きくなって、旅行者たちは知らぬ間に内側に入ってしまい、二度と家には帰れなくなるかもしれない。地平面の位置は、そのブラックホールの現在の重力の強さのみならず、それが今後どれくらい強くなるかにも依存する。つまり、ブラックホールは時間を味方に付けているので、宇宙旅行者の自由は決して保証されない〔ペンローズによれば、ブラックホールの地平面の位置は、最終的にブラックホールに落ち込む物質の総量によって――つまり、未来の条件によって――決まる。本書の「参考文献」も参照（www.intershift.jp/uchu.html よりダウンロード可能）。次のギボンズの言葉もこのことを述べている〕。

　私は以前、スティーブン・ホーキングのケンブリッジ大学の同僚ゲイリー・ギボンズが、ブラックホールの奇妙な性質を解説する講演を聞きに行ったことがある。「この地平面を定義するには、すべての時間にわたって何が起こるかを知らねばなりません」と、彼は言った。これは、とりもなおさず、あなたはあらゆる空間で何が起こるかを知らなければならないということだ。地平面は、「極めて非局所的」だと、ギボンズは続けた。「そのため、地平面は扱いにくいのです。この地平面を指で指し示すことはできません。私たちは、今この瞬間も、あるブラックホールの内部にいるのかもしれませんが、そうかどうか決してわからないのです」。もしかすると、鉱山の町の下で、ゆっくり、気づかれずに陥没が進み、巨大な穴ができつつあるように、地球の周囲にブラックホールが形成されつつあるのかもしれない。

ブラックホールの内部に落ちるすべての物が、その中心、いわゆる特異点に集積していくというのも、謎が深まる。一般相対性理論によれば、物質は密度が無限大になり、時空は詰め込み過ぎたレジ袋のように裂けて穴が開く。そうなった場合、特異点はどこに位置しているのだろう？　特異点の位置を定義するための基準となる時空が、存在しなくなってしまったのだ。文字通り、「そこ」はもはや存在しない。奇妙だが、ある意味、特異点はどこにも存在しないと同時に、いたるところに存在するのだ。それは、局所化された物体ではなく、時空のホリスティックな特徴なのである。

## 空間の境界

空間に境界があるときもまた、重力の非局所性が華々しく表れる。空間に境界があるなんて、宇宙は巨大なスノードームのような水晶の球に封じ込まれていると考えた、アリストテレスへの逆行かと思える。彼のその説は、レースの襞襟〔16〜17世紀のヨーロッパで富裕層が身に着けた装飾的な襟。ケプラーやブラーエの肖像画にも見られる〕と共に廃れた。現代の天文学者が知る限り、宇宙はあらゆる方向に無限に広がり、夥しい数の銀河が途切れることはない。しかしこれは、厳格な要求事項というより、偶然の事実に過ぎない。宇宙に端があることを禁じる物理法則は存在しないのだ。物理学者たちは以前から、空間のひとつまたは複数の次元が有限の大きさである仮説モデルをいじりまわしている。

無限の宇宙でさえ、境界を持ち得る――理論物理学者にとっては、ほかのどの場所とも変わらぬ実在性を持つ、無限遠のところに位置する境界である。なぜかを理解するには、境界がないとはどういう意味かを考えてみてほしい。地球の表面はその一例だ。あなたは、世界一周する飛行機のチケットを購入し、西に向かって出発し、途中一度も逆戻りすることなく出発点に戻ることができる。理屈の上では宇宙は球形をしており、あなたは宇宙に飛び出して、宇宙全体を一回りして戻ってこられるということもあり得る。もしも一周できなければ、宇宙には境界があるに違いない。堅固な壁や、ドランゴンがたむろする深い溝に出くわすことがなかったとしても、無意味に続く無限遠も、克服できない障壁と同じだ。無限遠は、それ以外の宇宙の任意の領域と、まったく同じ構造を持っていることもあり得る。物体は無限遠にも存在することができる。事象にしても、無限遠でも起こる。無限遠にある境界は、宇宙旅行者たちに実際的な困難をいくつももたらし、そこにたどり着けるのは空想の世界の宇宙船だけだ。だが概念としては、それはスノードームのようなものである。

有限であれ、無限であれ、境界は最後の未開拓地の最後の前線で、あらゆる前線と同じく遠く離れている。重力は、宇宙の大部分（境界以外の部分、「バルク〔多くの次元を持つ宇宙全体〕」で王様かもしれないが、その命令は宇宙の辺縁には届かない。そこでは境界が、粘土の壺の形を定める型のように空間の形を固定するので、重力場はまったく動けなくなっている。「境界では時空は揺らぎません」とマロルフは言う。「重力場は事実上境界にくぎ付けにされているので、重力は働きません」。境界沿いでは重力が作用しないので、非局所性も起こらない（少なくとも重力に関する非

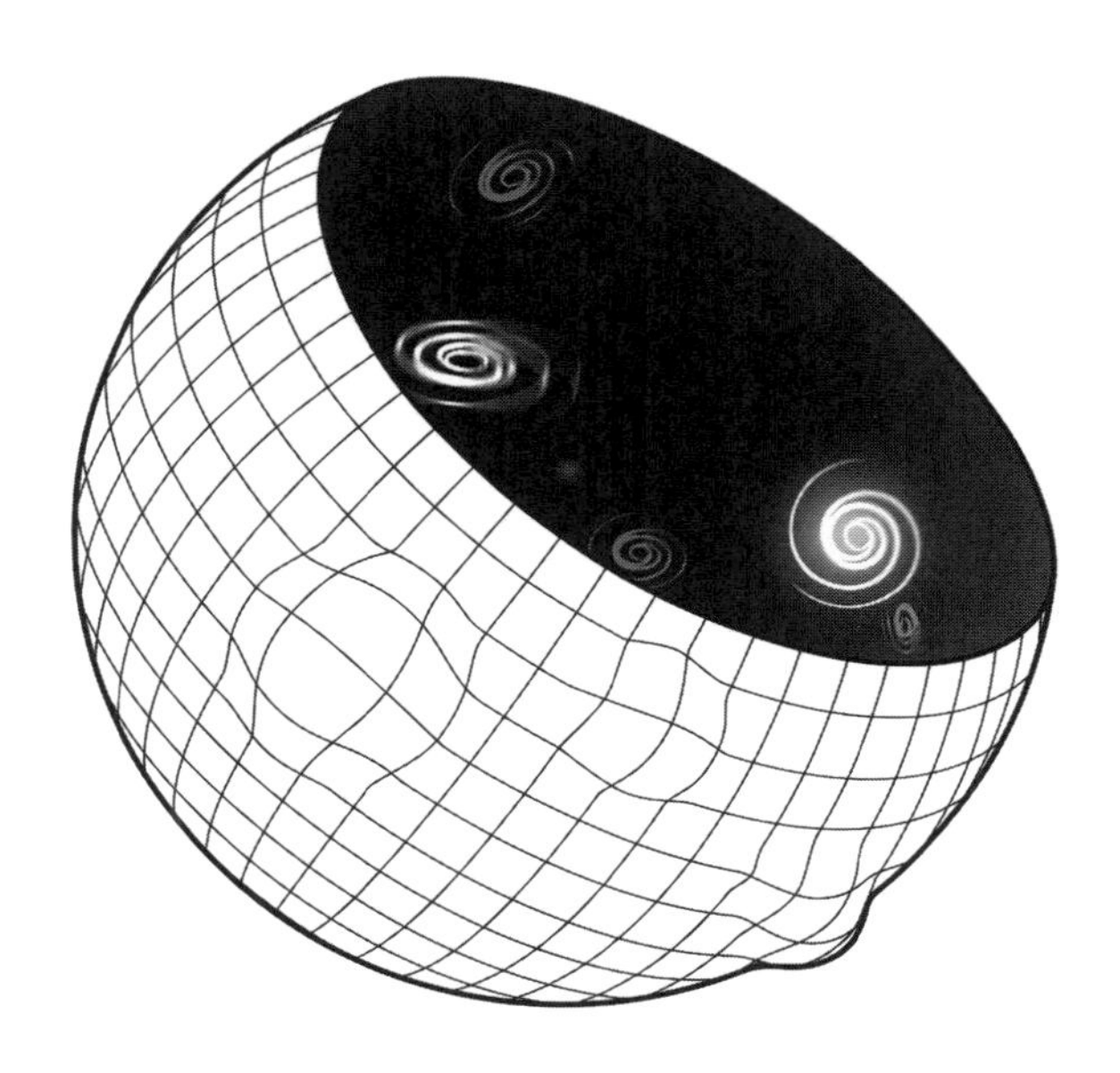

図 5–1 境界とバルク。宇宙には境界がある可能性がある。もしほんとうに境界があれば、境界の上で起こっている物理的プロセスに、空間の全体で起こっているすべてのことを還元できる。（イラスト：ジェン・クリステンセン）

局所性は）。境界は絶対的な参照点となるので、たまたまそこに存在したカフェテリアや学生センターは、客観的に定義された位置を持つ。エネルギーなどの量はまったくあいまいさがない。あなたは、境界の上に各種の測定機を設置し、確かな測定値を得ることができる。

　時空が境界で固定されていても、それ以外のところでは、相変わらず時空はふにゃふにゃだ。そんなわけで、宇宙は奇妙な二面的な性質を持っている。一部（境界）は局所的に振る舞い、一部（バルク）は非局所的に振る舞う。その結果、ほとんど神秘的な響きすらある宇宙の全一性（ホーリズム）は、極めて明確なものになる。境界の局所性のおかげで、あなたはそこで測定を行うことができ、それ以外の部分の非局所性がそれらの測定値を宇宙のほかの部分につなげる。「直感的に独立だと思えるさまざまな量が、実は互いにしっかりと結びついているのです」とマロルフは説明する。「そんなわけで、バルクのオブザーバブル〔普通は測定可能な、位置、運動量、エネルギーなどの物理量のこと〕と完全に一致する、境界のオブザーバブルが存在するのです」。境界は、宇宙の全域で起こっていることを追跡して記録しているので、宇宙全体の像である——元の情報が少しも損なわれていない完璧な像だ。それを観察する観察者は、あなたがやっていることが全部わかるだろう。

このようなことが起こるのは、これまで見たように、物体は真の意味で局所化されていることは決してないからだ。空間に境界をかぶせることで、このあいまいさが一気に明るみに出た。まったく同じ物が2つあるわけである。ひとつはバルクのなかに、もうひとつは境界に。そしてもちろん、両者はひとつの物が2つの位置に出現したものだ。海面に尾びれと潮吹きの噴水が見えれば、それは1頭のクジラだとわかるように。面白いのが、境界はバルクより空間次元が少ないのに、バルクを忠実に写していることだ。次元の数が、このように何ら問題なく増減できるのなら——宇宙が、異なる数の空間次元によって同等に記述されるなら——、空間は、人々が考えてきたほど本質的なものではあり得ない。

これらの奇妙な意味合いは、そのささやかな始まりを思い起こすと、いっそう驚異的になる。物理学者たちは、電線に平気でとまっている鳥を見たという単純な観察事実を重力に応用し、そこから論理が導くままに進んだ。電磁気と重力のゲージ不変性は、私たちが自然を記述する方法が冗長であることを示す。ある状況を記述するために、多数の電位の数値が同等に使える。物体どうしの相対的な配置は不変なままに、さまざまな値の重力場がそれを記述できる。こうして私たちは、空間のすべての次元が冗長である可能性があることに気づいた。空間に境界があるとき、宇宙全体がその境界へと収束する可能性があるわけだ。すべての体積が不要だったかのように。空間は、わたしたちの目の前で崩壊しようとしている。

## にじんだ空間

ここまで見てきたことをまとめてみよう。場の量子論も一般相対性理論も、物理学者たちが自然の力を、空間のなかで展開するプロセスとして記述するために構築したものだが、やがて、力は空間という遊び場ではやんちゃすぎることが明らかになった。この議論は、論理学者たちが背理法と呼ぶ枠組みに収まるだろう。ひとつの仮定をする。それが何を意味するか検討する。その意味するところがどこか間違っていると判明するなら、最初の仮定が間違っていたに違いないと結論づける、という方法だ。物理学者たちが力を空間的に考えようとするとき――宇宙は、アインシュタインの分離可能性の原理を満たすので、空間のなかの個々の位置は自律的な存在だと彼らが考えるとき――、彼らは、本当は世界にはない性質が、世界にあると見なしている。粒子、ピクセル、絶対的な電位、客観的な位置。これらのものは分離可能性から自ずと出てくるが、現実には存在しない。理論と現実が一致しないのだから、分離可能性の仮定が間違っており、物理学者たちは空間という概念を超えて考えなければならないということだろう。

非局所性を暗示するこれらの事柄は、実際に意味のある場面ではたいてい弱められているが、統一理論、すなわち、量子重力理論を構築する際には無視できない。物理学者たちは20世紀の前半に、そのような理論ではほぼ確実に空間が崩壊してしまうことに気づいた。おおざっぱに説明すると、こうである。原子の理論（量子力学）を、空間の理論（一般相対性理論）と組み合わせれば、あなたは空間の原子の理論ができると期待する。この文脈で「原子」とは、可能な最も小さい空間の塊を意味するが、理論物理学者たちは最初、これをチェス盤の目のようなものとして思い描いた。つまり、普通の物質の原子を超えた概念で、古代ギリシアの元々の「原子」という言葉の意味を満たす、空間のセルである。それらは、真に分割不可能である。このような原子よりも小さなものは存在せず、ひとつの原子の内部に位置を定義することはできない。チェス盤のひとつの目のなかの、どこに駒を置こうが、何ら違いを生じないのと同じだ。ａ１の目でも、ａ２の目でも置けるが、ａ1.5の目など存在しない。空間的原子は、古代ギリシア以来物理学を導いてきた、還元主義プログラムの論理的限界をしるすものなのだ。

このような空間的原子が初めて提案されたのは、重力そのものとは関係なく、幾千年にわたる離散性と連続性の対立のなかでのことだ。遠い昔、ゼノンが気づいたように、連続体のなかには無限の空間がある。それを1個ずつ数えられる点状の粒子で満たそうとして、無限個の粒子を延々と加え続けても、いつまでたっても連続体は空っぽのままだろう。そのような構造は、容量があまりに大きすぎないだろうか。これまでに実際にあった物質の配置をはるかに超える数の配置を許すかのようだ。「連続体は、記述されるべき物よりも、はるかに大きい」と、アインシュタインは

1916年、友人に書き送った。この不一致は、古典的な場の理論でも十分厄介で、第2章で述べたように、物理学者たちが量子力学に転向した理由のひとつもここにあった。皮肉なことに、場の量子論はそれをいっそう悪化させた。場の量子論に従えば、場はすべての尺度で自発的に振動し、連続体を無限の波で満たし、力が完全に制御不可能な状況に陥ることになってしまう。

秩序を取り戻すため、1930年代に多くの物理学者が、場はある閾値以下の尺度では振動しないという説を提唱した。とりわけ、ヴェルナー・ハイゼンベルクは、量子力学の最初期から、原子以下の尺度では連続体は崩壊するに違いないと感じていた。ハイゼンベルクは、彼が「Gitterwelt」、すなわち「格子世界」と名づけたチェス盤のような空間を提案した。だが、この考え方自体も崩壊した。格子線(グリッド)は、ある方向をほかの方向よりも優遇するので、その空間は運動していない観察者と運動する観察者とで違って見え、相対性理論の対称性を破ってしまうのだ。

1940年代後半、物理学者たちは、再び連続体を受け入れるようになった。理論に無限の量が登場するのは、まだ知られていないいくつもの場が微小な尺度で関与してくることを意味しているだけだと、彼らは自分たちを納得させた。うまく適切な場だけを選んで、それらを繰り込めば、電気、磁気、そして核力を包括する、内部一貫性が取れた描像が出来上がるだろうと考えたのだ。

だが、重力にはこの方法は使えなかった。微小な尺度ではどうにも収拾がつかず、1970年代前半に理論家たちは、どんなに繰り込みを大きくしても、うまく納めることはできないと観念した。そのようなわけで、やはり連続体は崩壊してしまうのだ。このようなことが起こる尺度の通常の目安は、プランク尺度のうちの「プランク長さ」だ〔プランク尺度は系の状態を記述するとき、量子力学の効果が無視できなくなる尺度で、プランク時間、プランク質量、プランク長さ、などがある」。それは単に短いというのではなく、「えっ、ご冗談でしょう」と言うほど小さい――普通の物質の原子の大きさに対するプランク長さの比は、知られている宇宙の大きさに対する人間の体の比と同じぐらいだ。人間が作った顕微鏡や粒子加速器で、プランク長さの金線細工を見ることは決してできないだろう。それでもやはりプランク長さは、私たちに見える物体のなかに潜在している。プランク長さ以下のレベルで空間が崩壊していなければ、経験的に検証された理論は破綻して、矛盾の山になってしまう、という意味において。

その微小な尺度で厳密に何が起こるのかには、まだ謎の部分もある。空間は、格子状にくっきりと分割されたチェス盤というよりもむしろ、絵筆の跡がにじんで一体化し、物体をぼやけさせてしまう、水彩画のようなものかもしれない。そのような構造は、字義通りの意味の局所性に違反してしまうので、あなたは物体を正確に局所化することは決してできない。もっと重要なのは、これが、「毒を食らわば皿まで」の状況だということだ。すべてのものの一貫した振る舞いを保つためには、空間を小さな部分に分割して、空間のひとつの側面だけを変え、ほかのものはあまり変えないというわけにはいかない。物理を統一したがる者たちが描く原子以下の尺度の魔法の国は、人間が理解できるぎりぎりの姿だ。

量子重力理論として提案されているものはいくつかあるが、それらのなかでは、あなたが量子論的粒子について聞いたことがある奇妙なことがすべて、空間についても起こることになる。シュレーディンガーの半ば生き、半ば死んでいるネコのように、粒子がひとつ以上の場所に同時に存在できるのと同じく、空間も同時に複数の形を持つことができる。空間が形を変えられるというだけでも、位置を明確に特定するのは十分に困難だった。今や空間は、まったく形を持たない、ただのぼやけた可能性の集まりになってしまい、位置は定義不可能になった。因果の編み目構造はほどけそうだ。超微視的な空間の性質を、そのなかに住むエネルギーのループの振る舞いから導き出す弦理論研究者たちは、大きさや次元などの概念は流動的になると考えている。あなたが1本の弦を収縮させると、それはある極小のサイズに到達し、その後、再び大きくなりはじめる――風船の1カ所を押して縮めると、どこか別の場所が膨らむようなものだ。ただしその場合、その「どこか別の場所」が、まったく新しい空間次元なのだ。「通常の時空の概念は、弦理論ではもはや有効ではありません」と、ジョー・ポルチンスキーは言う。

要するに局所性は、その言葉が持つあらゆる意味において破綻するのである。とはいえ、これらの困りごとは、プランク尺度のはるかに下か、せいぜいその付近で起こっているだけだ。大局的な視点に立てば、何兆個もの空間的原子に、さらにまた何兆個もの空間原子がにじんで一体化して、ひびの入っていない、ひとつの広がりになる。これらの原子は互いに独立しているので、局所性は成り立つはずだ。空間の個々の部分が、独立した存在であるはずだ。あるいは、少なくともそれが長年にわたる一般通念だった。

フォティーニ・マルコープロのように、1990年代に大人になった理論家たちは、このような説明は説得力がないと考える。あらゆる理論科学のなかで、最も壮大な取り組み――物理学の統一――が、世界全体に対して、こんなつまらない結果をほんとうにもたらすのだろうか？　マルコープロらは、私たちの伝統的な空間概念は、粒子の奥深くのみならず、巨視的な宇宙（数百万キロメートルにわたる開いた空間と、おそらく観察可能な宇宙の尺度）においても、崩壊すると考えるようになった。「もしも量子重力が、私たちが考えているように根本的なものなら、もしもそれが、時空の構造そのものに関するものなら、そのしるしが、何か非常に小さなものでなければならないというのは、私には自明とは思えません」と、マルコープロは言う。

彼女の言うことには一理ある。物質の原子は非常に小さいが、それでも私たちは常に原子の存在に直面している。たとえば、原子でできた物質は、変化することができる。グラファイトはダイヤモンドに変化できるし、もちろん、別種の原子と結びついて、化学的に異なる物質に変化することもできる。ここから類推して、もしも空間が原子でできているなら、これらの原子が配列を変えれば、空間ではないものに変化するかもしれない、というのは理に適っている。そのような変化は、些細なことではないだろう。

物理学者は、量子力学は微視的世界の理論だと説明することが多いが、これが見え透いた嘘であることは彼らも認める。彼らの先人たちは、たしかに量子力学をそのようなものと捉えていただろうが、今日の物理学者たちの認識は違う。今、人々に言えるかぎり、量子力学は世界の理論だ。実験家たちは、自然が量子力学的に振る舞うのをやめる尺度の領域など、未だかつて見たことがない。人間の体はあらゆる点で、電子と同じく量子的だ。周りの人が存在していると同時に存在していないなどの、量子論的曲芸をやっていると気づくことはないが、その理由は、彼らが大きいことそのものにはない。人体が環境と精力的に相互作用するひとつの開いた系だからであり、その相互作用では、風に散るタンポポの綿毛のように、間違いなく量子的な効果がまき散らされている。適切な条件のもとでは、あなたはそのような効果を肉眼で見ることができる（実験家たちは、人体の量子効果を見る実験はまだ成功させていないが、小型音叉の、振動しているものとしていないものとの実験で、量子効果を確認している）。同じことが、空間についても言えるはずだ。

## ブラックホールに落ちたら

量子効果にも強い重力にも乱されるブラックホールは、量子重力のシンボルのようなものだ。そしてこれは、ちっぽけな原子の話ではない。ブラックホールは、恒星系を丸々呑み込める巨大な怪物だ。量子重力効果が働く最も明らかな場所は、ブラックホールの中心である。そこでは、物質が非常に高密度で詰め込まれており、細分化された空間の構造によって課される密度の限界にどんどん迫っている。しかし、ブラックホールの外周にもそれ自体の問題がある。その一例が、ホーキングが発見した逆説的な振る舞い（ホーキング放射とブラックホールの蒸発）だ。これは、局所性は微視的尺度のみならず、極めて大きな尺度でも崩壊しているのではないかという警報である。「特異点は真剣に憂慮すべき問題だと、重力研究者のあいだでは長年言われていました」と、ギディングスは言う。「しかし今、ホーキングがブラックホールの蒸発で情報が失われるというパラドックスを指摘したのを受け、ずっと外側の、地平面で何か変わったことが起こっていなければならないという議論になっています。特異点と短距離問題に焦点を当てていたのは、少し的外れだったわけです。これらは長距離問題なのです」

私がお話してきたさまざまなタイプの非局所性は、ブラックホールにおいて収束する。たとえば、ホーキングのパラドックスは、物理学者たちが最近ようやく研究しはじめたタイプの量子もつれと関係している。一般相対性理論では、ブラックホールは恒星や惑星のような物質でできた物体ではない。その大部分は真空だ――無の穴である。ブラックホールのなかに落ちる気の毒な人は、空虚な空間だけを見る。だが実は、その荒涼たる外見は激しい活動を隠しているのだ。場の量子論は、真空には粒子は存在しないかもしれないが、何も存在しないわけではないとする。場はまだそこにあり、静まっているだけだ。空間のあらゆる部分のあいだの超量子もつれによって、場の振動どうしが互いに厳密に打ち消し合い、ノイズキャンセラーの付いたヘッドホンで聞く静寂のような、気づまりな静けさだけが残ることを保証している。それは、音がないというより、音が積極的に抑制されているのである。

何かがこのバランスを崩せば、真空の潜在的活動が一気に外に現れる。そして、ブラックホールに落ちることに抵抗する賢明な人間は、まさにそれに直面する。なかへと落ちている人とは違い、外側にいる観察者は、外に向かって加速し続けなければならない――たとえば、乗っているロケットのエンジンの出力を上げて、ブラックホールが重力で吸い込もうとするのに抵抗するのだ。相対性理論のロジックにより、ロケットの人は、ブラックホールに落ちていく人とは違う時間の進み方を経験するので、場の振動も違ったものとして経験する。なぜなら振動は、時間のなかで起こるプロセスだからだ。実際、彼は振動が打ち消し合うとは考えない。場は静まっていない。粒子たちは、あらゆる方向に飛び交っている。宇宙の遠方に逃げていくものもあり、そのような粒子は、ブラックホールのエネルギー単位を持ち去って消してしまう。ブラックホールの外側にいるこの観察者は、ノイズキャンセラー付きヘッドホンをずっと外しており、静寂の向こう側にある騒音を聞いていたのだ。

これはまだパラドックスではない。ブラックホールは蒸発するというホーキングの議論の、別の表れにすぎない。本当に問題なのは、「ブラックホールのなかに落ちる物体はどうなるのか？」だ。ブラックホールが蒸発しきれば、その物体は解放されるはずだろう？　でも、どうやって？おそらく、それらの物体は、外へ逃げていく粒子に紛れて脱出するのだろう。それらの粒子を収集し、つなぎ合わせれば、そのブラックホールが呑み込んだすべてのものを再構成できるだろう。それがうまく行くには、粒子たちが互いにもつれて、集合として、ブラックホールに落ち込んだものの性質をすべて維持していなければならない。そして、ここに問題がある。量子もつれは2つの仕事をすると、私たちは主張してきた。ブラックホールのなかに落ちていく観察者が知覚する空っぽの真空を維持しながら、そのブラックホールに落ちた人々の記憶をとどめる、という仕事だ。だがこれは、量子もつれに多くを求めすぎているかもしれない。量子もつれはエネルギーとほぼ同様に、限られた資源で、この両方を行うには不十分のようだ。ブラックホールは、やはり真空ではなかった（この場合、一般相対性理論は完全に間違っていることになる）か、ブラックホールのなかへの落下が不可逆（この場合、場の量子論に欠陥があることになる）かのいずれかだ。理論家たちは、このジレンマから抜け出す道を探ってきた。たとえば、2つの必要性をバランスさせるような構造を量子もつれに持たせることができるかもしれない。だが、もしできなければ、この行き詰まりを打開するには、新しい物理学――ブラックホールを2車線道路にするか、あるいは、内側と外側の区別をなくすような、何らかの非局所的効果――が必要になる。「それは、局所性の激しい崩壊を意味します」と、ポルチンスキーは言う。

もうひとつの難問は、なかに落ちた物体が最終的に開放されるまで、ブラックホールはいかにしてそれらの落ちた物体を貯蔵するのかと尋ねたときに持ち上がってくる。これらの物体を保持するために、ブラックホールは大きくならなければならないが、それは、局所性から期待されるほどには大きくならないのだ。ブラックホールは、スーツケースのようなものなのだろう。あなたは、間仕切りで内部が10カ所のスペースに分かれた古いスーツケースを持っていて、それぞれのスペースに、靴下が1足入っているとする。あなたは、幅、高さ、深さの直線寸法が2倍で、容積は8倍の、新しいスーツケースを買ったとしよう。こちらのスーツケースは、内部が80のスペースに仕切られていて、80足の靴下が入ると、あなたは期待するだろう。この状況で局所性が意味するのは、仕切られた個々のスペースは、サイズが同じで、新しいスーツケースは、ただスペースの数が増えているだけ、ということだ。利点は、単により多くの衣類が詰め込めるだけではなく、より多くの種類の衣類が入れられることだ。物理学ではこれを、大きいほうのスーツケースは、エントロピーがより大きいという。エントロピーは普通、秩序のなさだと説明されるが、多様性をもたらす潜在性とも考えられる。この場合の多様性とは、スーツケースを重くしたり、パンパンに膨らませたり、その他、外見を変えたりすることなく、そのなかに荷物を詰め込む、多数の方法である。

この論法から、ブラックホールの半径を2倍にすると、その体積は8倍になり、貯蔵容量もそれに比例して増加するはずだ。しかし、そうはならない。ブラックホールの半径が2倍になると、その質量は2倍になる〔ブラックホールの質量は、シュバルツシルト半径に比例する〕だけだが、一方エントロピーは4倍になる〔ホーキングとベッケンシュタインによれば、ブラックホールのエントロピーは事象の地平面の面積に比例する。すなわち、シュバルツシルト半径の二乗に比例する〕。ブラックホールは、局所性に基づいた理論が予測するほどには、容量が増えない。新しい大きなスーツケースを開けたら、仕切られたスペースは40しかなく、それぞれには靴下の1足ではなく、片側しかはいらず、店では、80足入ると言っていたのに、全体で20足しか収まらないようなものだ。あなたは騙されたと感じるだろう。

エントロピーが4倍になるのは、ブラックホール内部の複雑性が、局所性が予測するように体積に比例するのではなく、地平面の面積に比例するからだ。具体的には、ブラックホールの幅と長さを増加させると、その分だけ容量も増加するが、高さを増やしても、何の効果もなく、まるで高さの次元は錯覚だったかのようだ。ブラックホールは3次元のように見えるが、まるで2次元であるかのように振る舞う。そして、ブラックホールで成り立つことは、ほかのすべてのものでも成り立つ。なぜなら、どんなものも、十分強く押しつぶせばブラックホールになるからだ。空間は、いわば、魚のように餌をちょっと引っ張って、私たちの関心を引いているのだ。空間は、ものを入れておく、大きな余地を提供してくれる――実際、空間とは「ものを入れておくところ」に尽きるのではないか？　しかし、あなたが空間を満たそうとすると、奇妙なことに、そうはできないのだ。あなたは、空間は本当にそこにあるのか、それとも、何かに騙されてるのか――鏡の壁が、狭苦しいマンハッタンのスタジオを広々とした最上階の特別室のように見せるように——と、疑い始める。

## ホログラフィー原理、AdS／CFT対応

ブラックホールで起こる次元のパラドックスは、境界を持つ宇宙で起こることの、小規模バージョンだ。境界を持つ宇宙でも、ある体積を持った空間が、その外側を包む表面に収束し得る。この洞察は、私たちの空間概念を解体するのみならず、それに取って代わるかもしれないものも教えてくれる。

理屈の上では、境界と体積は等価で、どちらが優位ということはない。しかし、多くの物理学者が、両者は完全に同じではないと考えている——境界が根本的な実在であり、体積はそこから派生したものだと。この仮説は、「ホログラフィー原理」と呼ばれている。なぜなら境界が、あなたのクレジットカードの表面の小さな銀色の画像のような、3次元の場面を生じさせる平らな薄膜——ホログラム——のように振る舞っているからだ。ホログラムが2次元の面に3次元の像を浮かび上がらせることができるのは、被写体の奥行きの情報を持った精巧なパターンが記録された写真だからだ。これと同様に、宇宙の境界面上の場にも、宇宙全体を再現できるように精巧なパターンが記録されている。

物理学でこれまでに使われたことのある、最もわかりにくい比喩のコンテストがあったなら、ホログラフィー原理は有力候補になるだろう。公平のために言うと、それは、空間のひとつの次元が、まるで消えてしまうような状況を捉えている。また、ホログラムには神秘的な雰囲気もある。

ホログラムを見ると、「うわぁ！」と叫んでしまうが、物理学者たちは、空間の次元が消えてしまうときに、まさにそのように人々に反応してほしいと思っている。マイナス面は、ホログラフィー原理とはいったい、実際にはどういうことなのか、よくわからないことだ。私たちの周りの宇宙がホログラムの投影にすぎないなんて、そんなことがどうしてあり得るのか？　投影機の役割を果たしているものは何なのか？　大切なのは、比喩の細部にこだわらないことだと私は思う。重要なのは、私たちが観察する宇宙は、根底に存在している何らかの構造が生み出したものだという点だけだ。私たちが部屋のなかを端から端まで歩くとき、私たちは、既に存在している空間を受動的に動いているのではない。何かが起こっている。メカニズムが働いている。自然の奥底でギアが回転しており、「ここ」にいる、そして「あそこ」にいる、という経験を生み出している。あなたが鉛筆を取ろうとして手を伸ばしたのに、もう少しのところで届かないとき、何かがあなたを阻止するために作用して、あなたが距離と感じるものを作り出している。そして、そのメカニズムは何だろうかと尋ねるとき、私たちは、現代物理学の最も外側のフロンティアに到達したのだ。「一見したところ、どうしてそんなことが起こるのか、まったくおぼろげで、わからない感じがします」と、ニューヨークのレーマン・カレッジの理論物理学者ダニエル・カバトは言う。「二度目に見ても、依然として極めておぼろげです……物理学は局所的です。私たちはこの部屋のなかで話をしているとか、これらの物体は異なるけれど、よく定義された位置にある、と言うことには、何らかの意味があります。しかし、それがこの枠組みからどうやって出現するかを理解しようとしても、あいまい模糊としています」

物理学者たちは、そうではない私たちと同じく、抽象的な概念を具体的な例にあてはめることによって理解するが、ホログラフィー原理が単なる珍しいもの以上の意味を持ち始めたのは、フアン・マルダセナが、「AdS／CFT対応」という概念の詳細を詰めたときのことだ。「AdS」は、「反ド・ジッター」の略で、より高い次元のボール――単純なタイプの、境界のある宇宙――の内部を意味する。「CFT」は、「共形場理論」の略で、そのボールの表面のことだ。「対応」というのは、これらの2つの領域が等価という意味だ。境界で測定を行うことで、内側のバルクで起こっていることを知ることができるわけである。

これが何を意味するか、考えてみてほしい。それは、重力に支配された領域（アインシュタインの一般相対性理論と、その量子化バージョンによって記述される）は、重力ではない力だけに支配される領域（ゲージ不変性を持つ場の量子論で記述される）と等価だ、ということである。したがって、マルダセナの分析は、少なくとも、この理想化されたボール型宇宙に対して、長年求められてきた、物理学のこの2本の枝の統一を成し遂げる。歴史的に見て、物理学者たちは、原子や素粒子など、より尺度が小さな構成要素を探すためにズームインする方法で統一を目指してきた。マルダセナのアプローチでは、より小さなものを探し求めるのではなく、同じ空間にすら存在しないものを探し求める。

マルダセナと彼が成し遂げたことに、畏敬の念を抱いていない理論家には、私はほとんど会ったことがない（その理論的な構造が、現実の世界と関係があるかどうかについては、彼らの意見は分かれるだろうが）。ある理論家は、以前マルダセナを車で送ったときに、心底恐ろしかったと言う。もしも事故を起こしたら、自分が人生でやったそれ以外のことは一切残ることなく、自分はフアン・マルダセナを死なせた人物として未来永劫記憶されるだろうと思ったからだ。

理論家たちはホログラフィー原理を使って、どのような種類のプロセスが、そこに既に存在しているのではない宇宙を生じさせるのかを調べることができる。お決まりの、慎重な科学者の断り書き――いっそうの研究が待たれる、など――は、この場合当てはまらないようで、非局所性の謎の答えが姿を現しつつある。霧のなかから、山の輪郭が見えてきた。

# 第6章 時空を超えて

## 空間より深いもの

哲学者のジェナン・イスマエルが10歳だったころのこと。イラン生まれで、当時はカナダのカルガリー大学の教授だった彼女の父が、競売で大きな木製の戸棚を買った。その戸棚のなかを物色しているうちに、古い万華鏡を見つけた彼女は、夢中になってしまった。何時間もあれこれ試すうちに、ついにその仕組みを理解した。「見つけたあと、妹には内緒にしていました。欲しがられたら嫌だと思ったんです」と、彼女は回想する。万華鏡を覗き込みながら筒を回転すると、さまざまな色の小さな形が花のように開き、回転し、合体し、合理的な説明など受け付けそうにない予期せぬ動きをする。まるで、ピースどうしが、薄気味悪い遠隔作用を及ぼし合っているかのようだ。だが、驚嘆して眺めているうちに、その運動には規則性のあることがわかってくる。あなたの視野の左右に見える形が同じように変化するので、その対称性を手掛かりに、実際に何が起こっているのか見抜くことができる。これらの形は物理的な物体ではなく、物体の像なのだ——ガラスの破片が、鏡張りの筒の内側で動き回っているのである。「1個のガラスビーズが、空間のなかの多数の部分に、何度も繰り返し映っているのです」と、イスマエル。「これらのものが埋め込まれている、より大きな空間、つまり万華鏡全体の物理的な形状を考えれば、因果関係は単純に説明できます。ガラスのビーズが1個あり、それが何枚もの鏡に映されていて、などというように」。その本質を捉えれば、万華鏡はもはや謎ではなくなる。万華鏡が素晴らしいことに変わりはないのだが。

それから何十年か経って、量子力学についての講演を準備していたイスマエルは万華鏡のことを思い出した。新しい素敵な万華鏡を買おうと出かけ、ベルベットのケースに入った光沢のある銅の筒の万華鏡を入手した。彼女の認識するところ、それは物理学の非局所性の比喩なのだ。量子もつれ実験の粒子や、知られている宇宙の彼方にある銀河が奇妙な振る舞いをするのは、それらが実はまったく別の領域に存在する物体の投影――言い換えれば、ある意味、それから二次的に生じたもの――だからだ。「万華鏡の場合、私たちは何をしなければならないかわかっています。系全体を見なければならないのです。像の空間がどのように作られているかを見なければなりません」とイスマエル。「これがいかに量子効果の比喩になるのでしょう？　私たちが知っている空間――つまり、測定される事象が、そのさまざまな部分に位置付けられているのを私たちが見ている、日常的な空間――は、表面に出現している事象に過ぎないと捉えるわけです。私たちが2つの部分を見ているとき、おそらく私たちは、同じひとつの出来事を見ています。同じひとつの実在のピースに対して、空間内の異なる部分から相互作用をしているのです」

彼女やほかの人々は、デモクリトス以降のほとんどすべての物理学者と哲学者による「空間は物理的実在の最も深いレベルだ」という仮定に疑問を呈している。演劇の脚本は、俳優らが舞台上で行うことを記述しているだけだが、そこには前提として舞台がある。それと同じように、物理法則は伝統的に、空間の存在を当然のこととしていた。今日私たちは、宇宙は空間のなかに物体が配置されているという以上のものだと知っている。非局所的な現象は、空間の外に跳びだす。非局所的現象は、制限された場所のなかにはとどまらない。それは、距離の概念が当てはまらなくなる、空間よりも深いレベルの実在があることを示唆する。そこでは、遠く離れていると見えた物どうしが実際には近くにあったり、同じひとつのものが2カ所以上の場所に現れたりする——ちょうど、万華鏡のなかのひとつのガラスビーズが多数の像を作るように。そのようなレベルを考えると、実験台の左右に離れた2個の素粒子のあいだに、ブラックホールの内側と外側のあいだに、そして、宇宙の反対側の端と端のあいだに結びつきがあることは、もはやそれほど薄気味悪くは感じなくなる。ポーランドのクラクフにある、ローマ教皇庁神学アカデミーの、物理学者、哲学者、そして司祭であるマイケル・ヘラーは、「物理学の基本的なレベルが局所的ではないということに同意するなら、すべては自然になります。なぜなら、これら2つの互いに遠く離れた粒子は、同じ基本的な非局所的なレベルで動き回っているのですから。それらの粒子には、時間と空間は問題ではないのです」と言う。これらの現象を、空間という概念を使って可視化しようとするとき——それは許されることだ。なにしろ、私たちはそれ以外の方法で考えるのは困難なのだから——にのみ、それらの現象は理解できなくなる。

より深いレベルという考え方は自然に感じる。なぜなら、つまるところ物理学者は常にそれを追求してきたのだから。世界の、ある側面を理解できないときはいつも、自分たちはまだその問題の奥底までたどり着いていないのだと彼らは考える。彼らはズームインし、構成要素を探す。たとえば、液体である水が沸騰すると蒸気になったり、凍ると氷になったりするのは実に不思議だ。しかし、液体、気体、固体は、それぞれ異なる基本物質なのではなく、ひとつの基本物質の異なる形態だとすれば、これらの変化も完全に納得できる。アリストテレスは水の三態を、いわゆる第一実体の異なる表れだと考え、原子論者たちは——近代科学を先取りして——、それらは原子が配列を変えて、詰まった構造や、まばらな構造になったものだと考えた。物質の構成要素は集団になって初めて性質を持ち、それらの性質は個々の原子にはない。水の分子1個は濡れていないし、炭素の原子1個は生きていないが、それらが多数、適切なかたちに集まると、そのような性質を示す。これと同じく空間も、それ自体は空間的ではないピースがたくさん集まってできているのかもしれない。これらのピースはさらに、ばらばらになったり、また集合したりして、ブラックホールやビッグバンが示唆するような、非空間的構造にもなるのかもしれない。「時空は基本的ではあり得ません」と、理論物理学者ニマ・アルカニ＝ハメドは言う。「それは何か、もっと基本的なものから派生したはずです」

　このような考え方は物理学を完全にひっくり返す。非局所性はもはや謎ではない。それは物の真の在り方であり、今度は**局所性**のほうが謎になる。空間がもはや当然視できないなら、それが何であり、いかにして出現するのか——空間だけで出現するのか、時間と一体化して出現するのか——を説明しなければならない。空間を構築するのは、分子を集めて液体にするような単純なことではないだろうことは明らかだ。空間の構成要素であり得るものとは何だろう？　私たちは普通、構成要素は、それを使って作るものよりは小さいと考える。以前、私の友人と彼の娘が、アイスキャンディーの棒でエッフェル塔の精密な模型を作った。彼らは、棒は塔より小さいなどと説明する必要はほとんどなかった。しかし、空間を作る話になると、「より小さい」ということ自体があり得なくなる。なぜなら、大きさそのものが空間的な概念だからだ。空間の構成要素は、空間を説明するためのものなので、そこに空間を仮定することはできない。その構成要素は、大きさも位置もないはずだ。あらゆるところに存在し、宇宙全体に広がっていると同時に、どこにも存在せず、指し示すことができない。物に位置がないとはどういうことだろう？　ならば、どこにあるのだろう？「出現する時空について考えると、それは、私たちが馴染んでいるものとはかけ離れた、何らかの枠組みから出現するはずです」と、アルカニ＝ハメドは言う。

西洋哲学では伝統的に、空間を超えた領域は物理学を超えた領域——キリスト教神学の神の次元——と考えられてきた。18世紀前半、ゴットフリート・ライプニッツが提案した「モナド」——彼が宇宙の究極の要素と考えたもの——は、神のように、空間と時間の外側に存在した。彼の理論は、他のものが出現する空間というものを理解するうえで一歩前進だったが、まだ形而上学的で、実在する物質の世界とは、あいまいな結びつきしかなかった。物理学者たちが、空間を何かから出現するものとして説明するのに成功したければ、彼らは非空間性の概念を自分たちのものとして確立しなければならない。

アインシュタインはこれらの困難を予見していた。「おそらく……原則的には、私たちは時空連続体を放棄しなければならないだろう」と、彼は記した。「人間の独創性がいつの日か、そのような道に沿って進む方法を見出すことは想像できないことではない。しかし現時点では、そんな計画は、虚空で呼吸しようとするようなものとしか思えない」。名高い重力理論研究者ジョン・ホイーラーは、時空は「前(プレ)-幾何学」からできていると推測したが、これは、「アイデアのためのアイデア」でしかないと認めた。アルカニ＝ハメドほど奔放に見える人でさえ、疑いを抱いてきた。「これらの問題は大変難しい。私たちの通常の言語の外側にあり、話すことすら困難です」

しかし、数十年の努力を経て、彼やほかの人々がアインシュタインの挑戦に応じようと立ち上がった。本章で私は、さまざまな研究プログラムから生じているいくつものアイデアをまとめあげ、空間とは何か、そして、その根底には何があるかについて、新しい描像を構築する。「2000年以上にわたって、人々は空間と時間の本質について問いかけてきましたが、まだ機が熟していませんでした」とは、アルカニ＝ハメドの以前からの見解である。これらの問題を提起して、何らかの意味のある答えを期待できる時代が、ついに訪れたのだ。

## 相互作用距離

空間を当然のものと考えるのをやめて、私たちが空間という言葉によって本当は何を意味しているのかを再検討し、また、空間がないならどうすればいいかを考えてみることにしよう。ニュートンが構築し、今日も高校で教えられている古典論的な物理法則によれば、物体の位置と速度が世界の性質を完全に決める。ある瞬間のこれらの量は、すべてのものが今ある位置にいかにしてたどり着いたかを反映すると同時に、今後どう振る舞うかを決定する。世界は、人々が廃倉庫のなかで作ってはユーチューブに投稿する、巨大なループ・ゴールドバーグ・マシンのようなものと見なせるかもしれない――すべてが然るべき場所に収まったなら、それを始動さえすれば、あとはすべて自ずと動いていくのだと。原子をカエルの形に配置し、適切な速度でちょっと突けば、カエルは生き続け、そのあとは電気スパークを与える必要もないと。

古典物理学では、物体は互いに電気力や重力などの力を及ぼし合い、その結果、速度を上げたり下げたり、元々のコースを逸れたりすると考える。力の強さは、物体どうしの相対的な位置に――とりわけ、互いにどれだけ離れているかに――依存する。過去に両者のあいだに何が起こったかは、何の違いももたらさない。1度互いにこすれ合ったことがあったとしても、いったん離れてしまえば、両者のあいだの引き付け合う力や反発し合う力は、同じ距離だけ離れたほかの任意の物体とのあいだの同様の力に比べ、強くも弱くもない。空間は残酷なまでに平等主義なのだ。あなたが恋人から離れてしまうと、あなたたち2人の物理的結びつきは、2個の石炭の塊どうしとまったく同じ強さでしかなくなってしまう。

このように、空間は自然界の組織化原理の役割を果たしている。イギリスの物理学者ジュリアン・バーバーが言うように、空間は宇宙を結びつける糊だ。物理的な物体は、行き当たりばったりに相互作用するのではない。その振る舞いは、ある時間に、各物体が空間のどこにあるかに依拠する、物体どうしの関係によって決定されている。この構造化ルールは、力学的運動の古典法則に最もわかりやすく表れているが、場の理論でも働いている。空間の異なる点における場の値とその変化率は、場が何を行うかで完全に決まり、場のなかの点は、近傍の点としか相互作用しない。

場の内部で定式化された理論は、常に世界を捉えることができるという印象を与えるつもりはない。そんなことはないのは明らかだ。そのような理論の限界は、これまでの章でお話してきた。たとえば、離散的な物体と連続的な場が相互作用するとき矛盾が生じ、ニュートンの運動法則も、アインシュタインの運動法則も、速度や密度が無限大になる、いわゆる特異点では破綻する。だが、これらの例外にもかかわらず、物理学者たちは常に、自分たちの理論の要素は、空間の内部にあるとしてきた。量子力学においてさえ、量子もつれの謎をわきに置いておけば、ひとつの系の内部の相互作用は、空間的な配置によって制約を受ける。

だがこの論法は、逆向きにも使える。物理学者や哲学者は、自然界は非常に特殊な構造を持っているという事実から、空間を**定義**することができる。空間が世界に秩序をもたらすと言う代わりに、世界には秩序があり、空間は、その秩序を記述する便利な概念だと言うことができる。私たちは、物体が互いにある形で影響を及ぼし合うことに気づき、そこからそれらの物体に、空間のなかの位置を割り当てる。この構造には重要な側面が2つある。第1に、私たちに及ぶ影響は階層的だ。ほかのものよりも大きな影響を私たちに及ぼす物体があり、この違いから、私たちはその物体の距離を推測する。影響が弱ければ距離が遠く、強ければ近い。哲学者のデイヴィッド・アルバートは、このような距離の定義を、「相互作用距離」と呼ぶ。「それは、〝ライオンが私の近くにいる〟イコール〝そのライオンは私を傷つけるかもしれない〟という意味です」と、彼は言う。これは、私たちの通常の考え方とは逆だ。「気をつけろ、ライオンが近くにいる。跳びかかってくるかもしれないぞ！」と叫ぶのではなく、「おやおや、ライオンが跳びかかってくるかもしれない。だとすると、ライオンが近くにいるらしいぞ」と叫ぶわけである。

空間構造の第2の側面は、そこにあるさまざまな影響は互いに矛盾しないということだ。もしも、サイも私を傷つけられるなら、サイも近くにいるに違いない。そして、ライオンとサイが私を傷つけられるなら、ライオンとサイは、互いに相手を傷つけられるはずだ（実際、私の生き残りは、これにかかっている）。このようにさまざまな影響のパターンを把握することで、私たちは空間を抽出することができる。空間距離によって猛獣の危険が表せないとしたら、空間は意味を持たなくなる。恐ろしくない例には、三角測量がある。携帯電話の信号バーの表示は、あなたの電話の基地局とのつながりの強さを示しているので、あなたと基地局との距離の指標にもなっている。緊急時、電話会社は数カ所の基地局であなたの信号を測定し、三角測量、またはそれに関連した三辺測量〔三角測量は、ある基線の両端にある既知の点から、測定したい第3の点が見える角度を測定することにより、第3の点の位置を特定する。三辺測量は、既知の2点を含む3点を結んだ三角形の辺の長さのみを測定して、第3の点の位置を特定する〕の技法を使って、あなたの携帯電話の位置を特定できる。多数の測定がひとつの位置に収束するという事実が、「あなたがひとつの位置にいる」ことの意味である。

## 因果関係のウェブ

空間を構造によって定義することの長所は、空間の性質を巡る長年にわたる論争のいくつかを回避できることだ。古代の原子論者たちは、空間はそれ自体で物であると考えたが、一方でアリストテレスは、空間は宇宙の内容物がいかなる形で詰め込まれているかを記述する抽象概念だと見なした。だが、いずれにせよ、空間は自然界が持つ構造を反映する。もしも原子論者が正しくて、空間は独立した存在なら、それは、きちんと織られた布のように高度な秩序を持っているはずで、物理学者たちが空間に要求する機能を果たすことができるだろう。もしも空間が単なる抽象概念なら、宇宙の内容物は、その抽象概念に意味が与えられるような、厳密に正しいかたちで組み合わさっていなければならない。

一見したところ、秩序に優位性を与えても、これまでのところ私たちは何も得ていないようだ。今度は秩序を説明しなければならなくなったわけで、単にひとつの謎を別の謎に置き換えただけではないか。ペリメーター理論物理研究所の理論物理学者リー・スモーリンは、これを「逆転問題」と呼ぶ。しかし、ある人の問題は、別の人のチャンスだ。なぜなら、今や私たちは、もしも宇宙が必要なかたちに秩序化されていなかったなら、どのような姿になっていたか、想像することができるからだ。その場合、宇宙はもはや空間的ではないかもしれない。空間を絶対に必要なものと考える代わりに、それは可能な宇宙の状態のひとつだと考えることができる。ちょうど氷が、水が取り得る状態のひとつであるように。実際、氷の比喩は悪くない。水が固体でいられる条件の範囲は、気体になる範囲よりも狭い。これと同様に、空間という状態は例外で、普通ではないのかもしれない。物理学の統一理論として提案されたもののほとんどは、宇宙が取り得る状態の大多数は空間的ではないと示唆しているのだ。「時空が存在するところは、極めて限られています」と、コロンビア大学の弦理論研究者モシェ・ロザリは言う。「それは、何らかの特別な条件を必要とします」。秩序と無秩序のあいだ、空間と非空間性のあいだの、あいまいな領域を模索すれば、物理学者たちが長年首をひねり続けている非局所的な現象について、理解可能な説明を見出すことができるかもしれない。

これとほぼ同じことが時間にもあてはまる。私が空間に注目し続けてきたのは、ほとんどの研究者たちがそうしているからだ。時間に関しての非局所性の話は、いっそうわかりにくい。スモーリンと、哲学者のティム・モードリンは、時間は創発するものではないと論じる本を最近出版した。これに関する説についてはあとで再び触れる。基本的な状態が何であろうと、時間は宇宙の組織化において強力な役割を演じる。そして、空間と同様、時間という構造にも2つの側面がある。第1は、それが階層的だということ。出来事は、密接に、あるいはかすかに関係しあっているか、もしくは、まったく無関係である。出来事は論理的な順序で起こり、ひとつの出来事が物理法則にしたがって次の出来事へとつながる。古典的な心理学のテストに、一連の絵を見せられ、それを並べ替えて物語を作るというものがある。たとえば、イヌが体を乾かすために体を揺する、イヌが水たまりに駆け込む、イヌがリードからすり抜けるなど、与えられた順番はむちゃくちゃで、そのままではシュールな物語だ。正しく並べ替えてはじめて、イヌの飼い主なら誰でもわかる話になる。『スローターハウス5』〔早川書房〕〔カート・ヴォネガットの1969年の小説。時間旅行を筋立ての道具とし、一見無作為な出来事を連続して描きつつ、全体として主題を提示する〕や、映画版『クラウド・アトラス』〔2012年のSF映画。6つの時代に起こった異なる物語を、ランダムだが、シンクロしたかたちに描く〕などの非線形的なストーリー展開でさえ、時系列のロジックがある。

ライプニッツは、亡くなる前に書いた最後のエッセーのひとつで、この考え方を反転させた。時間は、出来事が構成される理由ではないと述べたのだ。出来事が構成されているという事実の結果が時間なのだ。あなたは、原因と結果の配列から、時間を導出することができる。別の出来事を導くひとつの出来事は、時間のなかで先に起こるはずで、いくつもの中間段階が、その2つの出来事のあいだにどれだけの時間が過ぎるかを決める。アインシュタインの相対性理論から振り返ると、因果関係に物理学における中心的な機能を与えたライプニッツは、実にいいところに気づいたと言える。ひとつの出来事が別の出来事を引き起こせるのは、光が両者のあいだを伝わる十分な時間がある場合だけだ。この理屈をひっくり返せば、ひとつの出来事が別の出来事を引き起こせるなら、その2つの出来事は、互いにある特定の距離の範囲内で起こるはずだということになる。実際、この因果関係の編み目構造から、世界全体の精密なマップを作ることができる——何が何を起こすべきかがわかるだけで、すべてのものを正しい位置に置くことができるのだ。

　多くの物理学者がこのアイデアを発展させ、「因果集合」としての時空モデルを構築した。専門的なことを言えば、関係の編み目構造には多少のあいまいさが残る。ある出来事が別の出来事よりも早く起こることは教えてくれるが、どれだけ早くかは教えてくれないのだ。尺度は提供しないのである。しかし、因果集合説を取る理論家たちは、時空は、離散的な単位——空間の「原子」——で構築されているなら、既に自然な尺度を備えていると主張する。このとき距離は、そのような原子の数を数えることで決定される。

　私たちの目的にとって重要なのは、因果関係のウェブが時空を再生するのだとしたら、そのウェブは高度に秩序化されていなければならないということだ。「因果集合はほとんどれも、時空とは似ても似つかないように見えます」と、因果集合説の先駆者フェイ・ダウカーは言う。比喩を使って説明すると、さっきの心理学テストの作成者は、でたらめにいくつもの場面をあなたに見せても、あなたがそれらの場面から意味のある話を作るとは期待できない、ということだ。そもそも、ぴったりはまる場面の集合でなければならない。それらの場面に秩序がある場合に限り、時間は、各場面が列のどこにあるかを示すラベルとなる。

時間構造は、出来事の列や階層を作るのみならず、異なるプロセスどうしの相互一貫性も確実にする（時間構造の第2の側面である）。もっと具体的な話をしよう。まず、時間についてこれまでに聞いたことなど忘れて、時計のことを考えてほしい。周囲を見回すと、この時計と呼ばれるとても便利なものがいくつもある。パンを焼くときや、運動療法をするとき、とても重宝する。家にある時計すべての時間を合わせておくと、少なくとも近似的には、それらは全部同じ時間を刻み続けると期待できる。すべての時計が同じ数値を示すので、あなたはこれらの数値を「時間」と呼ぶ。この事実がいかに驚異的な規則性を表しているか、私たちが立ち止まって考えることはほとんどない。キッチンのタイマーが、パンが膨らむ時間をあなたに告げなければならないのはなぜだろう？ビッグベンが地球と同期して回転しなければならないのはなぜだろう？ 電子振動子、発酵するイースト菌、揺れる振り子、巨大な回転する球。これらはまったく異なる系だ。それでも足並みをそろえて進む。

ジュリアン・バーバーは、これらの系がお互いの運動を追跡しているのは、それらすべてが、大きな時計仕掛けの歯車のように互いに連結されているからだと主張する。この考え方に立てば、時間は宇宙の内的一貫性をもたらすものとして、宇宙に先んじて存在するわけではなく、宇宙の内側から生じるものである。ライプニッツの思想の支持者だったエルンスト・マッハは、次のように記した。「世界のすべてのものは互いに結びついており、互いに依存しあっている……時間は、物の変化を通して私たちが到達する抽象であり、そのような抽象が可能なのは、私たちはどんな特定の測定にも縛られていないからだ、なにしろ、すべてのものは互いに結びついているのだから……私たちは、物が相互依存しているなかで、その状況を通して、時間に関するさまざまな概念に到達する。これらの概念のなかに、物どうしが持つ、最も深く、最も普遍的な結びつきが表れている」。時間の意味は、空間の意味と同様に、自然のなかに存在する特別な種類の調和から引き出されている。

## 無媒介の距離

空間の組織化力を味わうのに、相互作用しながら動く多数の部品でできた複雑なシステムを準備する必要などない。国の地形を考えてみればいい。ある国のさまざまな都市が地図上で配置されている様子を思い浮かべることができる。あるいは、紙の道路地図や地図帳などに使われており、都市と都市との距離を読み取ることができるマイレージ(走行距離)・チャートの、四角や三角の格子図を使えば、さまざまな都市の位置関係を知ることができる。面白いのは、これらのチャートの内部には隠れたパターンが存在していることだ。ちょうど、ジグソーパズルのピースを箱から全部出したときには、ピースどうしは無関係に見えるが、組み合わせていくにつれて、ピースどうしの

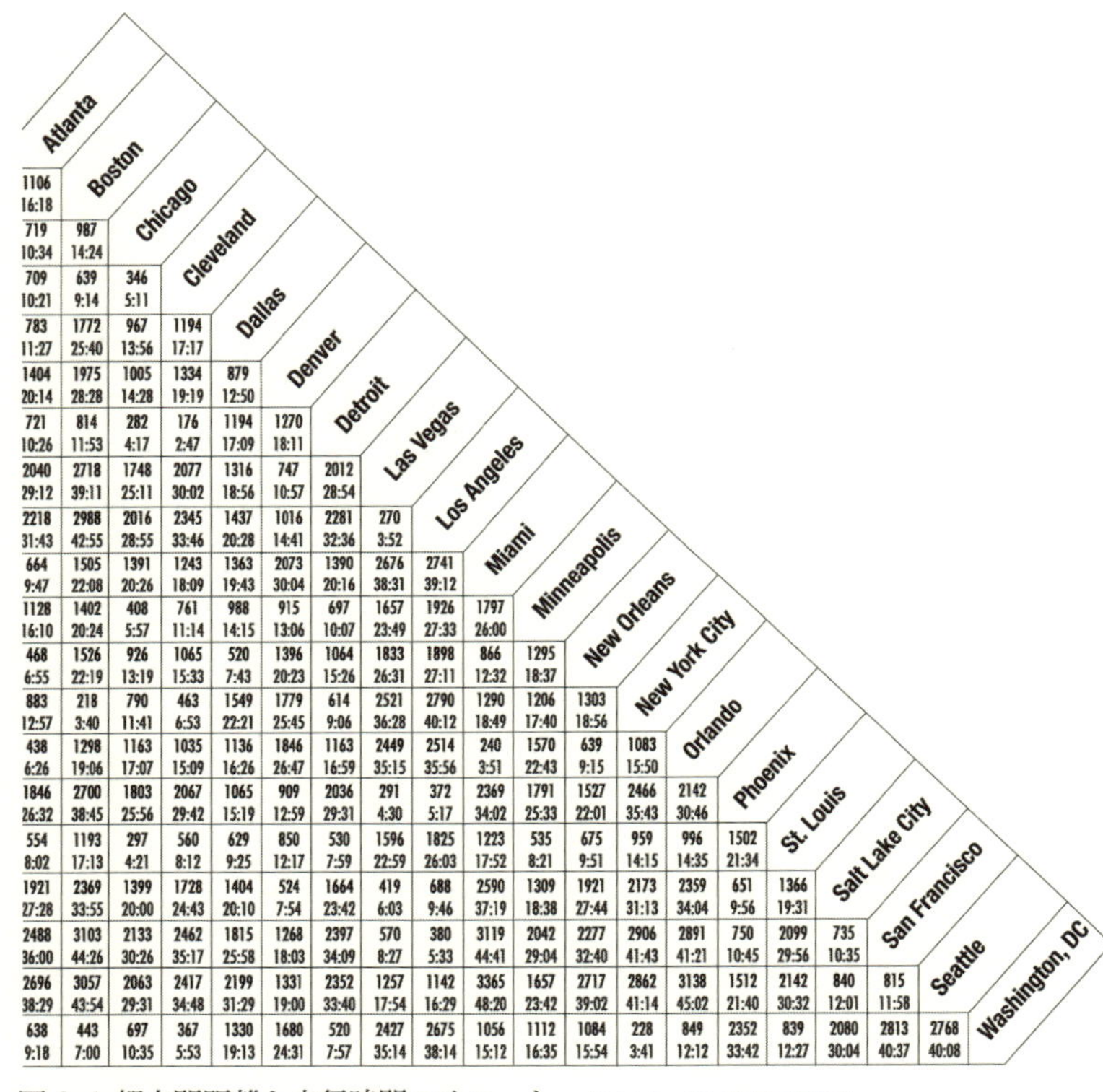

| | Atlanta | Boston | Chicago | Cleveland | Dallas | Denver | Detroit | Las Vegas | Los Angeles | Miami | Minneapolis | New Orleans | New York City | Orlando | Phoenix | St. Louis | Salt Lake City | San Francisco | Seattle |
|---|---|---|---|---|---|---|---|---|---|---|---|---|---|---|---|---|---|---|---|
| Boston | 1106 16:18 | | | | | | | | | | | | | | | | | | |
| Chicago | 719 10:34 | 987 14:24 | | | | | | | | | | | | | | | | | |
| Cleveland | 709 10:21 | 639 9:14 | 346 5:11 | | | | | | | | | | | | | | | | |
| Dallas | 783 11:27 | 1772 25:40 | 967 13:56 | 1194 17:17 | | | | | | | | | | | | | | | |
| Denver | 1404 20:14 | 1975 28:28 | 1005 14:28 | 1334 19:19 | 879 12:50 | | | | | | | | | | | | | | |
| Detroit | 721 10:26 | 814 11:53 | 282 4:17 | 176 2:47 | 1194 17:09 | 1270 18:11 | | | | | | | | | | | | | |
| Las Vegas | 2040 29:12 | 2718 39:11 | 1748 25:11 | 2077 30:02 | 1316 18:56 | 747 10:57 | 2012 28:54 | | | | | | | | | | | | |
| Los Angeles | 2218 31:43 | 2988 42:55 | 2016 28:55 | 2345 33:46 | 1437 20:28 | 1016 14:41 | 2281 32:36 | 270 3:52 | | | | | | | | | | | |
| Miami | 664 9:47 | 1505 22:08 | 1391 20:26 | 1243 18:09 | 1363 19:43 | 2073 30:04 | 1390 20:16 | 2676 38:31 | 2741 39:12 | | | | | | | | | | |
| Minneapolis | 1128 16:10 | 1402 20:24 | 408 5:57 | 761 11:14 | 988 14:15 | 915 13:06 | 697 10:07 | 1657 23:49 | 1926 27:33 | 1797 26:00 | | | | | | | | | |
| New Orleans | 468 6:55 | 1526 22:19 | 926 13:19 | 1065 15:33 | 520 7:43 | 1396 20:23 | 1064 15:26 | 1833 26:31 | 1898 27:11 | 866 12:32 | 1295 18:37 | | | | | | | | |
| New York City | 883 12:57 | 218 3:40 | 790 11:41 | 463 6:53 | 1549 22:21 | 1779 25:45 | 614 9:06 | 2521 36:28 | 2790 40:12 | 1290 18:49 | 1206 17:40 | 1303 18:56 | | | | | | | |
| Orlando | 438 6:26 | 1298 19:06 | 1163 17:07 | 1035 15:09 | 1136 16:26 | 1846 26:47 | 1163 16:59 | 2449 35:15 | 2514 35:56 | 240 3:51 | 1570 22:43 | 639 9:15 | 1083 15:50 | | | | | | |
| Phoenix | 1846 26:32 | 2700 38:45 | 1803 25:56 | 2067 29:42 | 1065 15:19 | 909 12:59 | 2036 29:31 | 291 4:30 | 372 5:17 | 2369 34:02 | 1791 25:33 | 1527 22:01 | 2466 35:43 | 2142 30:46 | | | | | |
| St. Louis | 554 8:02 | 1193 17:13 | 297 4:21 | 560 8:12 | 629 9:25 | 850 12:17 | 530 7:59 | 1596 22:59 | 1825 26:03 | 1223 17:52 | 535 8:21 | 675 9:51 | 959 14:15 | 996 14:35 | 1502 21:34 | | | | |
| Salt Lake City | 1921 27:28 | 2369 33:55 | 1399 20:00 | 1728 24:43 | 1404 20:10 | 524 7:54 | 1664 23:42 | 419 6:03 | 688 9:46 | 2590 37:19 | 1309 18:38 | 1921 27:44 | 2173 31:13 | 2359 34:04 | 651 9:56 | 1366 19:31 | | | |
| San Francisco | 2488 36:00 | 3103 44:26 | 2133 30:26 | 2462 35:17 | 1815 25:58 | 1268 18:03 | 2397 34:09 | 570 8:27 | 380 5:33 | 3119 44:41 | 2042 29:04 | 2277 32:40 | 2906 41:43 | 2891 41:21 | 750 10:45 | 2099 29:56 | 735 10:35 | | |
| Seattle | 2696 38:29 | 3057 43:54 | 2063 29:31 | 2417 34:48 | 2199 31:29 | 1331 19:00 | 2352 33:40 | 1257 17:54 | 1142 16:29 | 3365 48:20 | 1657 23:42 | 2717 39:02 | 2862 41:14 | 3138 45:02 | 1512 21:40 | 2142 30:32 | 840 12:01 | 815 11:58 | |
| Washington, DC | 638 9:18 | 443 7:00 | 697 10:35 | 367 5:53 | 1330 19:13 | 1680 24:31 | 520 7:57 | 2427 35:14 | 2675 38:14 | 1056 15:12 | 1112 16:35 | 1084 15:54 | 228 3:41 | 849 12:12 | 2352 33:42 | 839 12:27 | 2080 30:04 | 2813 40:37 | 2768 40:08 |

図 6–1 都市間距離と走行時間のチャート。（©AAA、許可を得て使用）

関係が表れてくるのと同じだ。

仮に都市が20あるとしよう。チャートには４００個の数字が並ぶ。この数字のデータを得るために、ＡＡＡ（アメリカ自動車協会）などの地図作成会社は、運転手を雇って、都市から都市へと車を走らせ、走行距離計の情報をメモさせるか、ＧＰＳの表示を読み取らせる。正味の情報を考えると、このチャートはすこぶる冗長だ。距離は、数学者たちが「距離の公理」と呼ぶ、非常に厳密なルールに従う。まず、対角線上に並んでいる20個の数字はすべてゼロだ——それぞれの都市と、その都市自身との距離なのだから。

残った数の半分は繰り返しだ。なぜなら、距離には対称性があるからだ。ダラスからソルトレークシティまで走る車は、逆向きに走る車と、基本的には同じだけ走る。実際、ほとんどの地図会社は、この冗長な情報を省略し、残りの三角形に並んだ数だけを表示している。

この三角形に記された190の数字にしても、完全に独立ではない。なぜなら、これらの数字は、各都市の座標——緯度、経度、高度——を表す60の数字と、都市どうしが遠くて地球の曲率が問題になる場合に必要な地球の半径とにまとめることができるからだ。最後に、走行距離を知る目的には、座標系に関する慣習（グリニッジ子午線を経度0度にするなど）は関係ないので、さらに6個の数字を捨ててしまうことができる。こうして、数字は55個になる。最初の400個の数字は、この55個の数字を算数でさまざまに組み合わせたものだったわけだ。これは、チャートを見ているだけではわからないかもしれないが、このプロセスは逆向きにたどることができるので、真実である。あなたは、都市の座標からスタートし、地図上でそれらの都市の位置にマークを付け、三角法で都市間の距離を計算することができる。

このように、チャートは高度に組織化されている。都市が空間のなかに位置しているとは、こういうことだ。空間座標は、物どうしが取り得る相互関係を捉える極めて経済的な方法である。先の例では、20の都市の400の都市間距離が、55個の一意的な数字に集約された。物の個数が増えればそれだけ、節約の幅も劇的に大きくなる。都市の数が100なら、都市間距離は1万にのぼるが、295個の数にまで集約できる。世界のすべての都市、あるいは、すべての町、もしくは、ある地理的特徴のすべてに関する距離の生データは、ハードドライブ1個をいっぱいにしてしまうだろう。これらの位置は、1枚の地図に簡潔に表現できるというのに。「これが空間というものです」とバーバーは言う。「それは、大規模なデータ圧縮なのです」

これほど大規模な圧縮が起こっているのは、局所性のおかげだ。局所性が成り立っていれば、全体は、その空間的な部分の総和である。今のマイレージ・チャートの例で言えば、どんな旅も、一連の小さなステップからなっているということだ。長い距離は、そのあいだにある短い距離を継ぎ足していけば進めるので、都市と都市とのあらゆる組み合わせについて、その方角を特定する必要はない。たとえば、チャートから、ダラスからデンバーまで900マイル（約1450キロメートル）で、デンバーからソルトレークシティまで500マイル（約800キロメートル）だと読み取れれば、ダラスからソルトレークシティまでは、最大で1400マイル（約2250キロメートル）だと、誰に言われなくともわかるだろう。

仮に、こうではなかったとしよう――チャートのデータが、それほど高度に組織化されていなかったとするのだ。私がチャートに400個のでたらめな数字を記入して、これらの都市の位置を地図の上に示してくださいと、あなたに頼んだとする。あなたは、ほとんど間違いなく、そうはできないだろう。たとえば、チャートから、ダラスからデンバーまで900マイルで、デンバーからソルトレークシティまで500マイル、そして、ダラスからソルトレークシティまで8000マイルと読み取れたとしよう。これでは意味をなさない。これらのデータからすると、ダラスから直接行くか、途中でデンバーに立ち寄るかで、ソルトレークシティは2つの異なる場所にあることになってしまう。まるでエイプリルフールの悪ふざけだ。あなたの友だちが、複数のジグソーパズル

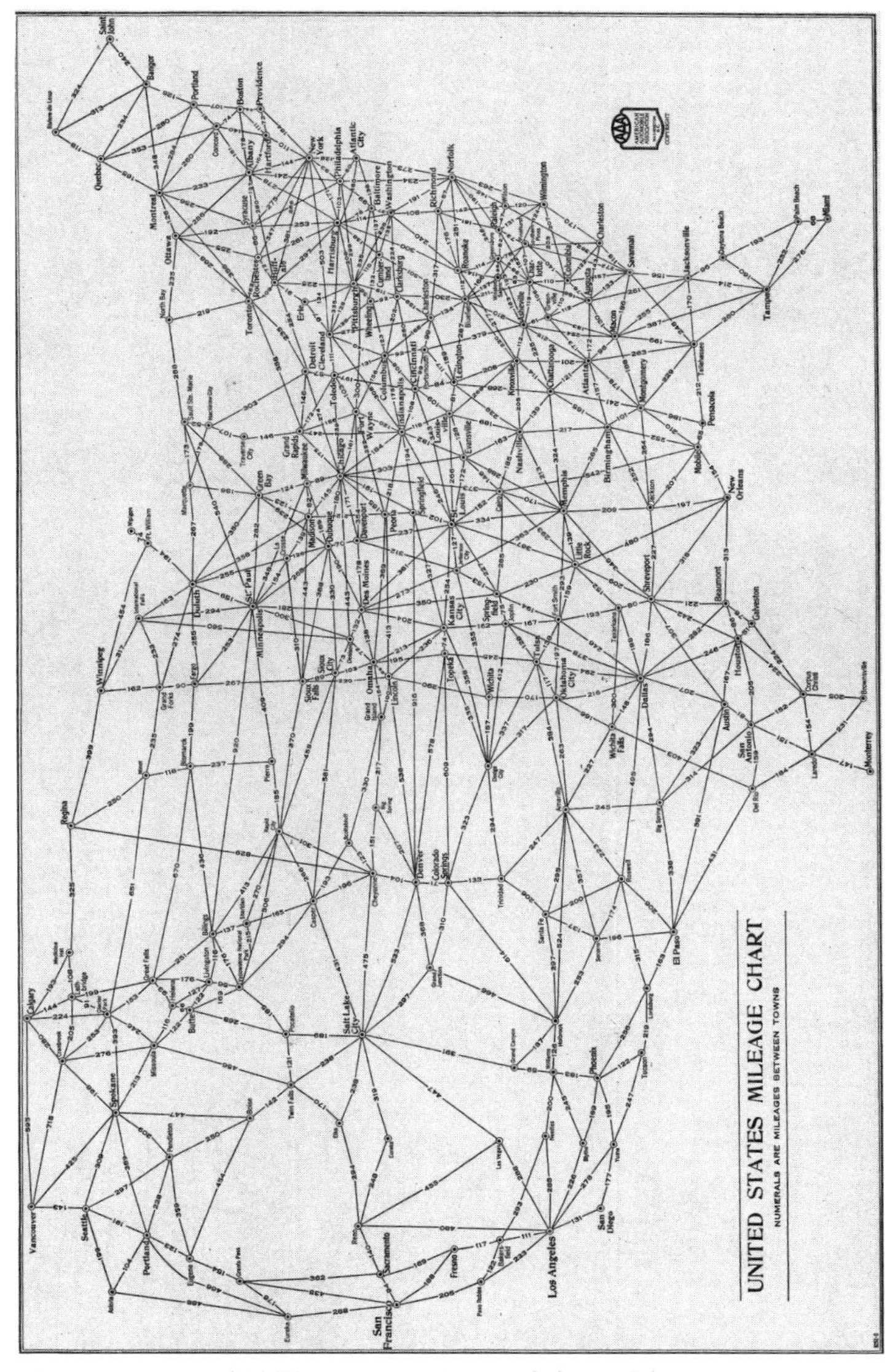


図 6–2 アメリカの都市間のマイレージ・マップ（1939 年）。（©AAA、許可を得て使用）

から取ってきたピースを混ぜ合わせたものをあなた渡し、組み立ててみてごらんと言ったようなものである。あなたは、いくらがんばってもパズルが完成しないので、友だちだと思っていた相手が、実はひどいいたずら者だったと気づくだろう。

このような状況では、位置には意味がなくなる。空間には意味がなくなる。それはもはや、場所どうしの関係を記述する便利な方法ではない。しかし、だからといって、都市どうしの相対的な配置が理解できなくなるわけではない。地図上に都市を配置できないとしても、マイレージ・チャートに頼ることができる。言い換えれば、あなたには、哲学者が「無媒介の」距離と呼ぶものが使えるのだ。これは、都市と都市とを直接結びつける距離であり、一連の短い距離に帰することはできない。これは、まったくの架空の話ではない。初めてボストンで車の運転をしたとき、私はなんとかして、自分の空間認識に頼らないようにしなければならなかった。というのも、それでは道に迷ってばかりだったからだ。一方通行の迷路と、アメーバのような不定形の街区のなかでは、東に行くために西へ進んだり、右折するために左車線に入ったりを繰り返さねばならない。鳥のように上空から見下ろした全体像を知っても何の役にも立たない。あなたがしなければならないのは、どこでどちら向きにターンするかという指示に機械的に従うことなのだ。ドライバーにとって、ボストンは非空間的な都市である。

## 潜在的な複雑性

関係のネットワークが空間に収まり切れなくなるのは、それほど不思議ではない。なにしろ、こ

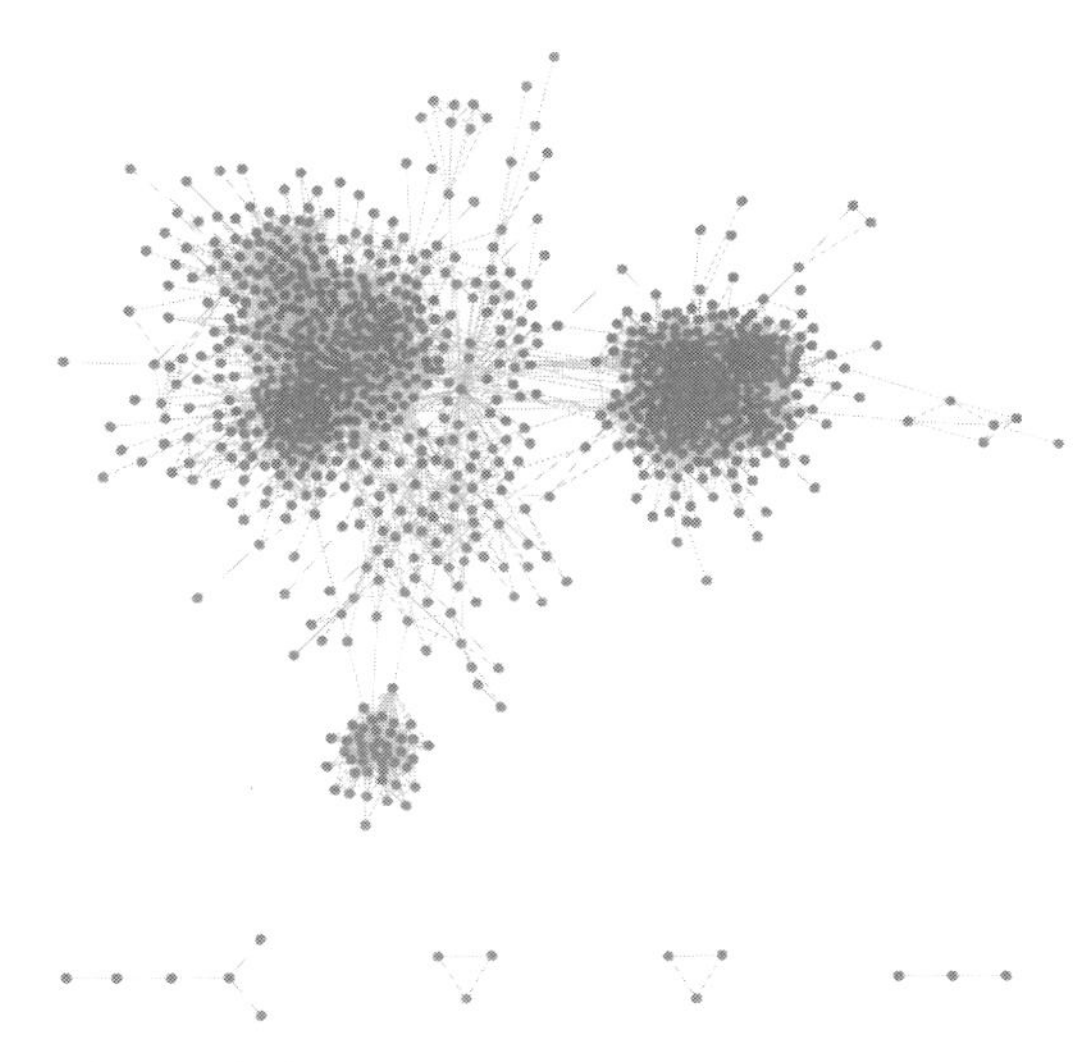

図6–3 フェイスブックの友達ネットワーク。
（ウルフラム・アルファ LLC［2014年］、許可を得て使用）

れは人間関係で起こっていることなのだから。私たちの社会生活は、1枚の空間地図に並べるには、あまりにもつれすぎている。だが、誰もそうしてみようとしないというわけではない。家系図は、遺伝的近さと婚姻による近さを、空間的な近さで表現しているし、オンライン・ソーシャル・ネットワークでも、同様の試みが登場している。ウルフラム・アルファ〔アメリカのウルフラム・リサーチ社が開発した質問応答システムで、事実に関する質問に対し、構造化されたデータに基づき答えを提供するサービス〕のウェブサイトは、あなたのフェイスブックの友だちネットワークを、マップ表示してくれる〔フェイスブックは、個人情報保護の観点から、ウルフラム社の個人データ解析サービスを2015年以降は推奨していないようで、専用アプリを使っていない友だちについては解析できなくなっているようだ〕。これは友だちを丸い点で表し、そのなかで友だちどうしの2人を直線でつなぐものだ。マップ上の空間距離は、2人の共通の友だちの数によって示される社会的な親密さを表している。これらの友だちは普通、いくつかの異なる社会集団に分かれている。家族、同級生、職場の同僚、アルティメットのチームメイト〔アルティメットは、フリスビーを用いる、バスケットボールとアメリカンフットボールを合わせたような競技〕、レディオヘッド〔イギリスのロックバンド〕・ファン仲間、などなど。この全員が同じパーティーに行ったとすると、集団ごとに別々の場所に集まるだろう。それらの集団の空間距離は、集団どうしの関係の近さ、遠さに対応しているだろう。

初めてフェイスブックの友だちネットワーク図を作ったとき、私は、物理学の同僚たちと、音楽仲間たちとのあいだに、1本だけ線が伸びているのに気づいた。おかげで、私が一緒に仕事をしていたある理論物理学者が、私同様キューバのダンス音楽のファンだったことがわかった。予期せぬ結びつきを発見するのはこのような図を見る楽しみでもあるが、同時に、このような空間を使った比喩の限界も露呈している。私の友だちネットワーク図のなかで、この理論物理学者がどの位置に来るかを決める一貫性のある方法はないのだ。先の例のソルトレークシティのように、彼は2つの社会サークルに対応する2つの異なる位置に存在している。そして、これらの図に表れていない、あれこれたくさんのものを考えると、不具合はますます深刻になる。フェイスブックの2人の「友だち」は、会ったり話したりしたことは一度もなくても、ネットワーク図では、まるで永遠の大親友のように結びつけられている。ある人は、別の人にただ片思いしているだけなのに、2人を直線が結んでいる。このような、ネットワーク図には含まれない人間関係の次元を捉えるには、図にいろいろなシンボルを使うといい。緊密な絆は太線、敵対関係はジグザグなどだ。このようなかたちにした家系図は、ジェノグラムと呼ばれ、心理学者、ソーシャルワーカー、そして『ゲーム・オブ・スローンズ』〔アメリカのテレビドラマシリーズ。ドラゴンや魔法が存在する中世ヨーロッパを思わせる舞台で、大勢の登場人物が織りなす群像劇〕の話についていくのが難しいと思っている人々に重宝されている。シンボルは、空間を使った比喩の不具合を補っている。

自分のソーシャルネットワークを徹底的に合理化するために、人々が自ら整理整頓することもある。そのような状況には、非空間性から空間が出現する様子が見て取れるかもしれない。それまで存在していなかったところに、ひとつの構造が形成され得る。それには2つの方法がある。成長か縮小か、である。人々は孤立した個人としてスタートし、やがてほかの人々と付き合い始めるだろう。あなたのおばあさんが、ついにフェイスブックを始め、自分の友だち全員を登録するようなものだ。また、既存の、ぐちゃぐちゃに絡み合った友人関係からスタートし、そこから不要なものを取り除いていくかもしれない。会う人全員と友だちになるのはいいが、やがて、その半数は誰だかわからないと気づき、意味のない付き合いはやめてしまうようなものだ。

たとえば軍隊は、階級をまたがる交友関係を制限している。親近感は、目上の相手を軽視する気持ちを生み出す危険性があるからだ。その結果、階級の違いは、空間的な分離と似たものとなる。兵卒が大佐から疎遠なのは、ダラスがソルトレークシティから離れているのとよく似ている。情報は、指揮系統を上下に移動するが、それは、ダラスからソルトレークシティまで車で移動する人が、いくつもの中間地点を通過しなければならないのと同じだ。この構造のゆえに、軍隊の階層構造図は、軍隊の内部の社会的関係を正しく反映している。

軍隊の構造は、軍隊の規律によって課せられたものだが、秩序が内側から自発的に出現する場合もある。その古典的な例が市場経済だ。私たちはいつも「経済」のことを、自分の金について軽はずみな決断を下している数百万の人々の活動ではなく、意識を持ったひとつの存在であるかのように話している。そしてある意味、経済は意識を持ったひとつの存在である。というのも、集団的な仕組みは、それを形作る人々を超越するからだ。孤立した状態では、個人が商品に価格をつけることはない。なぜなら、商品を売り買いする相手がいないからだ。価格は、人々が集まり、取引をするようになって初めて重要になる。商品に対する需要が多ければ市場価格は上がるが、逆に供給量のほうが多ければ市場価格は下がる。こうして需要量・供給量は、売り手と買い手の集団的決定によりおのずと調節され、均衡化された価格へと向かう。

このような自己組織化は、物理学では常に起こっている。たとえば、1個の水の分子には温度はない。温度は、多数の分子が衝突し、エネルギーを交換して初めて意味を持つ。冷水と湯を混ぜると、冷水は温まり、湯は冷め、両者はやがて均一化する。この平衡状態に達するまでは、水は2つの温度で特徴づけられるが、平衡に達してからは、1つの値によって特徴づけられる。複雑さから単純さがもたらされる。しかし、複雑さは潜在的に持続している。温度が揺らいだり、水がやかんで沸騰するなどの相転移を起こすときなどには、潜んでいた複雑さが露呈する。物理学者たちは、このような標準的な状態からの逸脱を、物質の微視的構造を垣間見る窓として使うことが多い。

弦理論は、もうかなり前から、その名称には収まりきらなくなっている。今や弦理論は、1次元の弦だけではなく、2次元の膜や、より高次元の膜の類似物を前提としており、理論家たちはこれを、1ブレーン、2ブレーン、3ブレーン、4ブレーン〔ブレーンは「膜」の意味〕などと呼んでいる。そのなかで、Dという記号を付けて呼ばれるものは、弦の端として振る舞うことができる。この序列の底辺にあるのが、つつましいD0ブレーンである。D0ブレーンは一種の粒子だ。大きさもなく、その他の空間的属性もまったくもたない、真の幾何学的点であるD0ブレーンは、空間の構成要素の完璧な候補である。この直感を確かめるべく、理論家たちは計算を行って、D0ブレーンが重力子（グラビトン）にふさわしい性質を持っていることを突き止めた。重力子とは、数十年も前から提唱されている、重力を伝達するという仮説上の粒子である。

サスキンドらのBFSS行列模型は、この粒子（D0ブレーン）が基本粒子であるとし、多数のD0ブレーンから宇宙のすべてが構築されると考える。すべての粒子がすべての粒子と相互作用するのだが、それらの相互作用は、単なるオン・オフではなく、強度や質もさまざまに異なる。粒子のペアに多くのエネルギーを与えれば与えるほど、粒子どうしの結びつきは強まる。この蜘蛛の巣のように複雑な相互作用は、数値を行列の形に並べたものによって定量的に表現される。たとえば、行列の8行12列の数値を読めば、8番目の粒子と12番目の粒子の相互作用の強さがわかる。相互作用の強さのみならず、結びつきの質を表すためには、このような行列が数個必要になる。

どの行列も正方形で、左上の角から右下の角まで対角線に、特別な1組の数が並んでいる。ここでは、8番目の行と8番目の列、12番目の行と12番目の列……と、同じ番号の行と列のすべてが交差する。この対角線に並んだ数は、それぞれの粒子の、自分自身との相互作用の大きさを表している。自己相互作用こそ、行列模型の重要な特徴なのだ。行列模型の粒子は、原子より小さなナルシストで、自分の投稿にいつも「いいね」をクリックしているフェイスブック・ユーザーのようなものだ。これらの粒子の自己相互作用は、一種気ままで制限のないもので、エネルギーを与えることなしに、その強度を上げ下げできる。

量子グラフィティが、どちらかと言えば行き当たりばったりに働くのに対し、D0ブレーンは対称性に基づく法則に支配されている。方程式の数学的なバランスが、この模型の組織化原理なのだ。行列の対角線からはずれたところにある数は、対称性のおかげで、対角線上の数値と結びつきを保つ——言い換えれば、ブレーンどうしの相互作用は、対称性のおかげで、ブレーンの自己相互作用に依存したものになる。自己相互作用の大きさが同程度の粒子どうしは結びつきを形成するが、自己相互作用のレベルがまったく異なる粒子どうしは疎遠なままである。要するに、類は友を呼ぶわけだ。その結果ブレーンたちは、フェイスブックのネットワークのなかの社会的サークルのように、集まって別々の塊を作る。これらの塊は、2、3の数値——すなわち、その構成メンバーの自己相互作用の大きさと質を表す数値——によって簡潔に記述できる。

行列模型では、このようにして空間が出現する。D0ブレーンは、空間の内部に存在したり、そこで運動したりするのではない。数学的には、D0ブレーンはすべて、1つの点の上で互いに積み重なっている。しかし、D0ブレーンは極めて選択的な相互作用を行うため、私たちが味わう、空間の内部に生きているという経験を生み出すのである。私たちが「位置」と呼ぶものは、ある塊を一意的に特定する一組の数に過ぎない。それは、あなたの友だちを、「物理愛好家」、「レディオヘッドの熱狂的ファン」、「キューバのダンスを踊る人」などに分類するようなものだ。

これはまだ序の口に過ぎない。私たちが馴染んでいるすべての空間概念——運動、大きさ、局所性——を取り上げて、ブレーンのダイナミクスで説明することができる。まず、運動。物体が位置を変えるのは、D0ブレーンの自己相互作用が変化しているからだ。これは、キューバのダンスの愛好家たちが、突如全員、ドミニカの音楽に興味を引かれてしまったような状況である。彼らはひとつのグループとして、新たな情熱へと「動く」。このような動きは、比喩的なものと思われるかもしれないが、行列模型では、それが物理的な運動の起源となる。次に、大きさ。ある物体の内部におけるさまざまなブレーンの自己相互作用は、厳密には等しくなく、少し広がりを持っている。そのため、その物体は、ある範囲にわたる位置に広がって存在する。そして、局所性。離れた場所にある塊どうしは、互いに独立している。それは、塊ごとに自己相互作用が異なるので、対称性の論理から、両者の相互作用が抑制されてしまうからだ。これは、キューバのダンスの愛好家たちと、レディオヘッドの熱狂的ファンたちは、お互いに話すことなどほとんどないというのと同じである。「〝離れている〟物どうしは、本当に離れているのではありません」と、サスキンドは説明する。「両者を結びつけているものが、打ち消されているだけなのです」

ブレーンが、ただ空間を再生産しているだけなら、それは喜ばしいことかもしれないが、退屈である。私たちの目標は、空間を超えることだ。ブレーンにはそれができる。ブレーンは、一握りの空間座標で表現するにはあまりに複雑すぎる方法で振る舞う。たとえば、塊どうしの相互作用は、完全に抑制されることは決してない。なぜなら、量子効果によって常時復活させられているからだ。そのため、空間的に離れた塊どうしは、完全には独立ではない。塊はどれも、ほかの多数の塊からそっと引っ張られているのを感じている。これが行列模型による重力の説明である。行列模型はある意味、ニュートンの重力の描像を、ある物体から別の物体へと跳躍する非局所的な力として呼び覚ます。それを生み出す相互作用は、空間を通して伝達されるのではなく、無媒介で直接的な結びつきなのである。

塊の内側では、また違うタイプの、空間性との決別が起こる。内部では、グループのダイナミクスが激しく、どのブレーンも、ほかのすべてのブレーンと相互作用している。ブレーンは、互いに相手の自己相互作用を乱し、これらの相互作用を表す行列は、空間座標の性質を失う。通常、座標は独立した数値だ。ある都市の緯度は、その経度とはまったく独立に測定できる。しかし、塊の内部のブレーンには、これは不可能だ。ブレーンの緯度を最初に測定し、次に経度を測定すると、その逆の順序で測定した場合と結果が異なるのだ。この種の順序の効果は、数学では「非可換性」と呼ばれている。先に説明したマイレージ・チャートで、ソルトレークシティが2つの位置に存在した場合のように、D0ブレーン（粒子）は事実上、2つの異なる位置に存在するのと同じ状況になる。「たとえば〝x〟方向の位置と〝y〟方向の位置が、同時には測定できません」と、シカゴ大学の弦理論研究者エミール・マーティネクは言う。「離散的な粒子の集合が、こんな振る舞いをするとは、私たちは期待しません――私たちは、離散的な粒子は、すべての空間次元で正確に局所化できると期待しますから」。あいまいさの程度は、その系がどれだけ非局所的で非空間的かという、ひとつの尺度である。

実際、塊には、本当の「内側」はない——D0ブレーンたちが動き回る空間はないのである。じつのところ、もはやD0ブレーンそのものも存在しない。なぜなら、D0ブレーンは個体であることを放棄して、集団に同化してしまっているからだ。ある塊を外側から見たとき、あなたに見えるのは、ある物体の外表面ではなく、空間の端なのだ。そして、あなたがその塊のなかに手を突っ込んでも、あなたの手は塊の内側には届かない。塊には、内側はないのだから。その代わりに、あなたの手さえもが、同化してしまうだろう（手にはよくないに違いない）。賢いあなたが塊に触れることを避け、代わりに粒子をそのなかに投げ込むとすると、塊がそのような粒子を収容できる容量は、その内部の体積ではなく、表面積に依存することがわかるだろう——ここでもその理由は、塊には内部の体積がないというだけのことである。このレベルでは、空間は何ら意味を持たないのだ。

## 量子もつれが空間を生み出す

行列模型は、いくつか奇妙なところもあるが、ある注目すべき原理を確立する。空間は系の元々の性質としてはなかったとしても、量子物理に従う粒子の一団は、私たちから見て、空間のなかに存在し、そこで運動していると断言できるように自己組織化する、という原理である。そしてこの原理は、極めて普遍的であることがわかる。D0ブレーンの一団のみならず、ほとんどすべての量子系が、その内側に畳みこまれた空間次元を持っている。飛びだす絵本のようなものだ。このような系の大部分は、行列模型のようには、完全な非空間性から自力で空間を構築することはできない。その代わりに、次元の低い空間にテコ入れをして、より高次元の空間を生み出す。

前章で触れたAdS／CFTは、そのような系のひとつだ。それは3次元の空間から出発し、9次元の空間を生み出す。弦理論研究者がこのシナリオをたいへん好む理由のひとつは、それがホログラフィー原理を簡潔に説明することにある。ホログラフィー原理とは、宇宙は、局所性原理から期待されるよりも、はるかに低い複雑性を維持し得るという考え方だ。その複雑性の減少分は、空間の次元のどれかひとつが幻だったとしたら減少すると期待されるのとちょうど同じである。AdS／CFT対応のシナリオでは、そうなる理由は、その次元が実際に幻だからだ。それは、アコーディオンのように折りたたまれて消えてしまう。なぜなら、そもそも本当は存在しなかったのだから（「幻」という言葉は不適切かもしれない。「派生的」あるいは「構成された」などのほうが、あまり美しくないが、適切だろう。次元は、最低のレベルでは存在しないのかもしれないが、ブレーンより大きなものにとっては、依然として極めて実在的である）。

幻のように存在しないことにできる次元は、根底に存在する量子系が持っている秩序の、ある側面を反映している。じつのところ、その根底にある秩序の側面は、私たちが日常生活でも親しんでいるものだ。具体的に言えば、大きなものと小さなものは、まったく別世界にいるかのように存在しているという事実がそれだ。地球は人間のことなどまったく気にかけずに軌道を周っているし、私たち人間は、皮膚に棲んでいるバクテリアのことなどほとんど考えずにいる。逆に、私たちは自分が巨大な岩のボールの上に乗っていることは、漠然としか意識していないし、バクテリアは人間が日々奮闘していることなどまったく知らない。自然は尺度によって階層化されているのである。

音波は、この階層化の、極めてシンプルな例だ。波長が長い音と短い音は、互いに相手のことなど気づいていない。低い音と高い音を同時に鳴らしたとすると、それぞれが、あたかも自分が世界で唯一の音であるかのように、部屋のなかに波として広がる。両者の相互独立性は、空間的に離れた物体どうしの自律性に似ている。あなたがピアノの鍵盤で、中央Cと、その隣のDの鍵を鳴らすとしよう。Cの鍵は、波長が1メートル32センチの音波を生じ、Dの鍵は、それより波長が14センチ短い音波を生じる。これらの波は、それらが伝播する3次元の空間のなかで重なり合うが、それでもやはり、まるで異なる場所にあるかのように互いに独立である。ある意味、これらの音波は、第4の次元のなかで14センチ離れて存在していると考えることもできる。

鍵と鍵がピアノの鍵盤上で離れていればいるほど、それらが発生させる音波は、この仮想的な第4次元のなかで、より遠く離れている。鍵盤上で与えられた距離が、その次元のなかの距離に翻訳されるわけだ。あなたは、この次元そのものを見ることはできない。あなたにとってそれは、音波の音響学的独立性を捉えるひとつの抽象表現である。だがそれは、驚くほど適切な抽象表現だ。演奏者たちは、音の高さの違いを「音程（インターバル）」と呼ぶが、これは、距離の意味を内包する言葉だ。まるで私たちの脳が、音の高さの違いを空間的な距離と捉えているかのようだ。AdS／CFT対応は、この抽象表現を文字通りに受け取り、私たちが占有している空間の次元のひとつが、エネルギーもしくは、それと等価な、根底に存在する系の内部の波長の長さだと示唆する。

メリーランド大学の弦理論研究者ラマン・サンドラムは、これをドラマチックに表現する。あなたが画家で、ナショナルモール〔アメリカのワシントン市にある国立の開放公園〕を描いているとしよう。前景にはアイスクリーム売り場が、背景にはワシントン記念塔が配置されている。平らなキャンバスの上で距離感を表現するため、あなたはこの2つの物体を異なる尺度で描く。これと同じようなことが、AdS／CFT対応のシナリオで実際に起こっている。宇宙は3次元のように見えるが、実際には、2次元のキャンバスで、私たちが第3の次元に沿った距離と見ているものは、つまるところ尺度の違いである。「深さの次元は、画家がしなければならないのと同じ方法で、再生されるのかもしれません。画家の作業はこうです。ワシントン記念塔を非常に小さく、前景にあるものを非常に大きく描くのです」とサンドラム。AdS／CFT対応では、遠くの物体は、実際あなたのすぐ隣にある。それが小さく見えるのは、それが実際に小さいからだ。あなたがそれに触れられないのは、それが遠くにあるからではなく、それがあまりに小さくて、あなたの指で扱えないからだ。物体が縮むとき私たちは、それを運動として知覚する。絵空事のように聞こえるが、これは厳密な数学によって裏付けられている。

大きさが異なる物体どうしは、厳密には独立ではない。物体は、大きさが近い物体とは相互作用でき、その影響は、ある尺度から次の尺度へと徐々に及んでいく。「釘がなかったがために」ということわざ〔西洋で13世紀ごろから、さまざまなバージョンで表現されている、些細なことがやがて重大な結果をもたらすということわざ〕について考えてみよう。「釘がなかったがために、靴が失われた。靴がなかったがために、馬が失われた。続いて騎士が、戦(いくさ)が、そしてついに王国が失われた」ということわざだ。1軒の鍛冶屋で釘が足りなくても、それが直接王国の崩壊をもたらすわけではない。そ

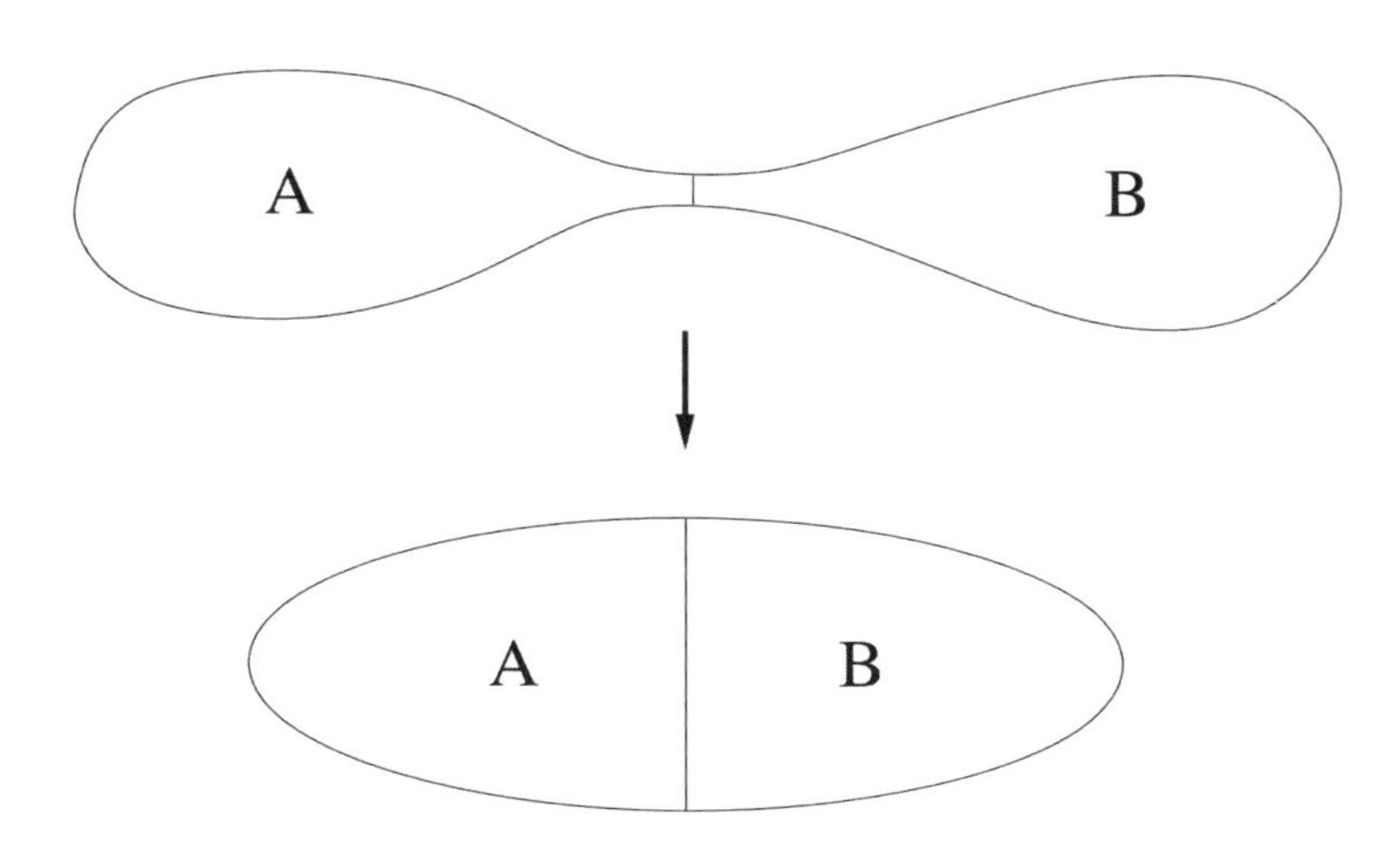


図 6–5 空間の連結。宇宙の２つの部分が、互いにますますもつれあうにつれ、両者は接近して一体化する。（マーク・ファン・ラームスドンク提供）

の影響は間接的に、中間的な尺度の多数の系を介して伝わる。音程が異なる音波どうしも、このように振る舞う場合がある。銅鑼は、低い音から鳴り始めるが、やがて、徐々に高い音が響いてくる。尺度を順番に伝播することの必要性が、創発した次元のなかで空間的局所性が成り立つ理由を説明する。ある場所で起こることは、中間の多数の点を通過せずに、別の場所にジャンプしたりはしないのだ。

根底に存在する量子系が、この種の階層構造を持っているとは限らない。奥行き感を出すためには、絵が正しい方法で描かれていなければならないのと同じように、空間を生み出すためには、系はある程度、内的一貫性を持っていなければならない。この一貫性を保証するのが、系の粒子や場の量子もつれだ。私たちが知っているような空間を生み出すためには、これらの粒子もしくは場は、尺度ごとに量子もつれしていなければならない。個々の粒子は、隣の粒子と、粒子のペアは、別のペアと、個々の粒子グループは、別のグループと、という具合に。「時空はもしかすると、このようなもつれたペアでできているのかもしれません」と、京都大学の理論物理学教授、高柳匡は言う。もつれたペア以外のパターンは、また別の幾何または系をもたらすが、それらは空間的と見なすことはまったくできない。もしも系が完全に量子もつれしていなかったなら、出現する空間は支離滅裂で、宇宙のなかに存在するものは、ひとつの領域のなかに閉じ込められ、ほかの場所に行くことはできないだろう。「量子もつれは、時空を一体のものにまとめあげている張本人なのです」と、ブリティッシュ・コロンビア大学の理論家マーク・ファン・ラームスドンクは言う。私たちが初めて量子もつれに出会ったとき、それは空間を超越しているように見えた。今日、物理学者たちは、量子もつれこそ空間を生み出しているのかもしれないと考えているのだ。

## 行列のなかの欠陥

ここまでのところを要約しておこう。私たちは、空間が非空間性から出現できるかもしれない、いくつかのプロセスを見てきた。それらはすべて、原初の構成要素のもつれたネットワークが自らほどけて、小ざっぱりとした結晶格子になり得るという考え方を、さまざまな可能性から具体化した仮説である。さて、ここでは、これらの仮説を、私が第1章で紹介した非局所的なさまざまな現象に適用してみよう。それらは、もつれた2個の粒子どうしの関係、宇宙の巨大な尺度における均一性、そして、ブラックホールのなかに落下する物体の運命であった。これらの現象は、ひょっとしれない。

すると、行列のなかの欠陥、すなわち、実在の根底にある構造を露呈する、変則的なものなのかもしれない。

出現する空間格子は、完璧なものではない――自然のなかに、完璧なものがあったことはいまだかつてない。そこには、ちょっとした欠陥がある。たとえば、あなたのシャツが襟から袖口にかけて縫製が不完全で、縫い目に沿ってほつれた糸が飛び出しているような状態だ。ネットワークのなかで隣接していても、空間の内部では、必ずしも隣接しているとは限らない。ネットワーク内では小さな1歩に過ぎなくても、空間のなかではひとつの大きな跳躍かもしれない。マルコープロとスモーリンは、この現象を「無秩序な局所性」と呼ぶ。一方、スタンフォード大学の弦理論研究者ブライアン・スウィングルは、これを「長いリンク」と呼ぶ。これらのリンクは、本質的に、小さなワームホールである。一般相対性理論で存在が許されている、時空トンネルのようなものだ。『スター・トレック』シリーズや、映画『インターステラー』などのSF作品は、ワームホールを宇宙船が通過できるように描いているが、ワームホールの概念は、元々、粒子を説明しようとする努力のなかでアインシュタインが着想したものだ（なお「ワームホール」という名称は、ジョン・ホイーラーが付けたもの）。ワームホールのようなリンクが、もつれた2個の粒子を結びつけているのではないか、というわけだ。2枚の量子コインが、ひとつのワームホールの2つの口ならば、これらのコインを投げたときに、同じ面を上に落ちても何ら不思議はないだろう。「このような関係は、空間のなかでの近さに起因します――ワームホールを通しての近さです」と、ファン・マルダセナは示唆する。

説得力のある説だが、この説にはそれ自体の潜在的欠陥がある。ひとつには、循環論法に陥る危険である。非空間性から出現する空間のモデルを構築する際、理論家たちは量子力学を前提としたのだから、ここにきて、量子力学を説明するのに、どうしてその派生物である時空を使えるのか？

さらに、ワームホールには、やりすぎの観があるのだ。たまたまワームホールに入ってしまったものは、反対側から出てこなければならない。しかし、もつれた粒子たちは、信号を運ぶことはできず、宇宙船などもってのほかだ。それらの粒子をつなぐトンネルはすべて、崩れた坑道のようなもので、粒子どうしが実験で量子もつれを示す相関した結果を出すのにちょうど足りるだけの、かすかなつながりを与えるだけでなければならず、汎用通路になってはならないのだ。この説の提唱者たちは、そのちょうどいいバランスを実現できるような案をいくつか提案している。マルダセナは、ワームホールのなかを信号が通過し切る前に、重力がワームホールをつまむようにふさいでしまうのだと論ずる。スウィングルは、もしも実験家が試みたとしても、これほど狭いリンクに信号を通過させるには、信号の暗号化と復号（暗号データの復元）を繰り返す、あり得ないほど強力なコンピュータが必要になるため、とんでもなく難しく、実現は絶対に不可能だろうと述べる。そしてマルコープロは、ワームホールは信号を運ぶことは可能だが、粒子たちはランダムに運動しているため、その信号は無意味になるだろうと想像する。あなたのコンピュータのキーボードの上を歩くネコは、電子メールを送信することはできるかもしれないが、その中身はちんぷんかんぷんなのと同じように。

ほかの人々は、量子もつれには、もっと急進的な考え方が必要だと考える。マイケル・ヘラーは、「非可換幾何」という概念を提唱する。この名称は、少し皮肉に聞こえる。というのも、幾何を使わずに、宇宙をひとつの大きな代数の方程式で記述しよう、というのが実際の目的だからだ。その方程式は、行列模型で使ったのと同じ、行列を使って書かれているが、ここでは行列に新しい解釈が与えられている。行列はもはや、D0ブレーンなどの構成要素どうしの結びつきを記述する数ではなく、個々の実体そのもの、つまり、それを使ってほかのすべてのものが作られる基本材料である。

具体的に言うと、ヘラーをはじめ、このアプローチを取る者たちは、物理学をトップダウン型のものと見ている。つまり、宇宙全体を包括する多数のグローバル構造が基本的なものであり、「点」や「物体」などの局所的な幾何学的概念は、これらのグローバル構造から派生するというのだ。宇宙は無数の局所化された物体から構築されるのだとする、普通のボトムアップの考え方とはまるきり逆だ。「点はひとつもありませんし、時間にしても、瞬間というものはありません」とヘラー。「すべての物はグローバルです。このため、局所性は、これまでのところ〝グローバルであること〟に呑み込まれているのです」。たとえ話で説明するため、社会を数百万人の個人がさまざまなグループとして集まったものと見る代わりに、社会を数百万のグループと定義し、個人を、さまざまなグループのメンバーシップが束ねられたものとして特定することにしよう（これは、それほどとっぴなことではない。ヘーゲルをはじめ、哲学者や社会学者には、個人のアイデンティティの大部分は、社会的アイデンティティによって構成されていると論じている者たちがいる）。すると、さまざまなグループを円で表した、巨大なベン図を描くことができる。そこでは、どの個人も、いくつかの円が交差した、ユニークな部分として表現できる。このトップダウン方式の定義がうまく使えるためには、グループどうしが適切なかたちで重なり合わねばならない。さもなければ、個人はそのユニークなアイデンティティを失ってしまう。1組のグループの交差に、多数の個人が含まれてしまい、その人たちを区別することができなくなるからだ。

これと同じようなことが、非可換幾何のグローバル構造にも起こり得る。適切な条件のもとでは、いくつものグローバル構造が連結し、通常の物理法則によって支配される、空間的な宇宙を生み出す。それ以外の条件のもとでは、そのようなことは起こらず、それらのグローバル構造の不完全な結合により、もつれた粒子などの、非局所的な現象が生じるのだろう。2つの異なる物体が、同じ一組のグローバルな実体が異なるかたちに混合されたものに過ぎないのなら、それら2個の物体が、空間を超越した結びつきを維持できることも理に適っている。ひとつの場所で起こることは、ほかの場所で起こることに影響を受けるだろう。たとえそれらの場所のあいだに、通常の意味でのコミュニケーションが一切なかったとしても。

## ビッグバンの新たなシナリオ

出現する時空を説明するさまざまなモデルは、ビッグバンを理解する新しい方法も提供してくれる。宇宙の誕生は、常に何らかのパラドックスを提示してきた。その前には何もなかったはずだが、宇宙が動き始めるためには、その前に何か存在していなければならない。しかし、ビッグバンは、唐突な創造の瞬間ではなく、ひとつの移行プロセスだと考えれば、パラドックスは解消する。

生命が、生命のない原子から出現するように、空間が空間性のない構成要素から出現するなら、宇宙の誕生は、生物の誕生以上に不可解ではなくなる。形もなく空虚だった原初世界が、徐々に自ら空間構造を持つようになったのだ。この筋書きは、原初のカオスが、陸と空、夜と昼、海と陸と、徐々に分化されていった古代の創世神話を彷彿させる。

この説を検討している理論家たちは、考え得る原初状態をいくつか提案している。まず、量子グラフィティの立場では、宇宙はそもそも、エネルギーにあふれたひとつのネットワークだったとする。そこでは、空間のすべての点が、ワームホールによって、ほかのすべての点につながれている状態だった。系が冷えるにつれ、ワームホールはつぶれてふさがり、宇宙の異なる部分が、ある程度自律性を持つようになった。そして空間は、私たちが認識するような形を持つようになった、というわけである。一方、行列模型の立場からは、これとは違うシナリオが提案されている。宇宙の最も深いレベルの構成要素であるD0ブレーンたちは、すべて相互結合していたが、そのことが直接、空間のなかの点どうしの結びつきをもたらしたのではない、というのだ。実際、空間は、結びつきのない無数の破片に砕かれており、小さな宇宙が群島のように並存していた。物理学者はこの状態を、「超局所性」と呼んでいる。「超」なのは、これらの島が単に自律的であるのみならず、完全に孤立しているからだ。やがて、いくつかのD0ブレーンがもつれあい、ひとつのユニットとして振る舞い始め、これが小さな空間となった。このように新たに形成されたユニットは、同じような別のユニットともつれあい、前よりも少し大きな空間を生み出した。いくつもの領域が、次第により大きな尺度でもつれあうにつれ、空間がカーペットのように広がっていった。空間の内部で暮らしている誰かの視点からは、ワームホールがひょいっと出現し、島と島のギャップに橋渡しをしたように見えただろう。

どちらのシナリオも、現在、宇宙はなぜ均一に見えるのかを説明する。ビッグバン以前の、空間が生まれ、成長する前の時代、物質とエネルギーはネットワークのいたるところを動き回っており、均一に広がっていたのだろう。あなたの目で見える空の、反対側の果てにある2つの銀河は、広大な空間に隔てられ、現在は互いにコミュニケーションすることはできない。しかし、時が始まったとき、両者のあいだに空間はなく、ギャップなどなかった。これらの銀河は、そのころは直接結びついていたのだから、両者が非常によく似ているのは偶然ではない。空間が出現して初めて、結びつきが切断されたのだ。「宇宙の原初状態としてあり得るものとして、完全に結合されたグラフ〔図6-4の、すべての点がほかのすべての点と結びついている高エネルギー・ネットワークのこと〕を私が初めて検討していたとき、このアイデアは、完全に自明なものだと思えました」と、マルコープロは回想する。「(原初の完全に結合されたグラフでは) あなたはそれを見て、そして、そこに行けますから、やはり地平線問題などないのです」

空間が出現するプロセスは、宇宙が持っている、ほかの一般的な特徴も説明してくれるかもしれない。たとえば、天文学者たちは、原初の宇宙は完全に均一だったのではなく、少し斑点のようなムラがあったことを発見している。このように、完全な均一性からわずかに外れている箇所が、のちに銀河やその他の宇宙の構造物がまとまっていく核となった。面白いことに、斑点は、大きさによらず、同じ形をしているように見える。このような尺度非依存性は、たとえば、高圧水蒸気が液体の水に変化するなどの、ある種の相転移に共通する性質である。そこでは、物質の2つの状態のあいだに正確にバランスされた状況で、各条件が、あらゆる尺度で調整された揺らぎを起こす。非空間性から空間への相転移も、これと同様のパターンである可能性が高い。

## 無の泡

ブラックホールは、ビッグバンを反転させたようなものだ。空間が非空間性へと戻るのである。時空は出現するものだとするさまざまな説では、ブラックホールはツンドラにできた水たまりだ。宇宙のなかで、空間が持っていた秩序ある結晶構造が、混乱した流体へと劣化してしまう、つまり、空間が文字通り融け去る、孤立した場所だ。そのような流体がどのようなものか、私たちには想像することさえほとんど不可能だ。「それが何であれ、そこには幾何学的解釈が存在しません」とマーティネクは言う。「従来の、幾何学的な時空という認識は、もう使えないのです」

敢えてその流体を可視化できる範囲で言うと、それは高度に相互結合したネットワークだ——重力を使ったバキュームクリーナーというよりむしろ、宇宙の迷路である。実際上、それは無限次元的だ。ブラックホールに落ちるものが外側に戻ることができないのは、重力によってしっかりと拘束されているからという理由だけではなく、それらのものが出口を探すのに大変苦労するからでもある。いつか成功するかもしれないが、短期的には見込みはない。彼らは、自分が契約している保険会社に電話をして、カフカの小説のように不条理な電話問い合わせメニューのなかを、なんとか進んで目的を達成しようと一晩中がんばる人と同じ運命をたどる。「この高度に結合された領

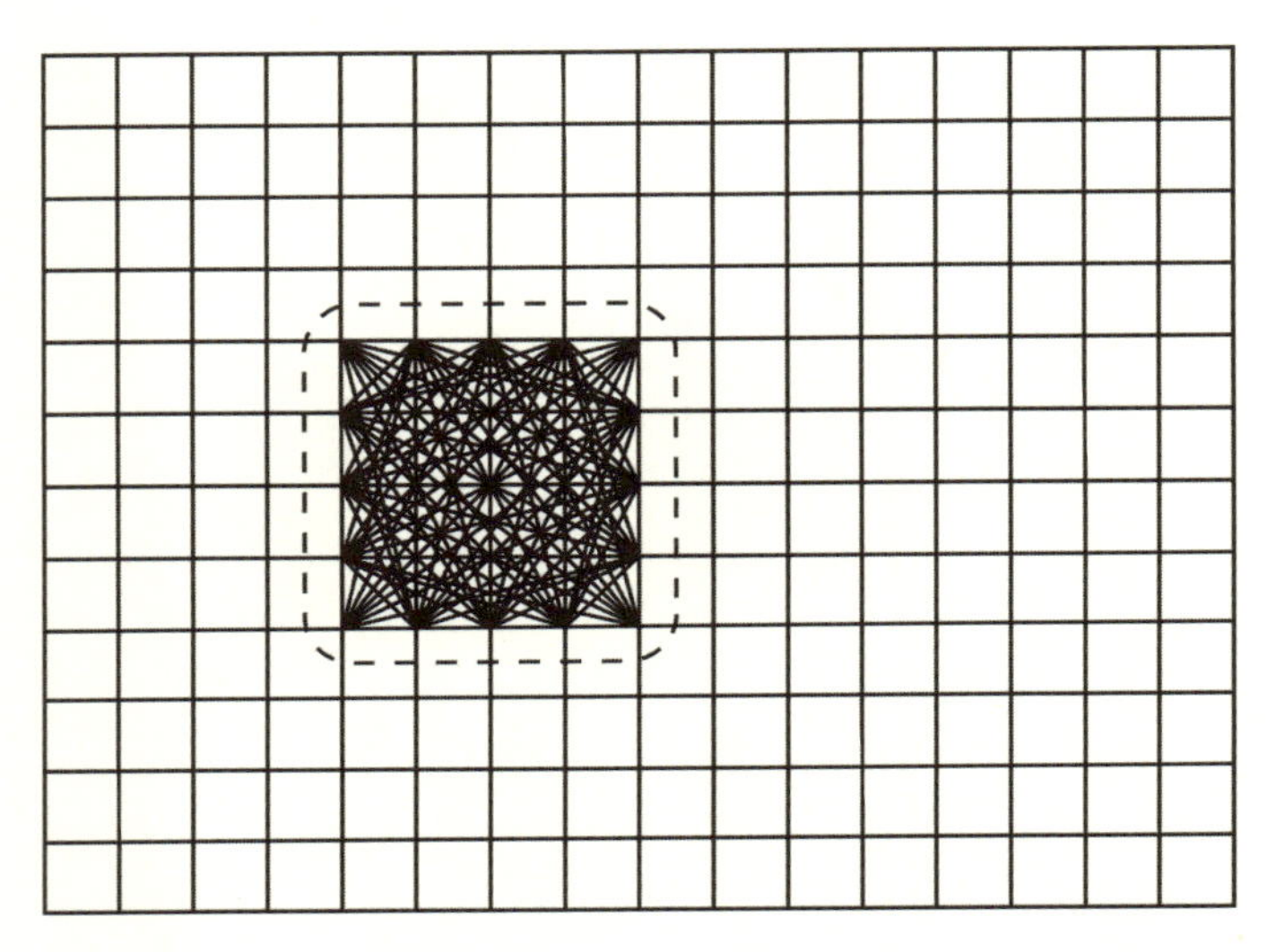

図6–6 ブラックホールの量子グラフィティ・モデル。ブラックホールは、宇宙の迷路で、そのなかに落ちるものはすべて、外に出るのは困難である。
(アリオシア・ハンマ提供)

域は、ひとつの罠のように働くのです」と、マルコープロは言う。

量子グラフィティによれば、この迷路は、文字通り複雑な通路のからまったものだが、行列模型では、もっと抽象的な複雑性の迷路である。ブラックホールを形成しているD0ブレーンたちは常に運動しており、ひっきりなしに互いに入れ替わり、まるで、可能な配置をすべて試しているかのようだ。ときおり、ひとつのブレーンが幸運に恵まれ、パートナーたちとの結びつきが瞬間的に緩む。すると、そのブレーンは飛び出す。スティーブン・ホーキングが予測したように、粒子が1個ずつ分散していき、ブラックホールは蒸発する。「ホーキング放射によってふたたび外の世界に現れる前に、強力な重力場のなかに長いあいだ捕らわれていなければならないのは、この広大な状態空間のなかで粒子が迷って出られなくなることと大いに関係しています」と、マーティネクは言う。

空間の出現は、物理学者たちが観察したり推論したりしてきた非局所的な現象を説明できるだけではなく、彼らがまだ知らない現象も予測する。そのひとつが、「無の泡（バブル・オブ・ナッシング）」という、ちょっと実存主義風の名前で呼ばれるものだ。無の泡は、ブラックホールと同じく、ひとつの相転移だが、それは融けるというより、沸騰するというのに近い。なべに水を入れてコンロにかけると、水蒸気の泡の核が形成され、膨張し、互いに結びつき、やがて液体の水はまったくなくなってしまう。これと同様に、小さな非空間性の核が形成され、成長しはじめる可能性がある。「ある時点で、量子力学的に、時空のなかにひとつの穴が形成されるのです」と、ロザリは言う。「その穴の境界は、光速で広がります。一種、時空を食い尽くしている状況です」。ありがたいことに、あなたが無の泡に吸い込まれて、ブラックホールの場合と同じような悲運に見舞われることはない。じつのところ、あなたが無の泡を直接見ることは決してないだろう。というのも、それは空間の外側に生じるからだ。その名称とは裏腹に、無の泡は厳密には無ではない。沸騰しても水がなくなってしまうわけではないように、量子系は消え去ってはおらず、ただ、もはや空間的とは考えられないほど無秩序になっているだけである。

空間は、マトリョーシカのような入れ子構造になっている可能性もある。私たちが暮らしている空間は、ほかの空間から出現するのみならず、ほかの空間を生み出すのかもしれない。現実の、ある種の系は、そのなかに余分な次元が潜在的に含まれているかのように振る舞う。たとえば、ある種の物質は、絶対零度近くまで冷却すると、予期せぬかたちで流動したり、電流を通したりして、異なるレベルの組織化を達成したことを示す。それらの物質を構成している粒子は、3つの空間次元のなかで暮らし、運動しているが、あたかも4つの次元のなかに存在し、運動しているかのように、自分たちを配置する。これらの物質をじっくり見たとしても、より高い次元を直接見ることは決してできないだろう。その次元は、粒子そのものではなく、粒子の塊が、根源的な客観的存在となっている、異なるレベルの記述に存在しているのだから。

これと同様のことが、温度尺度の反対側の端でも起こり得る。この10年間、大型ハドロン衝突型加速器などの粒子加速器で、原子核が分解されて、途方もなく高温状態の物質が生み出されてきた。これらの沸き上がり渦巻くプラズマは、とんでもなく混乱した状態だ。そのなかでは、クォークとグルーオンが極めて強く相互作用しているため、世界最高の数学の天才でも、それらがどう振る舞うかを予測するのに苦労しているほどだ。とはいえ、多くの物理学者たちが、プラズマには内的な単純さがあり、発想を大きく飛躍させて、プラズマは4次元に存在すると考えれば、それが明らかになるはずだと考えている。その高次元宇宙は、私たちの元素を、ほとんど認識できないかたちに再結合する。たとえば、プラズマ内の摩擦は、ブラックホールに衝突して跳ね返っている重力波だと考えることができる。ある意味、大型ハドロン衝突型加速器は、新しいかたちの物質を生み出すだけではなく、空間を生み出すのである。

## 時間の問題

長いあいだ、物理的実在の根底にある基盤だと考えられてきた空間が、より深いいくつもの層の一番上に乗っているのかもしれないと思うと、愕然とさせられる。「あるものが、いかにして出来上がっているかを調べるのに、それがどこで破綻しているかを見極める」という研究方法を使うなら、非局所的な現象は、空間のさらに下にある、より深い層の構造を探る手掛かりとなる。皮肉なことに、量子グラフィティ、行列模型、AdS／CFTについて、私が耳にする主な批判は、それらが奇妙すぎるということではなく、奇妙さが足りないというものだ。これらのモデルはみな、量子物理と一般相対性理論の基本的な枠組みのなかでも成り立っており、自発的に生じるとされる構造の大部分は、実際には、ルールのなかにあらかじめプログラムされているのだ。

とりわけ、これらのモデルは、時間を前提としている。空間が間違いなくほかのものから出現するのと同じく、時間もそのはずであるという、ライプニッツやマッハの考え方は取り入れられていない。このことは、モデルの欠陥ではなく、自然に関する深い真実だと考える研究者もいる。つまり彼らは、たとえ空間は基本的なものではなくても、時間は基本的であるに違いないと考える。つまるところ、物理学には、何らかの基本的な構造が必要なのだ。その上に、ほかのすべてのものが構築される基盤が。そして、時間は、ほかのどんなものにも劣らない、その候補だ。実際、時間を仮定しなければ、どうして空間の生成を時間的なプロセスとして語れるというのか？「時間はほかのものから生成するのだと言った瞬間から、あなたは脱線してしまいます。何がルールなのでしょう？　私はどうすればいいのでしょう？」とマーティネクは言う。カリフォルニア工科大学の宇宙論研究者ショーン・キャロルは、これを簡潔に表現する。「空間はまったく過大評価されていますが、時間は過小評価されています……時間はこれからも存続すると、私は思います……一方、空間は——まったくのいんちきです。空間は、ある種の状況で、私たちが便利だと感じる近似にすぎません」

しかし、このように時間と空間を分離してしまうのは、両者は基本的に不可分だという、アインシュタインの偉大な洞察に完全に矛盾する。一方が、何か別のものから生成するなら、他方もそうであるに違いない。多くの物理学者たちが、時間は何かから生成すると考えており、時間を前提にすることなく、生成を考える方法を模索している。「時空は生成されるのです」と、京都大学の教授、川合光は言う。「時空は、内部自由度から出現します」。彼と同僚らが構築したＩＫＫＴ行列模型では、自然の最も深いレベルにおいて、時間は消失してしまう〔この模型では、ある近似法を使って行列模型を具体的な時空に展開すると、10次元行列の内部自由度から4次元時空が出現し、残りの6次元はプランク尺度以下につぶれてしまう。このためこの模型は、行列という広がりのないゼロ次元の理論として4次元時空を記述できる。ゼロ次元においては時空の広がりは消失しており、また、この模型では時間と空間は対等に扱われるので、「時間も消失してしまう」というのだ〕。その手掛かりのひとつが、ホログラフィー原理だ。

これまで私は、ホログラフィー原理を空間を生成する方法として説明してきたが、それは時間を生成することもできる。どちらの場合も、鍵となるのは境界の存在だ。宇宙が、空間の遠方の果てに境界を持っているなら、出現する次元は空間的だが、宇宙の境界が、過去または未来にあるなら、出現する次元は時間的だ。実際、天文学者たちが知る限り、私たちの宇宙は、空間的ではなく時間的な境界を持っている。過去にはビッグバンがあった。未来には、永遠に加速し続ける膨張があるようだが、それもまた一種の境界である。遠い過去か未来かに、その境界に座っている観察者は、両側の境界のあいだに介在するすべての瞬間に関して、知るべきことはすべて知っているだろう。昨日、今日、そして明日は、ひとつに収束するだろう。

この理屈によれば、時間を前提とする理論は、やはり不完全で、空間と時間が、より深い物理からいかにして出現するかに関する完璧な説明への足掛かりにすぎない。理論家たちは、これまで試みた以上に斬新なアプローチで、非局所性を説明しなければならないだろう。そして実際に彼らは、そのようなアプローチのひとつに、徐々に近づいているところだ。

## S行列の挫折

第二次世界大戦の前半、ヴェルナー・ハイゼンベルクはコペンハーゲンを訪れ、滞在中にニールス・ボーアと会っていた。ナチスのために取り組んでいる原子爆弾の開発について、かつての師と話し合ったのだ。この旅のことはよく知られており、長年にわたり物議を醸してきた。ハイゼンベルクが大戦の終盤、もうひとつ旅をしたことは、これほど知られていないが、こちらもそれに劣らずドラマチックだった。それは1944年12月のことで、ハイゼンベルクはドイツとスイスの国境を越え、チューリッヒ大学で講演を行ったのだ。聴衆のなかに、旧友の物理学者の面々に並んで、見知らぬ男がいた。彼には、地元の物理愛好家か、もしかすると、彼がヒトラーの悪口を言わないよう見張っているドイツのSS（ナチス親衛隊）の工作員だろうとしか思いつかなかった。じつのところ、それはモー・バーグだった。プリンストン大学で語学を学び、一度はプロの野球選手となったが、その後アメリカのスパイとして活動した男だ。バーグは、ハイゼンベルクの原爆が完成間近なのかどうか確かめ、もしそうなら、彼を暗殺せよとの命を受けていた。ハイゼンベルクは原爆の話は一切せず、大して面白くないS行列という新しい量子力学の概念の説明をしたので、バーグは彼を見逃した。

S行列は、空間と時間を使わずに物理学を用いるための革命的なアプローチだった。私が前章でお話したグラフや行列に比べても、通常の空間の認識からいっそうかけ離れている。ハイゼンベルクは、昔から空間というものをいまいましく感じており、場の量子論が電気力や磁力の説明に関し、空間にまつわる多くの問題を抱えていたことに――とりわけ、これらの力が無限大の強度で作用しなければならなくなるという、場の量子論の予測に――、自分の感覚の正しさが立証されたように感じていた。はたして場の量子論は正しいのか、間違っているなら、それに置き換わる理論は何かという問いを回避するために、彼は「知らないことについて、心が痛むことはない」ということわざの数学版を案出したのだった。

彼はごたごたして面倒な粒子の衝突を、ブラックボックスとして扱うことを提案した。そこに何が入っていくか、そして、そこから何が出てくるかはわかるが、そのあいだに生じる何やらぐちゃぐちゃした事態は、誰も決して見ることはない、というのがブラックボックスである。S行列は、生じ得るさまざまな結果の確率を表にしたものだ。行列の各項を計算するために、理論家たちがブラックボックスの内部で何が起こっているかを知る必要はないというのが、ハイゼンベルクの主張だった。粒子がどこにあるか、どのように運動しているか、そして、それらが場のさざ波や、物理学者たちが想像したこともないような奇妙なものではなく、ほんとうに粒子なのかどうかすら無視できる。要するに、理論家たちは物理学の記述から空間の概念を完全に排除することができるのだ。その代わり彼らは、もっと大局的なルールに基づいて、何が観察されるかを導出すればいい。

たとえば、サイコロを振るというプロセスを考えてみよう。乱れた気流のなかで転がる、表面に小さな窪みがある立方体の運動を表す方程式を、スーパーコンピュータを使って解くことができる。しかし、近道もできる。対称性のおかげで、サイコロがどの面を上にして落ちるかという確率は、6つの面すべてで等しいのだから。

私たち全員にとってありがたいことに、ハイゼンベルクが作った数学的ツールは、彼の原爆よりもはるかにうまく機能した。S行列は、すべての理論家のツールキットの一部となった。だがそれは、ハイゼンベルクが元々考えた理由からではなかった。空間や時間をなしで済ます方法というよりも、便利な計算システムと受け止められたのだ。戦争が終わって間もなく、物理学者たちは、空間と時間はやはり崩壊するのかという疑問を回避しながら、場の量子論を使って、すべてを計算する――つまり、ブラックボックスを開けて中身を見る――方法を見出した。だが、1950年代から1960年代にかけて、物理学者たちが原子核の奥底を詳しく見ようとし始めると、ブラックボックスは再びぴしゃりと閉じられてしまった。場の量子論は、核力を記述する任務には耐えられそうになかったので、S行列が再び脚光を浴びだしたのだ。このときは、カリフォルニア大学バークレー校の理論家ジェフリー・チューが、S行列の概念をさらに一歩推し進めた。ハイゼンベルクは、根底には何らかの物理法則――ブラックボックスのなかで働いているメカニズム――があると仮定していたが、チューはそんなものはないと示唆した。おそらく、そこにあるのはS行列だけなのだ、と。

これは急進的なことだったが、60年代のバークレーでは、急進主義は好意的に受け止められた。

チューの目標のひとつは、空間と時間を捨て去ることだった。なにしろ彼は、空間と時間のせいで場の理論は失敗したと考えていたのだから。「大きな前進を遂げるには、このような観察不可能な連続体について、考えたり話したりするのはやめなければなりません」と、彼は１９６３年の講演で同僚らに語っている。そしてチューは、このように提案した。物理学の法則は、空間を伝わる粒子や波動を段階ごとに説明するものではなく、物体やプロセスが互いにいかに関係し合っているかに関する一組の原理なのだと。ブラックボックスの中身は、動くパーツでできた時計仕掛けではなく、あるかたちでかみ合う、ひとつのパズルなのだ。パーツは動いていないのみならず、真の「パーツ」ではない。原子核の内部では、ほかのものより基本的なものなど存在せず、すべてのものが、その構造のなかに居場所を持っている。S行列はこの構造を数学的に記述し、物理学者たちはそれに数独のように取り組むことができる。つまり、単純なルールに基づいて、格子に数を埋めていくのだ。巨視的な尺度で私たちが知覚する空間と時間は、原子以下の微細な領域の秩序から派生するのである。

だが、その計画は挫折した。チューによれば、S行列は基本原理によって完全に決定されるはずだった。彼はこのように記した。「自然がそのような状態なのは、自然が自己一貫性を持つ可能性は、それ以外にないからだ」。だが実際には、チューが研究していた粒子に、一意的なS行列は存在しなかった。一般ルールは、すべての数をどこに置けとは教えてくれない。出来の悪い数独は、提供する情報が不十分で、完成できないのと同じように。１９７０年代前半までには、場の量子論において、従来の時空概念により核力を説明できることが証明され、S行列はまたもや見捨てられてしまった。

## 星は昨日よりも近い

S行列理論が浮沈を繰り返していたあいだ、オックスフォード大学の数学者ロジャー・ペンローズは独自に、他のものから出現する時空についての理論を模索していた。彼は最初、空間を、私が前章で紹介したようなネットワークとして考えようとしたが、それでは空間の一部の側面しか説明できないと気づいた。そこで1960年代、彼はその枠組みを、彼が「ツイスター理論」と呼んだものへと拡張した。量子論的非局所性にインスピレーションを得た彼は、非局所的構造のほうが局所的構造よりも基本的なはずだと考えた。そこで彼はこの新しい理論を、粒子やその他の局所化された構成要素ではなく、光線に基づいて構築した。ペンローズは、照明手段としての光そのものに関心を持っていたわけではなく、光線が表す因果関係に注目したのである。光線は空間の彼方へと、どこまでも進むので、これ以上非局所的なものはない。物理学の伝統的な構造はすべて光線から構築できる。光線どうしの交点は、点を定義する。光線が渦巻くパターン――これが「ツイスター」という名称の由来だ――は、スピンする粒子を再生する。「時空のなかの局所的構造は、コード化された非局所性です」と、ペンローズのかつての教え子のひとりで、今はオックスフォード大学で彼の同僚であるライオネル・メースンは言う。

光線を基本単位にするなど、奇妙に思えるかもしれないが、その選択は、私たちがいかにして世界を認識するかに鋭く切り込んでいる。私たちは、時空の点や距離そのものを観察することは決してない。私たちが観察するのは光線だ。ペンローズのもうひとりの同僚、アンドルー・ホッジスは、このように述べる。「ツイスターの描像は、私たちがいかに考えるかにはるかに近いものです……。光線が目に届く〝視線〟という概念は、非常に根本的なものです。私たちは時空の事象について、視線を介さない直接の直感を持っていません」。今度夜空を見に外に出るとき、あなたは光線によって、これらの星のすべてにつながっているのだと考えてみてほしい。ある意味、同じ瞬間にあなたのすぐ隣に座っている人よりも、星のほうがあなたに近いと言える。なぜなら、光はその瞬間にあなたに届いているが、あなたと隣の人とのあいだには、少し時間差があるからだ。相対性理論によって定義される時空間距離は、あなたと星のあいだではゼロなのだ。同様の考え方に基づき研究しているラファエル・ソーキンが、「星は昨日よりも近い」と言う通りだ。

残念ながら、このアプローチは次第に廃れていった。大きな難題は、ペンローズが（クリケット用語を使って）「曲球（グーグリー）」問題と呼んだ問題点だった。アメリカのテレビドラマ『バフィー 恋する十字架』のファンなら、バンパイア問題と呼んだかもしれないが、平たく言えば、「この理論の粒子は、鏡に像が映らない」のだった（また別の平たい言い方をすると、相対性理論は左右対称なのに、ツイスター理論では粒子の記述が左右非対称になってしまう）。「彼はあくまで不屈でしたが、どういうわけか、その理論はうまくいきませんでした」と、メースンは言う。ほとんどの物理学者が、ペンローズは時間を浪費していると考えていた。「ツイスター理論は、理論物理学のみにくいアヒルの子でした」と、ニマ・アルカニ＝ハメドは回想した。ペンローズが競合するほかのアプローチ、とりわけ弦理論を声高に批判したのも裏目に出た。弦理論自体、流行り廃りを繰り返しているし、ペンローズの批判ももっともだったが、それは同僚たちすら好意的に受け取ることはできなかった。

繰り返し同じパターンが現われる。空間に関する素晴らしいアイデアが、彗星のごとく現れて人気を集めては、やがて消え去る。この問題に答えを出すにはまだ機が熟していないので、このテーマを巡る苛立ちは脇に置いて、その魅力に注目すべきだと結論付けた人々もいる。ハンス・ハルヴァーソンなどは、非局所性について考えるのは諦めて、別の哲学分野に没頭している。「このテーマについて考えたことのある人はみな、興奮と鬱屈の段階を経験します」と、彼は言う。「私は今、ちょっと鬱屈しているんです」。フォティーニ・マルコープロは、もう何年も、このテーマを巡る高揚感と憤懣のあいだを行ったり来たりしている。「私は、勇気づけられているというよりは、意気をくじかれているんです」と、彼女は2011年、ブランチを食べながら私に語った。「この研究に一生を費やしていいのかどうか、迷っています。あまり成果は出ないようですし」。翌年、再び会ったときには、彼女は科学はやめて、産業デザインの研究をしていた。「量子重力を巡るさまざまな疑問には、絶対に答えを見つけなければならないと思いますが、何もないところから答えを引っ張り出すなんて、できません……。私のこれからの人生で、どれだけできるか。少し時間をかけて実験をしたいと、本気で考えていますが」

## アンプリチューヘドロン

2003年の秋、ペンローズはプリンストン大学を訪れ、一連の講演を行ったが、そのなかで彼は、弦理論はひとつの「ファッション」だと断じた。彼は、弦理論の第一人者ウィッテンに会うと思うと緊張したと回想するが、それも無理からぬことだったろう。しかし、ウィッテンは講演には足を運ぶことすらせず、むしろ、ペンローズから何か新しいアイデアのヒントをもらうことに大きな関心を抱いていたようだった。「彼は私に何かを説明し始めました」と、ペンローズは回想する。「どうも、ツイスターに非常に深く関係しているらしいのです」。ウィッテンはペンローズに、あなたが昔考案したことについて、今私が書いている短い論文を見てもらえませんかと言った。その「短い」と言われた論文は、実は70ページに及ぶ力作で、弦とツイスターをひとつの理論のなかで結びつけようとしていた。「それは非常に興味深く、わくわくする論文でした」と、ペンローズは語る。

ウィッテンは長年、学際的な研究を続けている。弦理論のリーダーであるのみならず、ほかの分野の研究者、とりわけ、純粋数学者たちとの接点でもある。彼はツイスターに関しても、その最盛期だった25年前に論文を1件書いていた。「私は、初めて耳にしたとき以来、ツイスターには非常に興味を持っています」と、彼は言う。「ツイスター理論を使って何か役に立つことをやろうと、何度も試みましたが、私が望んでいたものは得られませんでした。それでも私は長年にわたって、ツイスター理論が使えるかもしれない方向のテーマに、何度も立ち返って考えてきたような気がします」

ウィッテンの論文は、古い境界線を越えることによって自己改革を続けるという、物理学でしばしば起こることの、ひとつの例だった。それはある意味、自己分析を促した。ツイスター論者たちは、「曲球(グーグリー)」問題をはじめ、自分たちが悩まされてきたさまざまな問題の答えを、よりによって弦理論研究者たちが見出したものだから、びっくり仰天した。メースンは、ツイスター論者と弦理論研究者が、アイデアを交換するいかに多くの機会を逸してきたかにようやく気づいた。たとえば、1987年にシラキュース大学を訪問した際、彼とペンローズは、ニューヨーク市立大学シティー校の素粒子物理学者パラメスワラン・ナイールの講演に出席しなかった。ナイールの研究は、ウィッテンのものを先取りしており、今思えば、彼らが聴講していればツイスター理論の不備を補うことができたかもしれなかった。「私たちは、一度も会ったことがありませんでした」とメースンは言う。「ですから、この素晴らしいアイデアは、16〜17年間もただそこにあったわけです」

弦理論研究者たちにしても、駆り立てられて行動に出たのだった。ウィッテンの論文は、弦理論をツイスター理論と調和させたのみならず、弦理論の研究領域自体のなかにありながら見過ごされてきた、ある問題も解決した。「粒子どうしの衝突の結果を計算するのがこれほど難しいのはなぜだろう？　それに、もっと易しい方法はないのか？」という問いだ。第1章で触れたように、物理学者の大半は、このような計算は地獄からの宿題で、できるだけ早く忘れてしまいたいと考えていた。ズヴィ・バーンら、ごく少数の人々だけが真剣に取り組んでいたが、彼らにしても、2003年までには失速していた。ウィッテンの論文を受けて、ペリメーター理論物理学研究所のフレディ・カチャッソと彼の同僚数名とが、時空座標なしにこれらを計算する方法を提案した——粒子の衝突のメカニズムを無視して、入っていくものと出てくるものだけに注目したのである。このアイデアは、昔のS行列の手法に気味が悪いほど似ていた。S行列は今や、再び死者のなかから立ち上がろうとしているようだった。「この経緯は、〝解析的S行列の復讐〟と呼べるかもしれません」と、バーンの最も緊密な同僚のひとり、SLAC国立加速器研究所のランス・ディクソンは言う。

ウィッテンが弦理論とツイスター理論のコミュニティを融合するまで、両者はあまりに長いあいだそれぞれ孤立して研究していたので、融合したといっても、しばらくは互いの言葉がほとんど理解できなかった。アルカニ＝ハメドは、2005年オックスフォードでの会合での、奇妙なやりとりのことを回想する。カチャッソが新しい計算技法について話をし、その質疑応答でホッジスが発言したのだが、その内容は誰もよくわからなかった。どうやら、カチャッソのS行列の図が気味が悪いくらいツイスター理論の図に似ている、ということらしかった。「その話は、まったくわかりませんでした。皆目わからない、ゼロ、でした」とアルカニ＝ハメドは言う。「この人は、完全にいかれているか、まったくの天才か、どちらかだと思いました」。それでもアルカニ＝ハメドは非常に興味を引かれ、自分で計算して作図してみた。「その図形はおぼろげながら、アンドルー（・ホッジス）の図に似てきたのです」と、彼は言う。その図が実際に何を意味するかはまったくわからなかったが、確かにそれらの図は一致した。ならば、それは重大なことに違いなかった。

ホッジスは、ツイスターを使ってS行列の計算を幾何学的に可視化する方法に気づいたのだった。2013年、アルカニ＝ハメドと、彼が指導していた大学院生ヤロスラフ・トルンカ（現在はカリフォルニア工科大学に在籍）は、素粒子の相互作用のプロセスの確率を計算するための幾何学的な手法を発表した。この確率が、物理学者たちには「アンプリチュード（振幅）」と呼ばれていることから、彼らは自分たちの手法に「アンプリチューヘドロン」と、実にぴったりで型破りな名前をつけた。与えられたプロセスに関与する粒子に基づき、1個の粒子に1個の頂点を当てて多面体〔原語「polyhedron」は「多面体」と訳されるが、アルカニ＝ハメドらの用語としては、任意の次元を持つ、縁（辺や側面）が平らな閉じた形状を指す。次元はさまざまなので、二次元の多角形のこともあれば、三次元の多面体のことも、四次元以上の多面体のこともある〕を描く。たとえば、2個の粒子がやってきて相互作用をし、その結果4個の粒子が生まれて出ていくとすると、合計6個の頂点が必要になる。したがって、六角形〔アルカニ＝ハメドらは実際に「hexagon」という、普通は多角形を指す言葉を使っている。しかし、二次元の多角形に限らず、前の「多面体」の訳注で述べたような、高次元の形状も含めて指している〕もしくは、より高次元の同等のものを描くわけだ。粒子の運動量が、その粒子に割り当てられた面の大きさを決める。こうして多面体を完成したところで、その内側の体積を計算すると、所定の手順のルールによって、その値が求める振幅（アンプリチュード）だ〔第1章で少し触れたように、アルカニ＝ハメドは、単純なルールに則って、ある多面体の体積を計算すれば、その値が確率振幅になっているような、従来の煩雑な手法に置き換わる便利な数学的手法（アンプリチューヘドロン）を新たに考案した〕。

この多面体は、通常の空間のなかに位置を占める現実の物体ではなく、粒子の相互作用の構造を捉える抽象的な数学的形状だ。それは、振幅を求めるために物理学者たちが使ってきたそれ以前の計算手法を、リチャード・ファインマンのバロック様式的な複雑で、かさ高いものから、バーンらが使ったミニマリズム的な極小化されたものまで、すべて包含している。これらのさまざまな異なる手法は、アンプリチューヘドロンの多面体の体積を計算する際に、多面体をどのように切り分けるかの違いに対応している。アンプリチューヘドロンは、自然が持っている対称性も示している

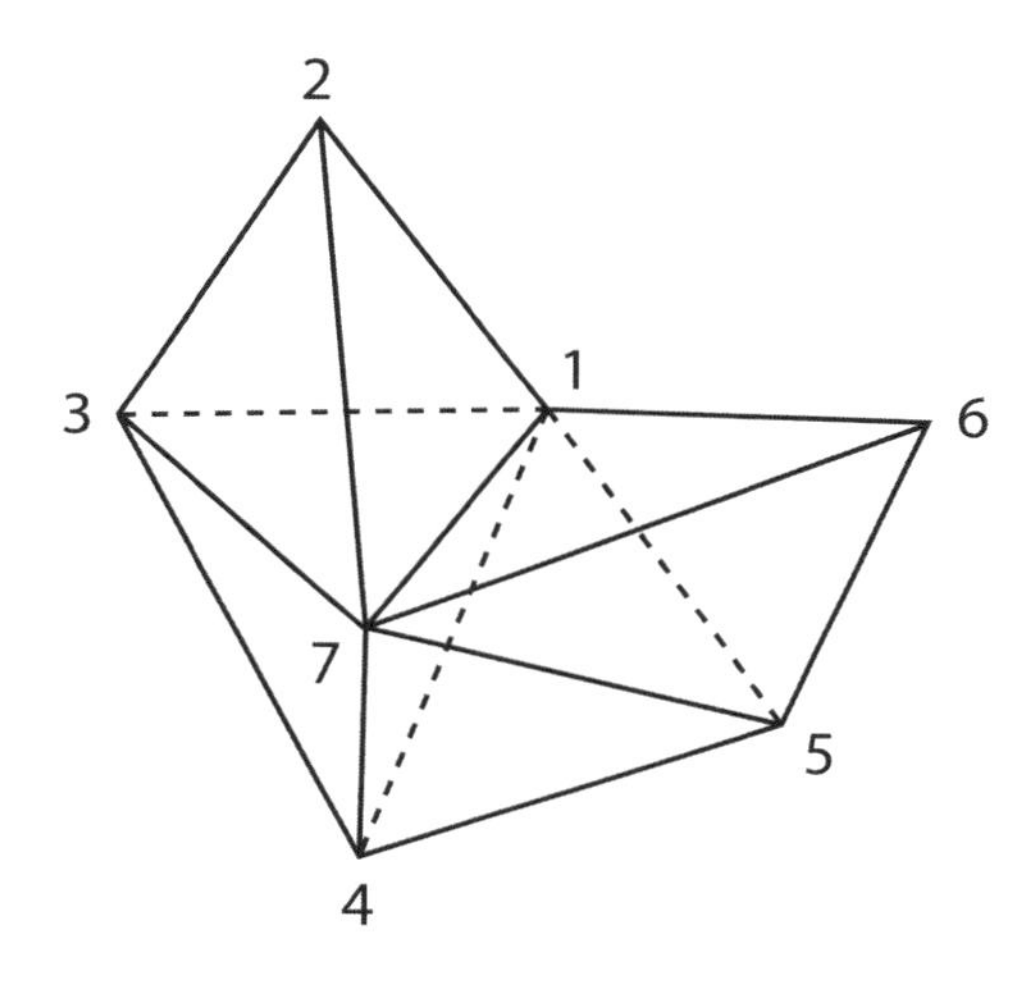


図 7–1　7個の粒子の相互作用に対応するアンプリチューヘドロンの一部。
(ヤロスラフ・トルンカ提供)

が、それは、理論物理学者たちがそれまでまったく気づいていなかったものだ。

　アンプリチューヘドロンの手順は、描いているプロセスが時空間のなかで展開することを前提にはしていない。「場も、粒子も、相互作用もありません」と、トルンカは言う。私たちが日常生活で観察している局所性は、アンプリチューヘドロンの面がいかに組み合わさっているかの結果なのだ。特にこの場合は、面がすべて閉じた形を作るように合わさっており、ばらばらに外れた状態にはなっていないおかげだ。これらの6つの頂点が、たとえばアスタリスク型ではなく、閉じた八面体になるよう結びついているからこそ、局所性がもたらされる。一般的には、アンプリチューヘドロンの面は、閉じた形になるように結びつくことはめったにないのであり、局所性は特殊なケースなのだ。「アンプリチュー＝ヘドロンの単純な幾何学的性質が、局所性をコード化するのです」と、アルカニ＝ハメドは説明する。

時空が他の物から出現するという、先行するさまざまなアプローチと同様、アンプリチューヘドロンの主要な教訓は、「空間は、あなたが直感的に期待するものとは違う可能性が高いが、実は世界が持っている、あるタイプの秩序を表している」ということだ。確かに、これまでのところこの手法は、核力に関する高度に理想化された理論でしか使えないし、研究者たちは、私たちが暮らしているもっと混乱した現実にも適用できるように拡張しなければならない。おまけに、科学者も哲学者も、アンプリチューヘドロンの物理的解釈をもっと肉付けしなければならない。今の彼らは、自然が何なのかよりも、自然が何でないかのほうが上手く説明できる状況だ。「この構成要素には、時空の解釈が当てはまりません」と、アルカニ＝ハメドは言う。「これらの構成要素は、私たちが素粒子物理学で考えるものとはまったく違う世界から来ています」。それらが実際に何なのかは、また別の問題だ。未来の歴史はおそらく、この理論に含まれる欠陥をすべて修正して、答えだけを示すことだろう。その答えが何だったとしても。この時代を生きている私たちは、そこに至る研究が、その答えよりもはるかに面白いことを、今実際に目撃している。

## 疑問によって駆り立てられる

ここまで、非局所性を巡る現代の論争を2つ見てきた。ツイスター派と弦派の論争は収束しつつあるが、第4章でお話しした量子もつれを巡る議論はなおもかまびすしい（だが、そこでも述べたように、この対立はほとんど意味を失っている。あらゆる立場の見解が、空間という概念は捨て去られるべきだと示唆しているのだから）。どちらの論争も、一方が他方に圧倒的勝利を収めるような形では解決されていない。そのような明白な解決は、科学ではめったに起こらない。

科学が1本の木のようなものだとすると、科学者でない人は普通、幹——そびえ立つ知識の集積体——に注目する。だがそれは、木の死んだ部分だ。科学者にとって、本当の木は、樹皮の下側にある生きた組織の薄い層だ。というのも生命体はそこでこそ成長するのだから。私たちは答えを求めて科学に目を向けるが、科学者たちは疑問によって駆り立てられるのであり、彼らにとって答えは、単に次の疑問の前触れでしかない。私たちは、科学者たちが一枚板として語ることを期待するが、そのような行為は、そもそも科学とは相容れない。

科学者は、自分の職業が持つこの側面を議論したがらない。彼らは、自分たちの論争は汚れた洗濯物のようなもので、公表しないでおくのが一番いいと考えることが多い（そのため、ジャーナリストが公表すると文句を言う）。だが、議論を公表しないのなら、何を公表すればいいのか？科学は議・論・だ。合意に達した科学者たちは、何か新しい議論を始める。ニューヨーク市民とディナー・パーティーをしているようなものである。彼らは、ようやく何かに合意したとしても、平和が続くのは、クラフトビールを一口するあいだだけだ。そこでは、結果と同じぐらいプロセスが重んじられる。「あなたが自分で何かを発見するとき、あなたとアイデアとの関係はより緊密になります」と、アルカニ＝ハメドは語る。「袋小路ばかりですよ。あらゆる角度からそれを見続けているわけですから、醜い側面もあからさまになります。それを大好きになり、そして、いつ嫌悪感を持つべきかをわきまえておくのが、一番いいのです」

学者全般がそうであるように、科学者はその独創性によって評価されるのであり、如才なさは重んじられない。彼らの職業人としての生活は、十代の若者の社会生活と似ている。それは精神的に不安定な暮らしだ。彼らは、常に新しいアイデアを思いつかねばならないし、それを聞いてもらうように画策しなければならない。賛同を集める最も確実な方法は、先輩たちがやっていることが間違っていて、自分のほうがそれをうまくできると示すことだ。同輩たちが重要だと考えるテーマで自分の立場を明言し、異議を唱えられたときは、負けを認めるのではなく、自説をいっそう強力に主張すれば、名を上げることができる。内－外の区別は明確だ。自分のグループの内側で心地よい関係を作ってしまい、そのなかで突拍子もないアイデアを共有したり、ばかばかしいかもしれない問いを提起したりしている一方で、ほかのグループと同意できない争点が、実際以上に大問題であるかのように感じられてしまう。

頑固な同僚に個人として対処するのはいらいらするかもしれないが、早計に合意に至らないという慣習は、科学全体を守っている。新しいアイデアはどれも、強力に推進されるに値する。当初の証拠が示唆したこととは裏腹に、ある理論が存続することもあるし、完全に間違っていたアイデアでも、それを巡る議論が実り多いことも珍しくない。偉大な前進の多くが、間違ったアイデアから生まれている。ここに皮肉がある。議論に積極的に参加する科学者たちは、自分たちは正しく、同意しない者はみな何かを見落としているのだと確信しているだろう。外野から見ている私たちのほうが、一方だけが完全に正しくて、他方は完全に間違いだなどということはないと、よくわかっているのだが、それでも私たちは、科学の議論の参加者全員が、自分は正しいと確信していてほしいと思う。それは、誰も早急にあきらめてほしくないからだ。私たちは、議論する科学者の不寛容さを、寛大に受け入れなければならない。

少なくとも短期的には、アイデアに命を吹き込むのは、そのアイデアが正しいか否かではなく、それがほかの人々を考えさせられるか否かである。科学的、あるいは、芸術的な創作の成功を決めるのは、それが何であるかよりも、それが何を刺激するかだ。何が真実かは後世の人々が判断することだ。それまでは、多くを生み出せるか否かのほうが重要なのだ。「良いアイデアには、悪いアイデアにはない一種の進化論的生存価がある」と、レオナルド・サスキンドは述べた。「良いアイデアには、より多くの良いアイデアを生み出す傾向がある――悪いアイデアは、どこにも至らない傾向がある」。そして、あるアイデアは、ほかの人々が自身のアイデアを広めるのを助けるときに、広がる可能性が高い。学者たちのあいだで繰り返して言われているジョークがある。それは講演の直後に聴衆のひとりがサッと挙手するとき、その人が口にするのは「とても興味深いお話ですが、私の仕事とどんな関係があるのでしょう?」という質問だろう、というものだ。新しいアイデアが受け入れられるのに時間がかかる大きな理由は、そのアイデアがほかの人々の研究とはまったく関係がないからだ。

古い疑問が、サスキンドの言う豊饒さを失い、新しい疑問が議論の生態系で優勢になるにつれて、合意が形成される。昨日まで長引いていた闘争は、今や宿題の課題となる。だが、それには時間がかかる。ときおり、科学者たちはこのプロセスを速めようとするが、外部からの要請によることがほとんどだ。資金提供機関が、どの事業に出資すべきか助言を求める。議会が差し迫った問題について専門家の意見を求める。サイエンスライターが量子力学研究者に非局所性について質問する。これらの要請は、量子論的波動関数を収束させるような働きをする。粒子があいまいな状態で存在しているとき、それを観察する行為は、強制的に結果をもたらすことがあり、そのとき、パラドックスが生じるおそれがある。同様に、科学者の総意を求めることには、望まぬ結果をもたらす危険がある。どんな食べ物を食べればいいか、どのがん検診を受ければいいかなどについてのアドバイスがいかに流動的か、考えてほしい。機が熟してもいないのに、科学者たちに決定的な結果を求めると、これと同じことになる。

## 身近にある最も風変わりなもの

物理学は浮世離れしているかもしれないが、物理の概念は、面白い経路で日常生活に入ってくるし、また逆に、広く文化全般の傾向に影響される。「私たちの文明は、ひとつの有機的な全体です」と、エルヴィン・シュレーディンガーは1932年の講演で述べた。「人生を科学研究の仕事に捧げることのできる幸運に恵まれた者たちは、単に植物学者、物理学者、あるいは化学者であるだけではありません。彼らは人間であり、何歳であれ、子どもなのです」

物理学者は社会の傾向を先取りすることが多いが、空間の概念に関しては、彼らはある意味後れを取った。空間的距離が一種の幻想だというのは、彼らには急進的なことに思えるかもしれないが、『エコノミスト』誌のライター、フランシス・ケアンクロスが述べているように、私たちは既に「距離の終焉」を生き抜いている。現代のコミュニケーション技術は、科学用語の意味で非局所的ではないかもしれないが、確かに非局所的に感じられる。19世紀に電報と電話は、人々にほとんど魔術のような印象を与え、自己の境界について再考するよう促した。今日私たちは、アップルの新製品が出るたびに、これと同じ議論を耳にする。そして、情報化時代は、印刷術と大型帆船による海運に始まった、はるかに長い旅の歴史の最新の1行程に過ぎない。今日、少なくとも大学で教育を受けた人は、一生のうちに数回生活の拠点を変えるのが一般的だ。民間の航空会社が、地球上にある人間の居住地域の、ほぼどこへでも、24時間以内に連れて行ってくれる。

地理的条件は、もはや宿命ではない。私たちのアイデンティティは、今なお、国籍、民俗、人種など、地理に基づく古い分類によって形成されている。しかし今では、自分たち自身でグループ・アイデンティティを構築するという選択肢がある。私たちは、同じ村で生まれたことに基づくのではなく、共通の関心事や、感情的な親密さに基づいて、友だちや同僚のサークルを確立できる。これらの関係のウェブは、空間的距離とはまったく別の、社会的距離という概念を生み出す。

現代の生活は、実際の物理的距離の直接的な知覚まで変貌させてしまったことに、私は気づいた。1日8時間コンピュータの画面を見つめ、そこに表示される幻視でしかない深さ方向の印象を受け入れ続けるうちに、現実の風景の奥行を見ても、それが現実とは理解しづらくなる。私が大学院で天文学の指導助手をしていたとき、望遠鏡の接眼レンズから土星を見た学生たちは、見たものをどう受け止めていいかわからない様子で、一度レンズから顔を離したあと、再び覗き込み、「これ、本当に土星ですか？　写真じゃないんですか？　映像とか？」と、尋ねたのだった。なかには、自分が本当に宇宙空間を14億キロメートルも横切って、土星を見ているのだと納得するために、望遠鏡の反対側から逆方向に覗かせてくれと言い張る者もいた。

だが、皮肉なことに、距離は徐々に重要性を失っていると同時に、ますます重要になりつつあるようだ。人々は、人との距離がかつてないほど広がった、人間としてのつながりを持ちにくくなった、隣人のことはせいぜい、とてもいい人たちだとしか言えないなどと不満を述べる。私たちは、身近な人よりも、遠く離れている人のほうが近く感じる。だが、この傾向を嘆きながらも互いに適度な距離を保つことが、現代生活の重要な妥協点だ。愛に意味があるのは、私たちが個人であり続けるからである。もしも、融合してひとつになりたいという恋人たちの願いが叶ったなら、いったい何が残るというのだろう？　もっと大きな尺度で言えば、距離が縮まり、私たちが暴徒として一体化するとき、最大の悪が生まれる。

今日ではこの両面性が、物理学を定義するひとつの要素となっている。距離は、根本的なレベルでは意味を持たないのかもしれない。２人の人間が遠く離れているとき、より深い意味で考えれば彼らは実際にはすぐ隣にいるのかもしれない。その一方で、私たちの存在には、距離の概念に出現してもらう必要がある。アインシュタインにとっては、何かに影響を及ぼすには、それに触れなければならないのは常識だった。しかし私たちは、この事実がいかに驚異的で、かつ脆弱であるかを認識するようになった。「空間と時間は、偉大な結びつける者であると同時に、分裂させる者である」と、20世紀のドイツの哲学者モーリッツ・シュリックは記した。空間と時間は、私たちを個人にし、そして互いに結び付けてくれる。他方なしに一方だけを取ることはできない。

そして、もしも空間と時間がより深いレベルの実在から生み出されるのなら、今後どんな新しい現象が発見されるのだろう？　ダークマターやダークエネルギーなどの宇宙の謎は、空間の崩壊を意味するのだろうか？　私たちが光より速く移動できる（パラドックスを含まない）条件が存在するのだろうか？　私には、このような頭がくらくらする憶測も、ある単純な認識に比べれば色褪せてしまう。それは、宇宙の究極の構成要素が空間的でないのなら、それらは大きさもなく、物質をどんどん小さく分割しても探ることはできない、という認識だ。そのような構成要素はいたるところに存在する。それらは、私たちの目の前にも存在しており、ただ私たちがずっと気づいていないだけなのかもしれない。最も風変わりなものは、最もありきたりの場所にあるのかもしれない。

＊注・参考文献は www.intershift.jp/uchu.html よりダウンロードいただけます。

## 「量子もつれ」についてのメモ

量子もつれ実験の楽しさの半分は、もつれた粒子のペアを作り出すところにある。第1章でご紹介した装置では、メタホウ酸バリウムの結晶がその仕事を担っている。ここで使われるその結晶は小さなプリズムのように見えるが、普通のガラスのプリズムとは違い、光をただ通過させるだけでなく、さまざまな新しい光学効果を生み出す因子として働く。通常、ある物質を電磁波が通過すると、物質の内部の電荷が振動する。もしも第2の電磁波が同時に通過するなら、2つの電磁波による振動を合成したものは、2つの別々の振動の単純な足し合わせになる。だが、メタホウ酸バリウムの結晶内では、合成振動はもっと複雑な振動になる。その結果、メタホウ酸バリウムの結晶は、交差する2本の光線に、あるいは1本の光線のなかの異なる色どうしさえも、ほかにはあり得ないような相互作用をさせる。

この相互作用では、一方の光線が他方を犠牲にして増幅される場合がある。そして、増幅されるのは光線でなくてもいい。電磁場の量子力学的振動の名残であってもいいのだ。そのような振動が残っている電磁場は、外部から照明されなくても、ごく微弱な点滅光を自発的に発生させる。メタホウ酸バリウムの結晶を適切に配置すれば、先に述べた増幅作用は非常に大きくなり、何の役にも立ちそうにない自発的な微弱な点滅光という原材料を、まっとうな光線に変えられるのだ。こうして、1本の光線を結晶に照射することにより、2本の光線を発生させることができるわけである。

典型的な実験では、1本の青色または紫外光のビームを結晶に入射させて、2本の赤色ビームを発生させる。このプロセスは粒子ごとに起こり、1個の青色光子が、2個の赤色光子に分裂する。赤色光子のエネルギーは、青色光子の半分なので、エネルギーは増えも減りもしていない。この光子が2個に分裂する現象は「自発的パラメトリック下方変換」と呼ばれており、極めて確率が低い事象である。入射ビームの大多数は、何の影響も受けずに結晶を通過してしまうが、1000万個に1個程度の光子が、量子的な揺らぎと相互作用して分裂する。

放出される2個の赤色光子は、同じ結晶内で発生したので、放出された時間、エネルギー、運動量、偏光という、4つの性質が相関している。話を簡単にするために、実験家たちは普通、偏光──光の波が振動する方向（あるいは、同じことだが、光子のスピンの方向）──だけを取り上げる。メタホウ酸バリウムの結晶は、ある1本の軸について対称であり、入射する光子の偏光がその軸に平行なら、放出される2個の光子の偏光は、それに垂直となる。逆に、入射光子の偏光が垂直なら、放出される光子の偏光は平行だ。光線と結晶の配置によって、放出される2個の光子は、同じ偏光を持つ（タイプIの下方変換）──私が取り上げている実験は、このタイプI下方変換が起こるように設定されている──か、正反対の偏光を持つ（タイプIIの下方変換）かのいずれかである。いずれにせよ、放出される2個の光子の偏光は、結晶の対称性によって保証される固定的な関係を持っている。

こうしてあなたは、ペアをなす2個の光子が入手できる。しかし、これが2個の量子もつれを起こしている光子であるためには、もうひとつの条件が必要だ。すなわち、偏光の向きが不確定でなければならないのだ。これこそ、量子もつれの本質であり、量子もつれが摩訶不思議な理由でもある。これらの2個の光子は、偏光は同じだが、その偏光は、平行でも、垂直でも、対角でも、円でもない。量子力学の標準的な解釈にしたがって、絶対にどの方向でもない。つまり、まだ埋められていない空白状態なのだ。

そもそも、これらの光子が特定の偏光を持っていたなら、一連の実験には何の謎もなかったはずだ。2個のまったく同じ光子を作り、その後両者を測定して、まったく同じだという結果が出たとしても、乾燥機から取り出した直後にソックスの左右をそろえて、あとになって、「あ、両方とも同じ色だ」と言うのと同じくらい、何の不思議もない。量子もつれした2個の光子は、これとはまったく違い、特定の色を持たないソックスのようなものだ。そう聞いてあなたの頭が混乱するとしても、それは当然だ。これが、非局所的という意味である。あなたは、系全体についてコメントすることはできる——すなわち、「これらのパーツは同じだ」と——が、個々のパーツについては、何もコメントできない。左右のソックスが色を持つようになるのは、観察されたときだけであり、しかも、両者のあいだには明らかに一切コミュニケーションがないにもかかわらず、左右のソックスが同じ色になるのだ。ソックスの左右がいかにしてそれを実現しているかが、薄気味悪い遠隔作用の謎なのである。

メタホウ酸バリウム結晶を使って、この不確定な状態を作る方法はいろいろある。私が第1章で紹介した実験では、この結晶の薄片を2枚、一方の対称軸が垂直に、他方では平行になるように、サンドイッチの2枚のパンのように重ねる。偏光が水平でも垂直でもない対角偏光になった光を、この結晶に入射させる。重ねた結晶の層が光線の幅より薄いなら、光線がどちらの層と相互作用するかに関して量子力学的不確定性が生じ、その結果、放出される光子の偏光も不確定になる。このあいまいさは、放出された光子が偏光板に入射し、測定されるまで解消しない。科学では普通、実験者たちは不確定性を排除するために最善を尽くすが、ここでは不確定性を強化しなければならないのだ。

入射光から見て結晶の直前に、波長板と呼ばれる光学素子を配置すれば、結晶に入射するレーザービームを対角偏光にするか否かが調節できる。つまり、この波長板が、結晶から放出される光子が量子もつれしているか否かを決定するのである。

メタホウ酸バリウム結晶の長所は、制御された方法で量子もつれした光子を生み出せることだ。しかし、量子もつれした光子を発生させる方法はほかにもある。メタホウ酸バリウム結晶が発見される以前は、物理学者たちは、カルシウムもしくは水銀の原子を刺激して、量子もつれした光子を連続して爆発的に発生させたり、銅64などの放射性元素から、量子もつれしたガンマ線を発生させたり、あるいは、光子ではなく、陽子どうしをぶつけて量子もつれさせたりしていた。普通の蛍光灯に使われる水銀蒸気でも、量子もつれした光子を放出するが、それは目で見てわかるようなものではない。量子もつれは、輝く結晶にしか生み出せないわけではない。それは、私たちの周りにあふれている。

どんな源から生じるのであれ、量子もつれした粒子が何を意味するのか、理解に苦しむことには変わりない。この摩訶不思議なものをより明確に把握するには、一段と高いレベルの抽象化を行うのもいい方法だ。たとえば、私が本書で用いたコイントスの比喩などのように。しかし、量子もつれがあまりに抽象的すぎると感じるときはいつでも、具体的な実験に即して考えてみるといい。

# 謝辞

私が物理学について書くのが大好きな理由は、ひとつには物理学者や物理専門の科学哲学者が、時間を惜しまずに対応してくださり、私が次から次へと質問するのを許してくれるからだ。私の草稿の一部に目を通してくださった方も多く、その方々の名前を挙げて、ここに感謝の意を表したい。ニマ・アルカニ＝ハメド、ジョン・バエズ、ジュリアン・バーバー、ラファエル・ブソー、ショーン・キャロル、アルトゥーロ・エカート、エンリケ・ガルベス、アラン・グース、ハンス・ハルヴァーソン、アリオシア・ハマ、ジョン・ヘンリー、ザビーネ・ホッセンフェルダー、ドン・ハワード、ニック・ハゲット、ジェナン・イスマエル、デイヴィッド・カイザー、メイナード・カルマン、フォティーニ・マルコープロ、ドナルド・マロルフ、エミール・マーティネク、ライオネル・メイスン、ティム・モードリン、チャド・オーゼル、ジョー・ポルチンスキー、ヒュー・プライス、ディーン・リッケルス、カルロ・ロヴェッリ、モシェ・ロザリ、コスタス・スケンデリス、ブライアン・スイングル、ジェフ・トラクセン、デイヴィッド・トング、ヤロスラフ・トルンカ、マーク・ファン・ラムスドンク、そしてデイヴィッド・ウォーレス。以上の皆さんだ。

私は、２０１１年の秋にシンガポール国立大学の量子技術研究センターで過ごすという幸運に恵まれたが、それは所長のアルトゥーロ・エカートとアウトリーチ・マネージャーのジェニー・ホーガンのご厚意のおかげである。基礎的問題研究所（Foundational Questions Institute）は、量子技術研究センター滞在中の私への経済的支援として少額の補助金を提供してくださり、また、タイス・リサーチが物流面で少し援助をくださった。カブリ数物連携宇宙研究機構は、２０１２年の春に私を滞在させてくださったが、これは当時の所長デイヴィッド・グロスのおかげである。さらに『サイエンティフィック・アメリカン』の私の上司たち、マリエット・ディ・クリスティナ、フレッド・グテル、リッキー・ラスティングが、私がこれらの研究所での短期滞在のために長期休暇を申し込んだ際に、叱りつけずに許可をくださったことを生涯忘れない。それどころか、私のために大いに喜んでくださった。私が職場に不在になれば、業務に差しさわりが出ないはずはなかっただろうに。

また、私の旅を支援してくださった、次の組織にも心からお礼申し上げる。北欧理論物理学研究所は、２０１２年6月にストックホルムで開催された「非局所性：様相と影響（Nonlocality: Aspects and Consequences）」ワークショップに参加する旅費を援助くださった。フェッツァー・フランクリン機構は、２０１３年10月にウィーンで開催された「創発する量子力学（Emergent Quantum Mechanics）」シンポジウムへの旅費を、さらに、カリフォルニア大学アーヴィン校の科学論理哲学研究科は、２０１４年3月に同校で開催された「ゲージ理論の基盤（Foundations of Gauge Theories）」会議への旅費を、それぞれ援助くださった。

また、２０１５年6月の「数学のジャーナリスト・イン・レジデンス（ＪＩＲ）プログラム」にお招きくださった、京都大学理学部数理解析研究所ならびに一般社団法人日本数学会に感謝いたします。

本書執筆の中盤は、とてもつらく、デイヴィッド・ビエロ、リー・ビリングス、スティーヴ・コリヤー、アマンダ・ゲフター、デイヴィッド・グリンスプーン、レスリー・マレン、そしてルバ・オスタシェヴスキーの激励がなければ決してやり通せなかっただろう。彼らは精神的に支えてくださったのみならず、彼らが書くものが常に私を刺激しつづけてくれた。

『サイエンティフィック・アメリカン』の同僚で友人でもあるジェン・クリステンセンは、図版の多くを担当し、彼らしい才能にあふれた効果的な図版を作成してくれた。

アマンダ・ムーンは、すべての著者にとって理想的な編集者だ。担当する本を出版することに実に熱心で、気配りのある支援をくださり、本をよりよくするためのアイデアにあふれている。彼女のアシスタント、レアード・ギャラガーとスコット・ボルヘルト、そして、プロダクション・チームのエリザベス・ゴードン、ニーナ・フリーマン、デブラ・ヘルファンドは、プロジェクトの進行が時計仕掛けの宇宙のように常にスムーズに運ぶように尽力くださった。アニー・ゴットリープは、鋭い徹底的な校閲をしてくださったが、その見事さからするに、彼女の目はX線で透視できるのではないかと思われる。さらに、私が代理人のスーザン・ラビナーと巡り合うようにビッグバンで調整がうまく起こったのも幸運だった。

ニュージャージーのモントクレアにある2つのカフェ、ル・プチ・パリジャンとティー・ハウスに、深く感謝申し上げる。この2カ所で、カフェインとアーモンドチョコレート・クロワッサンを物理へと代謝する日々を過ごさせていただいた。

私が家で執筆しなければならず、ロッククライミングやスケートに行けないときに快く許してくれた娘のエリアナのおかげで、本書は可能になった。私が落ち込んだときには、ゾンビだらけになった世界の終わりをどんなふうにほのめかせば、私の自信が戻るかを彼女は心得ていた。そして、私の妻タリア以上に、空間と時間の感覚を腹の底から実感させてくれる人にはこれまで会ったことがない。私たち2人が1マイルでも一瞬でも離れているとき、私はそれを感じずにはいられない。そうそう、彼女はしかも、世界最高の人間類語辞典なのだ。本書を彼女とエリアナに捧げる。

著者
ジョージ・マッサー George Musser
科学ジャーナリスト。『サイエンティフィック・アメリカン』誌の寄稿編集者。アメリカ天文学会より「ジョナサン・エバーハート惑星科学ジャーナリズム賞」を、米国物理学協会より「サイエンス・コミュニケーション賞」を受賞。本書は２冊目の単著である。米国ニュージャージー州在住。

★『フィジックス・ワールド』誌 年間ベストブック（2016 最終候補作）
★『シンメトリー』誌 年間ベスト物理本（2015）
★『ギズモード』最愛のサイエンス・ベストブック（2015）
★『Space.com』天文学・天体物理学オールタイム・ベストブック
★ PEN / E.O. Wilson リテラリー・サイエンス・ライティング賞（2016 候補作）

本書ウェブサイト
https://spookyactionbook.com

訳者
吉田 三知世（よしだ みちよ）
翻訳家。京都大学理学部物理系卒。訳書は、ロバート・P・クリース他『世界でもっとも美しい量子物理の物語』、レオン・M. レーダーマン他『詩人のための量子力学』、スティーブン・S・ガブサー『聞かせて、弦理論』、マティン・ドラーニ他『動物たちのすごいワザを物理で解く』など、多数。

# 宇宙の果てまで離れていても、つながっている

## 量子の非局所性から「空間のない最新宇宙像」へ

2019年3月20日　第1刷発行

著　者　　ジョージ・マッサー
訳　者　　吉田 三知世
発行者　　宮野尾 充晴
発　行　　株式会社 インターシフト
〒156-0042　東京都世田谷区羽根木1-19-6
電話 03-3325-8637　FAX 03-3325-8307
www.intershift.jp/
発　売　　合同出版 株式会社
〒101-0051　東京都千代田区神田神保町1-44-2
電話 03-3294-3506　FAX 03-3294-3509
www.godo-shuppan.co.jp/
印刷・製本　シナノ印刷
装丁　織沢 綾

カバーイラスト：Zakharchuk, Denis Belitsky© (Shutterstock.com)


Printed in Japan
ISBN 978-4-7726-9563-3　C0044　NDC441　188x130